高职高专计算机类专业系列教材

数据结构与算法

蔡俊辉　张晓云　主　编

電子工業出版社
Publishing House of Electronics Industry
北京•BEIJING

内 容 简 介

本书主要介绍数据结构与算法的基础知识，通过具体示例来介绍算法思想及算法应用涉及的数据结构。为了帮助读者直观地、轻松地理解数据结构和算法的基本概念，本书配有大量的图示和动画短视频。

本书适合具备编程基础并理解算法的读者阅读，可以作为计算机专业和信息类相关专业的教材使用，也可供从事计算机工程与应用相关工作或对编程感兴趣的人员参考。

图书在版编目（CIP）数据

数据结构与算法 / 蔡俊辉，张晓云主编. —北京：电子工业出版社，2024.5

ISBN 978-7-121-47167-4

Ⅰ. ①数… Ⅱ. ①蔡… ②张…Ⅲ. ①数据结构－职业教育－教材②算法分析－职业教育－教材
Ⅳ. ①TP311.12

中国国家版本馆 CIP 数据核字（2024）第 032511 号

责任编辑：康　静　　　　特约编辑：田学清
印　　刷：河北鑫兆源印刷有限公司
装　　订：河北鑫兆源印刷有限公司
出版发行：电子工业出版社
　　　　　北京市海淀区万寿路 173 信箱　　　邮编　100036
开　　本：787×1092　1/16　印张：21　字数：525 千字
版　　次：2024 年 5 月第 1 版
印　　次：2024 年 5 月第 1 次印刷
定　　价：59.50 元

凡所购买电子工业出版社图书有缺损问题，请向购买书店调换。若书店售缺，请与本社发行部联系，联系及邮购电话：（010）88254888，88258888。

质量投诉请发邮件至 zlts@phei.com.cn，盗版侵权举报请发邮件至 dbqq@phei.com.cn。

本书咨询联系方式：（010）88254609，hzh@phei.com.cn。

前　言

算法的世界是丰富多彩的，本书内容经过精挑细选，在组织编排上体现“理论与实际应用相结合”的原则，按照单元的方式组织，每个单元包括一个基本算法和一个编码工作任务，共 12 个单元。每个单元分为三部分：第一部分为主体教材，主要由任务目标、任务导入、相关知识组成；第二部分为任务工单，主要由任务情境、算法分析、工单任务、实操记录、知识巩固和拓展学习组成；第三部分为总结考评，主要由单元总结、过程考评等组成。每个单元相对独立，可组合，可拆分，可单独更新，可根据所需教学时数和学生学情适时增减、调整、更新，为使用者自主定制、二次开发提供了便利。

本书前 3 个单元可以帮助读者打好基础。学习的算法是简单实用的二分查找、简单选择排序、递归算法，以及算法应用涉及的线性表、顺序表、数组、链表、栈等基本类型的数据结构。其他单元介绍了应用广泛的算法：快速排序、散列表查找、串的模式匹配、哈夫曼编码、二叉排序树查找、图的遍历、迪杰斯特拉算法、动态规划、K 最近邻算法，数据结构主要介绍散列表、树、二叉树和图等。本书重点介绍使用大 O 表示法分析算法的时间复杂度。

本书各个单元配有难度各异的适量练习题，并在附录 A 中给出了习题参考答案，供读者巩固、理解知识点及复习使用。另外，本书还配有拓展学习部分，供读者打开思路、深入学习和提高使用。

本书所有的代码都在 Dev-C++ 5.11 环境下编写。Dev-C++是 Windows 环境下的一个轻量级 C/C++ 集成开发环境（IDE），附录 B 提供了本书所有算法的源代码。

本书适合具备编程基础并理解算法的读者阅读，可以作为计算机专业和信息类相关专业的教材使用，也可以供从事计算机工程与应用相关工作或对编程感兴趣的人员参考。

由于作者水平有限，书中难免存在不当之处，敬请读者批评指正。作者电子邮箱：464071973 @qq.com。

目　　录

绪论

起源与意义

数据结构与算法

1. **起源**

数据结构与算法（Data Structures and Algorithms）起源于计算机程序设计。1968 年，高德纳 • 尔文 • 克努斯（Donald Ervin Knuth）教授所著的《计算机程序设计艺术》（*The Art of Computer Programming*）第一卷《基本算法》是第一本系统阐述数据逻辑结构和储存结构及其操作的著作，开创了数据结构与算法的课程体系。同年，数据结构作为一门独立的课程，在计算机科学的学位课程中开始出现。1976 年，尼古拉斯 • 沃斯（Niklaus Wirth）教授提出了著名的公式：算法 + 数据结构 = 程序。这个公式展示出了程序的本质，对计算机科学的影响程度足以比肩物理学中爱因斯坦提出的公式“$E = Mc^2$”。

2. **意义**

数据结构与算法是计算机软件和计算机应用专业的基础课程之一。针对现在大多数计算机应用问题，数据元素之间的关系无法用简单的数学方程式来描述，涉及的数据结构较为复杂。因此，解决非数值问题的关键不再是分析数学和计算方法，而是要设计合适的数据结构，只有这样才能有效地解决问题。

3. **关系**

数据结构是指数据的逻辑结构和储存结构，算法是对数据运算的描述。程序设计的实质是针对实际问题选择一种好的数据结构，设计一个好的算法，而好的算法在很大程度上取决于描述实际问题的数据结构。显然，数据结构与算法的关系是相互依赖、不可分割的。

所以，我们无法孤立数据结构来讲算法，当然也无法孤立算法来讲数据结构。简单地说，数据结构就是一组数据的存储方式，算法就是操作数据的有限指令序列。

概念和术语

基本概念

1. 数据概念

数据（Data）是描述客观事物的符号，是在计算机科学中可以输入计算机中并能被计算机识别、存储和处理的符号集合。

数据元素（Data Element）是数据的基本单位，也被称为元素（Element）、节点（Node）、顶点（Vertex）、记录（Record），在计算机程序中常作为一个整体进行考虑和处理。

数据对象（Data Object）是性质相同的数据元素的集合，是数据的一个子集。

数据关系（Data Relation）反映了数据对象中数据元素所固有的一种结构。通常把数据之间的这种固有关系用前驱和后继来描述。

2. 结构概念

数据结构（Data Structure）是相互之间存在一种或多种特定关系（或结构）的数据元素集合。数据结构主要包括数据的逻辑结构、物理结构和运算。

逻辑结构（Logical Structure）：数据的逻辑结构是从数据元素之间的逻辑关系上描述数据的，与数据的存储无关，是独立于计算机的。逻辑结构分为以下四种。

- 集合（Set）：结构中的数据元素之间除了同属于一个集合无其他关系。
- 线性结构（Linear Structure）：结构中的数据元素之间存在着一对一的关系，即除了第一个数据元素无前驱、最后一个数据元素无后继，其他相邻数据元素均具有唯一的前驱和后继。
- 树形结构（Tree Structure）：结构中的数据元素之间存在一对多的关系，即除了一个根数据元素，其他各元素具有唯一的前驱，所有的数据元素都可以有多个后继。
- 图状结构或网状结构（Graph or Net Structure）：结构中的数据元素之间存在着多对多的关系，即所有数据元素都可以有多个前驱或多个后继。

物理结构（Physical Structure）又称存储结构（Storage Structure），是数据及其逻辑结构在计算机中的表示，即存储结构不仅要存储数据元素，还要准确地反映数据元素之间的逻辑关系。常用的存储结构有以下几种。

- 顺序存储结构（Sequential Storage Structure）：用数据元素在存储器中的相对位置来表示数据元素之间的逻辑关系。
- 链式存储结构（Linked Storage Structure）：在每一个数据元素中增加一个存放地址的

指针，用此指针来表示数据元素之间的逻辑关系。

存储方法有顺序存储方法、链式存储方法、索引存储方法和散列存储方法。

数据运算（Data Operation）是定义在数据的逻辑结构上的，每种逻辑结构都有一个运算集合，最常用的有查找、插入、删除、更新、排序等。

3. 类型概念

数据类型（Data Type）是计算机程序中的数据对象及定义在这个数据对象集合上的一组操作的总称。在 C 语言中，按照数据对象集合中的数据元素是否可分解分为原子类型和结构类型两类。

- 原子类型：数据元素不可分解，通常由程序设计语言直接提供，如整型、实型、字符型等标准类型。
- 结构类型：数据元素可以分解为若干成分（或分量），是用户借助程序设计语言提供的描述机制自己定义的类型，通常由标准类型派生，如整型数组、结构体等。

抽象数据类型（Abstract Data Type，ADT）是指一个数学模型及定义在此模型上的一组操作。

4. 算法概念

算法（Algorithm）是对特定问题求解步骤的一种描述，是一系列解决问题的清晰指令，代表着用系统的方法描述解决问题的策略机制。

1）算法特性

- 有穷性（Limitedness）：对于任意一组合法的输入数据，一个算法必须总是在执行有穷步之后结束，且每一步都在有穷时间内完成。
- 确定性（Definiteness）：算法中每一条指令都必须有确切的含义，不存在二义性，并且算法只有一个入口和一个出口。
- 可行性（Feasibleness）：算法中描述的所有操作都必须足够基本，并且都是可以通过已实现的基本运算执行有限次来实现的。
- 有输入（Input）：一个算法有零个或多个输入，这些输入取自某个特定的对象集合。有些输入需要在算法执行过程中完成，而有些输入被嵌入算法之中。
- 有输出（Output）：一个算法有一个或多个输出，这些输出是同输入有着某些特定关系的量。输出是算法进行信息加工后得到的结果。

2）设计要求

- 准确性（Correctness）：首先，没有语法错误；其次，对于合法的输入数据能够得出符合要求的结果。
- 可读性（Readability）：首先，让人容易读懂和交流；其次，才是机器的执行。
- 健壮性（Robustness）：算法不但对合法的输入数据能够输出符合要求的结果，而且当输入数据非法时，也能适当地做出反应或进行处理，而不会产生莫名的结果，甚至产生错误动作或陷入瘫痪。
- 高效性（High-Efficiency）：算法的效率包括时间效率和空间效率，时间效率显示的是算法运行有多快，而空间效率显示的是算法需要多少额外的存储空间。

3）设计规范

想写出精炼、高效的优秀代码，设计出一个好的算法不是一蹴而就的事情，不通过不断地锤炼是很难做到的。当然，下列的设计规范会帮助我们养成良好的算法设计习惯。

- 算法说明：算法说明就是算法的规格说明，是一个完整算法不可或缺的部分。设计者应该在算法开始处以注释的形式写明以下内容：算法的功能、函数参数表中各参数的含义、输入/输出的属性、引用的变量及各种条件限制。
- 注释说明：在难懂的语句和关键的语句或语句段后加上注释可以大大提高程序的可读性。注释要恰当，并非越多越好。
- 合理安排输入/输出：算法的输入/输出大致有三种方式：一是通过标准库函数来获取算法所需要的输入数据和显示算法的运行结果；二是将函数的参数作为输入/输出的媒介；三是通过全局变量甚至外部变量隐式地传递数据。非必要不使用第三种方式。
- 合理选用语句和算法结构：赋值语句、选择语句和循环语句是最基本的三种语句，仅使用这三种语句便可以设计算法。

4）算法描述

算法设计者在构思和设计一个算法之后，必须清楚准确地将所设计的求解步骤记录下来，这就是算法描述。算法有很多不同的描述方法，如自然语言、流程图、计算机程序设计语言及类计算机语言（伪代码），但都要求必须精确地描述计算过程。

5）算法分析

- 度量算法效率的方法。一是事后统计方法。该方法是先将算法编制成程序，再输入适当的数据运行，然后测算其时间和空间开销。二是事前分析估算方法。该方法事前根据估算技术对算法所消耗的资源进行估算，得到一个大致正确的结果，也称为渐进复杂度（Asymptotic Complexity）。
- 算法的时间复杂度：一般情况下，一个算法所耗费的时间 $T(n)$是算法所求解问题规模 n 的某个函数 $f(n)$，算法的时间度量记作 $T(n)=O(f(n))$，这表示随着问题规模 n 的增大，算法执行时间的增长率和$f(n)$的增长率相同，即当 n 趋向无穷大时，$T(n)$的数量级称为算法的渐进时间复杂度（Asymptotic Time Complexity），简称时间复杂度（Time Complexity），通常用大 O（读作“大欧”）记号表示法。这也是本书学习的重点。
- 算法的空间复杂度：一个算法的空间复杂度（Space Complexity）是该算法所耗费的储存空间 $S(n)$，即问题规模 n 的函数，记作 $S(n) = O(f(n))$，其中 n 为问题规模，分析方法和时间复杂度类似。

一般情况下，算法在执行期间所耗费的存储空间包括以下内容：一是输入数据所耗费的存储空间，仅仅取决于问题本身，和算法无关；二是代码所耗费的存储空间，对不同的算法来说差别不会很大；三是辅助变量所耗费的存储空间，随着算法的不同而不同，有的只是需要占用不随问题规模 n 改变而改变的临时空间，有的需要占用随着问题规模 n 的增大而增大的临时存储空间。所以，在分析算法的空间复杂度时，只需要分析第三种辅助变量所耗费的存储空间即可。

撷英拾萃

名人名言

陶行知（1891 年 10 月 18 日—1946 年 7 月 25 日）

安徽歙县人，中国人民教育家、思想家，伟大的民主主义战士，爱国者，中国人民救国会和中国民主同盟的主要领导人之一。曾任南京高等师范学校教务主任，继任中华教育改进社总干事。先后创办了晓庄学校、生活教育社、山海工学团、育才学校和社会大学。提出了“生活即教育”“社会即学校”“教学做合一”三大主张。生活教育理论是陶行知教育思想的理论核心。著作有《中国教育改造》《古庙敲钟录》《斋夫自由谈》《行知书信》《行知诗歌集》等。

“职业学校之课程，应以一事之始终为一课。例如种豆，则种豆始终一切应行之手续为一课。每课有学理，有实习，二者联络无间，然后完一课即成一事。成一事再学一事，是谓升课。自易至难，从简入繁，所定诸课，皆以次学毕，是谓毕课。定课程者必使每课为一生利单位，俾学生毕一课，即生一利；毕百课则生百利，然后方无愧于职业之课程。”

常见的大 O 运行时间

算法	时间复杂度	N 的取值（规模大小或数组的长度）			大 O 的函数曲线示意图
		10	100	1000	
二分查找	$O(\log_2 n)$	0.3 ms	7 ms	1 s	
简单查找	$O(n)$	1 s	10 s	100 s	
快速排序	$O(n\log_2 n)$	3.3 s	66.4 s	996 s	
选择排序	$O(n^2)$	10*s*	16.6 min	27.7 h	
旅行商问题	$O(n!)$	4.2*d*	2.9×10^{149} *y*	$1.72.\times10^{2559}$ *y*	

备注：① 时间估算是按照每秒执行 10 次操作来计算的。

② *X* 轴表示规模 *n*，*Y* 轴表示时间 *t*。

Unit 01

二分查找

主体教材

任务目标

知识目标

（1）理解和使用线性表、顺序表和数组。

（2）认识、理解和运用顺序查找、二分查找算法。

（3）运用大 O 表示法分析二分查找的时间复杂度。

能力目标

（1）熟练使用一门高级编程语言的能力，如 C、C++、C#、Java 等。

（2）编写和调试顺序查找、二分查找算法代码的能力。

（3）具备在小组活动中，运用普通话与小组成员交流、沟通的能力，学会协同合作。

素质目标

（1）养成持之以恒的习惯。

（2）培养认真对待学习、对待工作的态度。

（3）培养按时完成学习任务和工作任务，诚实守信的契约精神。

任务导入

某个商场的柜台上，有一个价值不菲的商品不见了，是谁拿走了这件商品呢？商场的视频监控是 24 小时连续不断的，储存周期为 3 天。我们在视频中发现了以下几点。

（1）在第一帧画面里，这件商品还在柜台上。

（2）在最后一帧画面里，它不见了。

运用顺序查找算法显然效率不高，请设计一个算法能快速找到丢失商品的关键帧。

相关知识

线性表

线性表（Linear List）是 n（$n \geqslant 0$）个具有相同特性的数据元素的有限序列，即表中的元素属于同一个数据对象，且相邻的元素之间存在着“序偶”关系。

（1）元素个数 n 称为线性表的长度（当 $n=0$ 时，称为空表）。

（2）若非空线性表记为（$a_1,\cdots,a_{i-1},a_i,a_{i+1},\cdots,a_n$），则当 $i=1$ 时，有且仅有一个后继 a_2，没有前驱；当 $i=n$ 时，有且仅有一个前驱 a_{n-1}，没有后继；其余的所有元素 a_i（$2 \leqslant i \leqslant n-1$）有且仅有一个前驱 a_{i-1} 和一个后继 a_{i+1}。

线性表是最简单、最基础、最常用的一种线性结构，根据存储方式的不同可分为顺序表（Sequential List）和链表。其基本的操作是插入、删除和查找。

一维数组

数组是有序的数据元素序列。在程序设计中，数组是把具有相同类型的若干数据元素按有序的形式组织起来的一种形式。用一个统一的数组名和下标来唯一地确定数组中的数据元素，下标决定了数据元素的位置，数组中各个数据元素之间的逻辑关系由下标体现。下标的个数决定了数组的维数，下标个数是 1 的数组称为**一维数组**（Linear Array）。二维及多维数组可以看作是一维数组多次叠加产生的。通常使用一维数组来实现顺序表，数组的下标可以看作线性表在内存的相对地址，因此顺序表的最大特点是逻辑上相邻的两个数据元素在物理位置上也相邻。

C 语言中一维数组的使用

（1）先定义，再使用。

格式：数组类型　数组名 [长度]

需要注意的是，这里的长度必须是大于 0 的整型常量或整型表达式，不能出现变量。

例如：int　arr [11];

其中，int 表示数组是整型数组，arr 是数组名，11 是该数组的长度。

（2）数组元素的引用。

这里的下标可以是整型常量或整型表达式，默认从 0 开始。

（3）只能逐个引用数组元素，不能一次引用整个数组。

（4）数组的长度可以通过表达式 sizeof (arr) / sizeof (arr[0]) 求得。

（5）数组元素在内存中的地址是由低到高的，并且是连续存储的。

（6）数组的初始化。

格式：数组类型 数组名[常量表达式]={值,值,…,值}

① 在定义数组时对数组元素赋以初始值。

例如：int a[4]={1,2,3,4};

定义 a 数组有 4 个元素，即 a[0]、a[1]、a[2]、a[3]，且分别给它们赋初值 1、2、3、4。

② 可以只给一部分元素赋值。

例如：int a[6]={1,2,3,4};

定义数组 a 中有 6 个元素，但花括号内只提供 4 个初始值，表示只给前面 4 个数组元素赋值，后 2 个元素通常由编程语言设置为随机值。

③ 在对全部数组元素赋初值时，由于数组的个数已定，因此可以不指定数组长度。

例如：int a[5]={1,2,3,4,5};

可以写成：int a[]={1,2,3,4,5};

④ 对 static 数组元素不必赋初值，系统会给每个元素自动赋以 0。

例如：static int a[4];

定义 a 数组有 4 个元素，且数组元素都赋初值 0。

⑤ 如果不对数组元素赋初值，则该数组元素的初值是随机数。

线性表的顺序存储结构——顺序表

把线性表中的数据元素按照其逻辑次序依次存放在一组地址连续的存储单元中的方式称为线性表的顺序存储结构，采用这种存储结构的线性表称为**顺序表**。在程序设计中，一般用一维数组来实现。

1. 存储地址

使用一维数组存储顺序表意味着要分配固定长度的数组空间，因此必须确定数组的大小。一维数组 a 由 n 个数据元素组成，a[0]的存储地址为 LOC(a_0)，如果每个数据元素占 d 个存储单元，那么数组中任意数据元素 a[i]的存储地址的计算公式为

$$\text{LOC}(a_i)=\text{LOC}(a_0)+i\times d \quad (0\leqslant i\leqslant n-1) \tag{1-1}$$

2. 顺序表的类型定义

```
# define MAXLEN  100                    // 顺序表大小，根据实际需要来定
typedef struct SeqList {
     int data[MAXLEN];                  // 存储线性表数据元素的数组空间
     int length; }                      // 当前顺序表的长度或规模
```

3. 顺序表的主要特点

顺序表用一维数组来实现，数组的下标可以看成数据元素在内存中的相对地址，因此顺序表的特点为：逻辑上相邻两个数据元素在物理位置上也相邻。

例题 01-01 求数组中数据元素的内存地址。

算法 01-01

```
#include<stdio.h>
int main(){
    static int arr[10];                 // 数组 arr 赋初值 0
    int i ;
    for (i = 0; i < sizeof(arr)/sizeof(arr[0]); i++){
        // 输出数组 arr 中各个数据元素的内存地址
        printf("&arr[%d] = %p\n", i, &arr[i]);
    }
return 0;
}
```

4. **在顺序表中插入（删除）数据元素**

如图 1-1 所示，要在顺序表中数组下标 i 的位置之前插入新数据元素 A，先要将数组下标 i+1 及以后的所有数据元素依次向后移动一位，再在下标 i 的位置上插入数据元素 A。同样地，若要删除顺序表中某个数据元素，则需要将该数据元素以后的所有数据元素依次向前移动一位。

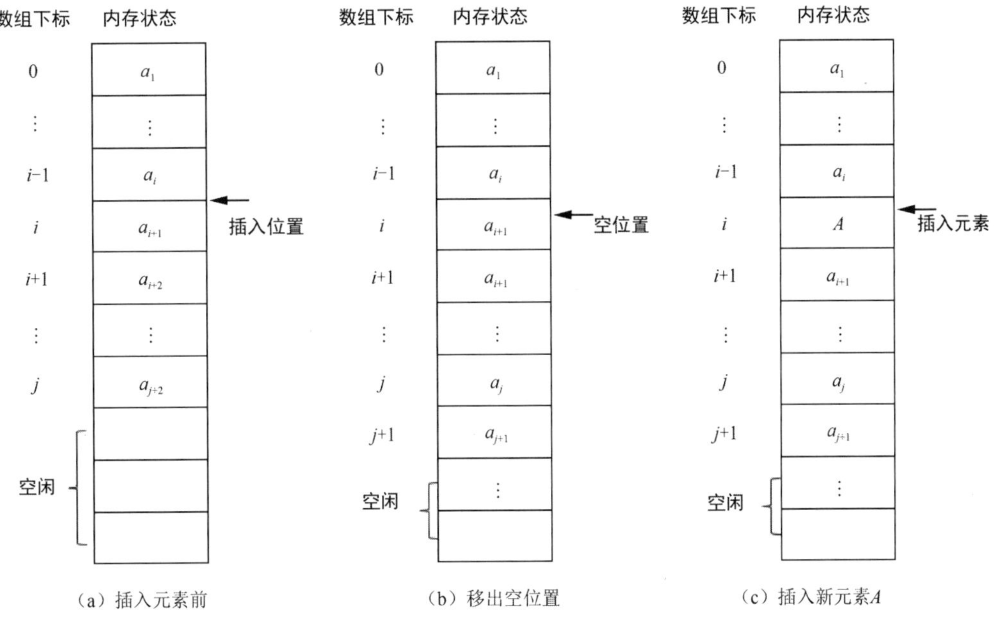

图 1-1　顺序表插入新元素的过程

查找的基本概念

1. **查找表**

查找表（Search Table）是由同一类型数据元素（或记录）构成的集合。查找表通常进行的操作如下。

（1）查询某个特定的数据元素是否在表中。

（2）检索某个特定的数据元素的各种属性。

（3）在查找表中插入一个数据元素。

（4）在查找表中删除某个数据元素。

2. 关键字

关键字（Key）是数据元素中某个数据项的值，使用它可以标识一个数据元素。若关键字可以唯一地标识一个数据元素，则称此关键字为主关键字（Primary Key）；若关键字不能唯一地标识一个数据元素，则称此关键字为次关键字（Secondary Key）。

3. 查找

查找（Searching）是根据给定的某个值，在查找表中确定一个其关键字等于给定值的数据元素。如果查找表中存在这样的数据元素，则查找成功，此时查找结果为该数据元素的信息，或者指示其在查找表中的位置；若查找表中不存在这样的数据元素，则查找失败。

4. 查找分类

静态查找（Static Search）是不涉及插入和删除操作，只进行查找操作的查找，其查找结果不影响查找表。

动态查找（Dynamic Search）是涉及插入和删除操作的查找，其查找结果可能会改变查找表。

5. 平均查找长度

对于含有 n 个数据元素的查找表，当查找成功时的平均查找长度（Average Search Length）由式（1-2）表示：

$$\mathrm{ASL} = \sum_{k=1}^{n} p_i \times c_i \qquad (1\text{-}2)$$

其中，p_i 是查找第 i 个数据元素的概率（一般认为每个数据元素查找概率相等）；c_i 是查找第 i 个数据元素所需与关键字的比较次数。

顺序查找算法

顺序查找（Sequential Search）也称为穷举查找，又叫线性查找，这是一种最基本、最简单的顺序表查找方法。它的查找过程：从顺序表的一端向另一端逐个将数据元素值与待查关键字比较，若相等，则查找成功，返回该数据元素在表中的位置；若直至最后一个数据元素也没有与之相等的数据元素，则查找失败。

按照数据元素在顺序表中的次序，依次逐个访问，完成查找任务，所以其算法时间复杂度是 $O(n)$。

例题 01-02　在序列(8,3,10,15,4,7,11,2,12,6,14)中，采用顺序查找算法查找数据元素 11 和 5。

算法 01-02

```
#include<stdio.h>
int main(){
  int a[]={8,3,10,15,4,7,11,2,12,6,14};
  int Low =0,i=0;                              // 赋初值
  int High = sizeof(a)/sizeof(a[0])- 1;        // 求出顺序表长度
  int target = 0;
  printf("请输入查找目标 target =  ");
  scanf ("%d",&target);                        // 用键盘输入查找目标
  // 从第 1 个数据元素开始，依次比较直到找到或查找完整个顺序表
  for(i=Low;i<High&&a[i]!=target;i++);
    if(i<High)
        printf("找到了!,它是 a[%d]" ,i);
    else
        printf("没有找到! ");
return 0;
}
```

二分查找算法

二分查找（Binary Search）也称为折半查找，它充分利用了数据元素间的次序关系，采用分治策略，可在最坏的情况下用 $O(\log_2 n)$的时间复杂度完成查找任务。它是一种效率较高的查找方法。

1. 算法设计

将 n 个数据元素递增（或递减）有序的顺序表存储在数组 a 中，取中间位置数据元素的值 a[n/2]与待查的关键字 x 做比较。如果 x<a[n/2]，那么需要在数组 a 的左半部分（或右半部分）继续查找 x；如果 x>a[n/2]，那么需要在数组 a 的右半部（或左半部分）继续查找 x，重复以上过程，直到某个中间位置数据元素的值与待查关键值相等，找到目标，否则该顺序表中没有待查的关键字。

2. 限制条件

（1）必须采用顺序存储结构。

（2）必须按关键字大小有序排列。

3. 时间复杂度分析

对于规模 n 的有序数据元素序列，由算法思想可知每次查找丢掉一半，另一半继续重复，操作数据元素的个数变化是 $n, n/2^1, n/2^2, \cdots, n/2^k$，其中 k 就是循环的次数。由于 $n/2^k$ 取整后大于或等于 1，即令 $n/2^k=1$，得 $k = \log_2 n$。所以，时间复杂度可以由式（1-3）表示：

$$O(n) = O(\log_2 n) \tag{1-3}$$

任务工单

任务情境

快递公司接收的邮件按照编号递增有序存放，邮件编号唯一，可以用顺序表表示{002,003,004,006,007,008,010,011,012,014,015}。请设计程序，完成查找某一编号邮件的任务。

输入要求：

用键盘输入查找目标。

输出要求：

（1）若没有找到，则输出“查无此邮件”；

（2）若找到，则输出它的位置，即数组的下标。

算法分析

（1）查找 target = 5 的图示分析，如图 1-2 所示。

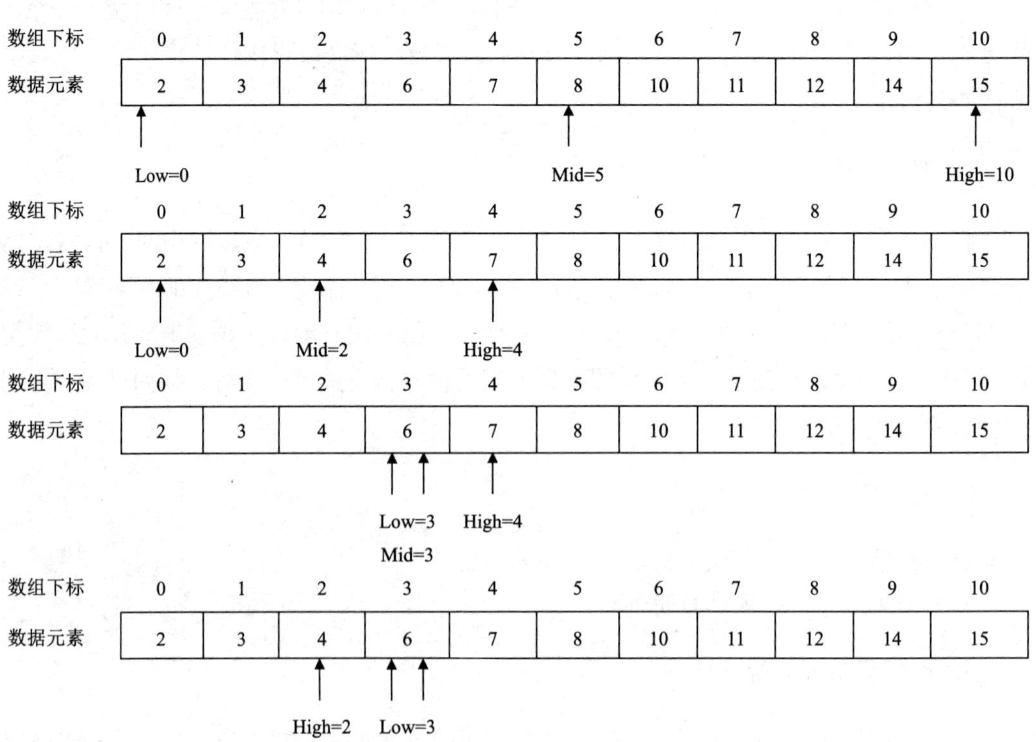

图 1-2　查找 target=5 的图示分析

（2）查找 target = 11 的图示分析，如图 1-3 所示。

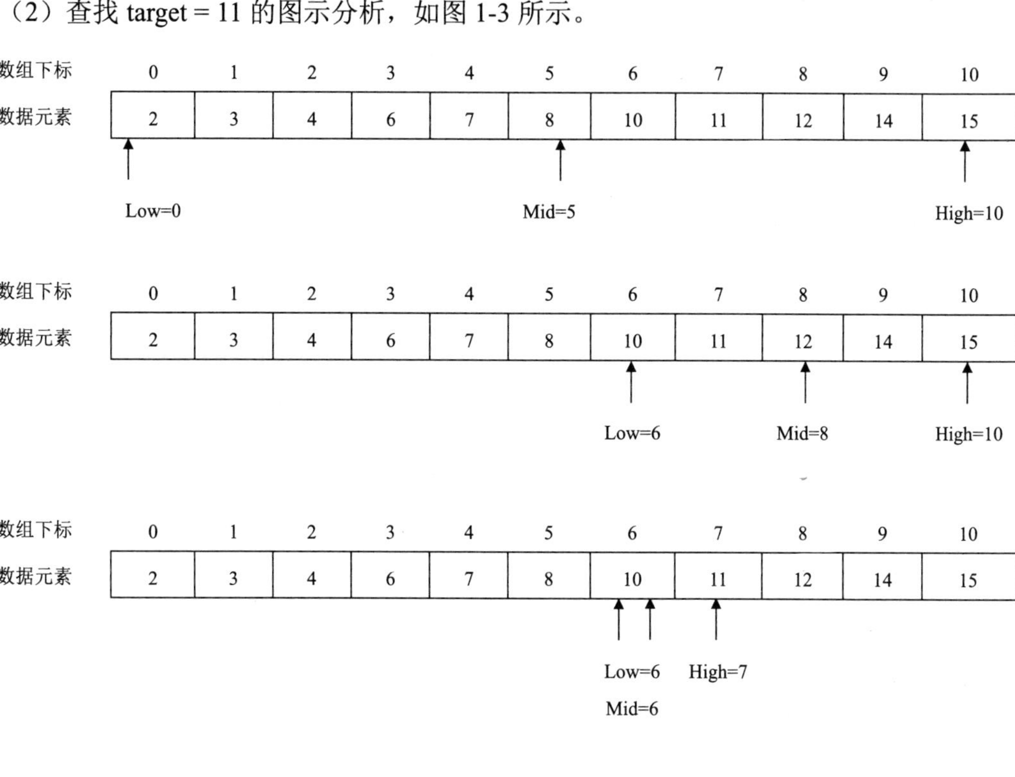

此时，Mid[7] = 11，所以查找 target = 11 成功，输出 Mid

图 1-3　查找 target=11 的图示分析

工单任务

任务名称	二分查找	完成时限	90min
学生姓名		小组成员	
发出任务时间		接受任务时间	

续表

<table>
<tr><td>任务内容
及要求</td><td colspan="2">已知：{ 002,003,004,006,007,008,010,011,012,014,015 }为快递公司接收的邮件按照编号递增有序存放的顺序表，试用二分查找算法编码实现查找指定编号的邮件。
输入要求：用键盘输入查找目标。
输出要求：（1）如找到，则给出它的位置，即数组的下标。
（2）如没有找到，则给出“查无此邮件”</td></tr>
<tr><td>任务完成
日期</td><td></td><td>□提前完成　□按时完成　□延期完成　□未能完成</td></tr>
<tr><td colspan="2">延期或未能完成原因说明</td><td></td></tr>
</table>

资讯

计划与决策

请根据任务要求，确定采用的算法，分析算法的时间复杂度，制定作业流程，并对小组成员进行合理分工。

实操记录

编码和调试中出现的问题记录

算法完整代码和运行结果

算法时间复杂度分析

知识巩固

想一想

1．某鉴宝节目，给出了某件宝物的价值范围，需要鉴宝人猜出它的价值，所猜测的价值距离准确值最接近的获胜。鉴宝人有 3 次报价机会，在首次报出价格后，主持人会给出高了或低了的提示，再进行下一轮报价。思考一下，现假定此宝物的价值范围是 1 至 100 之间的整数，最多需要几次就可以准确地猜出这个数？

2．假设有一个顺序表 *A*，怎样将 *A* 中的数据元素逆置（颠倒过来）。

例如，*A*=(12,7,15,6,3,8,2)，逆置后 *A* =(2,8,3,6,15,7,12)。

练一练

一、填空题

1．假设有一个包含 *n* 个档案的有序列表，你要使用二分查找算法在其中查找一份档案。当 *n*=2021 时最多需要对比__________次才能找到；当 *n*=2049 时最多需要对比________次才能找到。

2．在有 n 个电话号码的电话簿中根据号码找人，使用大 O 表示法给出此情形的运行时间____________________。

3．数组下标一般从____________开始，如果一维数组 a 的每个元素占 4 个存储单元，第一个元素的地址是 K，则 a[2022]地址是________________________ 。

二、单选题

1．下列一维数组的定义中，不正确的是________。

A．int a1[4] = {1, 2, 3, 4};　　B．int a2[ ] = {1, 2, 3, 4};

C．char a3[3] = {‘a’,‘b’,‘c’,‘d’};　　D．char a4[4] = {‘a’,‘b’,‘c’,100};

2．下列时间复杂度是 $O(\log_2 n)$的是________。

A．在顺序表中运用顺序查找算法查找指定关键字的数据元素

B．在顺序表中运用折半查找算法查找指定关键字的数据元素

C．在顺序表中运用穷举查找算法查找指定关键字的数据元素

D．在顺序表中运用线性查找算法查找指定关键字的数据元素

3．有一个电话簿包含 256 个有序排列的名字，如果使用二分查找算法查找其中的某一名字，最多需要________步就能找到。

A．6　　B．7　　C．8　　D．9

4．一维数组 a 的初始化为 static int a[3];，下列说法中________是正确的。

A．数组元素的值是随机的

B．数组元素的值是 a[0]=0，a[1]=1，a[2]=2，a[3]=3

C．数组元素的值都是 0

D．上述数组初始化是错误的

5．下列关于大 O 表示法说法正确的是________。

A．指出了算法的优劣　　B．指出算法占用内存空间的大小

C．指的是算法速度的时间表示　　D．指的是算法速度的操作数的增速

三、判断题

1．顺序存储方式只能用于存储线性结构。（　）

2．顺序表中插入和删除数据元素需要移动大量的数据元素。（　）

3．顺序表中插入和删除数据元素的时间复杂度为 $O(n)$。（　）

4．线性表的逻辑顺序与存储顺序总是一致的。（　）

5．顺序表可以方便地随机存取表中任意元素。（　）

6．数组的读取数据元素的时间复杂度为 $O(1)$。（　）

7．数组的删除数据元素的时间复杂度为 $O(1)$。（　）

8．数组是线性表的唯一存储形式。（　）

9．数组中存储的数可以是任意类型的任何数据。（　）

10．数组中数据元素是同类型数据的集合。（　）

做一做

如图 1-1 所示，试编写代码，实现顺序表中数据元素的插入和删除。

拓展学习

开动脑筋

1. 为了简化分析，通常认为查找表中每一个数据元素的查找概率是相等的，但是在很多情况下，查找表中每个数据元素的查找概率是不相等的。想一想，可否根据数据元素的访问频度，减少比较次数，提高查找效率。

2. 我们来分析二分查找算法中求中位数的两行代码：

```
Mid = ( Low + High ) / 2 ;              //① 通常写法
Mid = (  High-Low ) / 2 + Low;          //② 非常规写法
```

在数学上，它们是相等的，但在计算机语言中，区别十分大。不妨我们代入实际的数看一看。

设 Low = 2，High = 1000

则 ① 式　Mid = （ 2 + 1000 ）/ 2

= 1002 / 2　//大于 1000

= 501

② 式　Mid = （ 1000 − 2 ）/ 2 + 2

= 998 / 2 + 2

= 501

如果分配的资源不超过 1000，那么使用①式的将溢出，使用②式的将顺利运行。由此可见，节约作为中华民族的传统美德，不仅体现在节能减排、绿色出行、“光盘”行动、随手关灯等方面，在编程上特别是一些特定条件下同样需要充分考虑节约存储资源。

勤于练习

1. 验证一维数组的元素在内存的地址是由低到高且连续存储的（算法 01-01）。并将代码及运行结果填入（或截图粘贴至）下栏。

2. 将以下优化后顺序查找算法的代码与算法 01-02 进行比较，并将代码及运行结果填入（或截图粘贴至）下栏。

算法 01-03 顺序查找（优化）

```
#include<stdio.h>
int main(){
int a[]={8,3,10,15,4,7,11,2,12,6,14};
  int Low =0,i=0;
  int High = sizeof(a)/sizeof(a[0])- 1;
  int target = 0;
  printf("请输入查找目标：\n");
  scanf ("%d",&target);
  a[High] = target;                        // 设置 "哨兵 ",在顺序表的终止端
  for(i=Low; a[i]!=target;i++);            // 顺序查找运算，不再需要判定 i<High
    if(i<High)
        printf("找到了!,它是 a[%d]" ,i);
    else
        printf("没有找到! ");
```

```
return 0;
}
```


总结考评

单元总结

单元小结

1．在同一数组中数据元素都在一起且类型必须相同，用数组下标来区别，读取速度很快。

2．顺序查找的优点是算法简单、适应面广，且对表的结构没有要求，无论是顺序表还是链表，无论表是否按关键字排序，都可以使用。

3．顺序查找的缺点是平均查找长度较大，规模 n 越大，查找效率越低。

4．二分查找的优点：查找速度比顺序查找快得多。$O(\log_2 n)$比 $O(n)$快。随着需要查找的数据元素规模 n 越大，快得越多。

5．二分查找的缺点：需要对线性表采用顺序存储且保证按关键字有序；对于需要频繁执行插入和删除操作的动态查找表，维护有序的工作量大。

6．算法空间复杂度也用大 O 表示法表示。

单元任务复盘

1. 目标回顾

2. 结果评估（一致、不足、超过）

3. 原因分析（可控的、不可控的）

4. 经验总结

<table>
<tr><td></td></tr>
<tr><td></td></tr>
<tr><td></td></tr>
</table>

过程考评

<table>
<tr><td rowspan="4">基本信息</td><td>姓名</td><td></td><td>班级</td><td></td><td>组别</td><td></td></tr>
<tr><td>学号</td><td></td><td>日期</td><td></td><td>成绩</td><td></td></tr>
<tr><td rowspan="2">序号</td><td rowspan="2">项目</td><td colspan="2">任务完成情况</td><td rowspan="2">标准分</td><td rowspan="2">评分</td></tr>
<tr><td>完成</td><td>未完成</td></tr>
<tr><td rowspan="9">教师考评内容（50 分+）</td><td>1</td><td>资讯</td><td></td><td></td><td>5</td><td></td></tr>
<tr><td>2</td><td>计划与决策</td><td></td><td></td><td>10</td><td></td></tr>
<tr><td>3</td><td>代码编写</td><td></td><td></td><td>10</td><td></td></tr>
<tr><td>4</td><td>代码调试</td><td></td><td></td><td>10</td><td></td></tr>
<tr><td>5</td><td>想一想</td><td></td><td></td><td>5</td><td></td></tr>
<tr><td>6</td><td>练一练</td><td></td><td></td><td>5</td><td></td></tr>
<tr><td>7</td><td>做一做</td><td></td><td></td><td>5</td><td></td></tr>
<tr><td>8*</td><td>拓展学习</td><td></td><td></td><td>ABCD</td><td></td></tr>
<tr><td colspan="4">考评教师签字：</td><td colspan="2">日期：</td></tr>
<tr><td rowspan="6">小组考评内容（25 分）</td><td>1</td><td>主动参与</td><td></td><td></td><td>5</td><td></td></tr>
<tr><td>2</td><td>积极探究</td><td></td><td></td><td>5</td><td></td></tr>
<tr><td>3</td><td>交流协作</td><td></td><td></td><td>5</td><td></td></tr>
<tr><td>4</td><td>任务分配</td><td></td><td></td><td>5</td><td></td></tr>
<tr><td>5</td><td>计划执行</td><td></td><td></td><td>5</td><td></td></tr>
<tr><td colspan="4">小组长签字：</td><td colspan="2">日期：</td></tr>
<tr><td rowspan="6">自我评价内容（25 分）</td><td>1</td><td>独立思考</td><td></td><td></td><td>5</td><td></td></tr>
<tr><td>2</td><td>动手实操</td><td></td><td></td><td>5</td><td></td></tr>
<tr><td>3</td><td>团队合作</td><td></td><td></td><td>5</td><td></td></tr>
<tr><td>4</td><td>习惯养成</td><td></td><td></td><td>5</td><td></td></tr>
<tr><td>5</td><td>能力提升</td><td></td><td></td><td>5</td><td></td></tr>
<tr><td colspan="4">本人签字：</td><td colspan="2">日期：</td></tr>
</table>

撷英拾萃

人物故事

高德纳·尔文·克努斯（Donald Ervin Knuth）

1968 年，他撰写了堪称计算机科学理论与技术的经典巨著《计算机程序设计艺术》（*The Art of Computer Programming*），其第一卷《基本算法》较为系统地阐述了数据的逻辑结构和储存结构及其操作，开创了数据结构的课程体系。同年，数据结构作为一门独立的课程，在计算机科学的学位课程中开始出现。

1974 年，他因此书而荣获图灵奖。有人认为这部巨著的作用与地位可与数学史上欧几里得的《几何原本》相比。

关于**二分查找**，他说：

Although the basic idea of binary search is comparatively straightforward, the details can be surprisingly tricky...

尽管二分查找算法的思想很简单，但是细节不容忽视……

常见查找算法分类

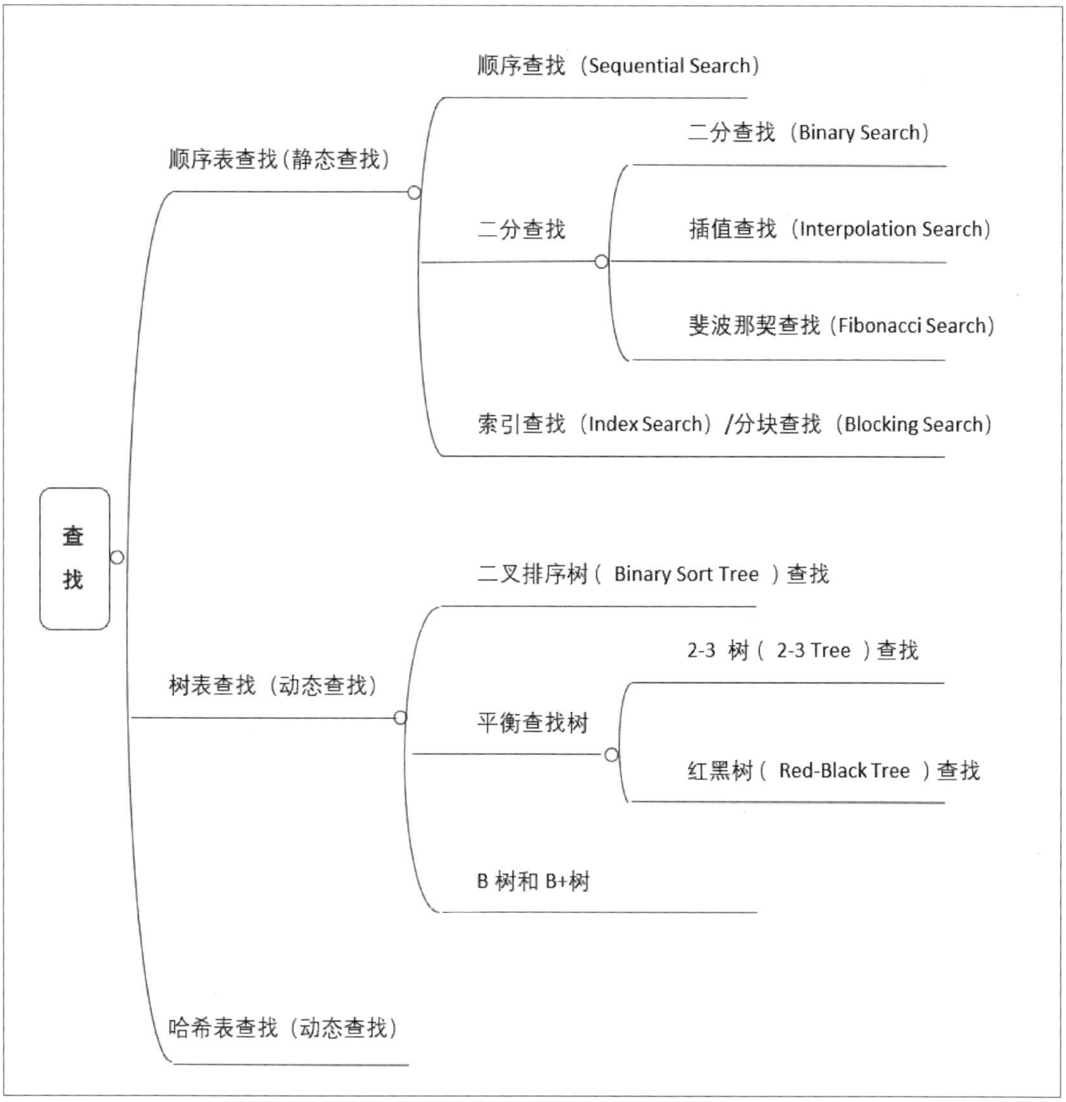

- 查找
  - 顺序表查找(静态查找)
    - 顺序查找（Sequential Search）
    - 二分查找
      - 二分查找（Binary Search）
      - 插值查找（Interpolation Search）
      - 斐波那契查找（Fibonacci Search）
    - 索引查找（Index Search）/分块查找（Blocking Search）
  - 树表查找（动态查找）
    - 二叉排序树（ Binary Sort Tree ）查找
    - 平衡查找树
      - 2-3 树（ 2-3 Tree ）查找
      - 红黑树（ Red-Black Tree ）查找
    - B 树和 B+树
  - 哈希表查找（动态查找）

读书笔记

Unit 02

简单选择排序

主体教材

任务目标

知识目标

（1）理解和使用**顺序表、数组和链表**。

（2）认识、理解和运用**简单选择排序**算法。

（3）运用大 O 表示法分析选择排序的**时间复杂度**。

能力目标

（1）熟练使用一门高级编程语言的能力，如 C、C++、C#、Java 等。

（2）编写和调试简单选择排序算法代码的能力。

（3）具备在小组活动中，运用普通话与小组成员交流、沟通的能力，学会协同合作。

素质目标

（1）养成持之以恒的习惯。

（2）培养认真对待学习、对待工作的态度。

（3）培养按时完成学习任务和工作任务，诚实守信的契约精神。

任务导入

某公司有一堆月报表，现领导分配给你一个任务，将这堆杂乱无章的报表，按照时间顺序整理好。请设计一个方案完成此项工作。

相关知识

链表

用一组任意的存储单元存放线性表的数据元素，且数据元素的逻辑次序和物理次序不一定相同。为了表示线性表中数据元素之间的逻辑关系，需要在存储每个数据元素值的同时，存储其直接后继的地址信息。我们把存储数据元素值的域称为数据（Data）域，存储其直接后继地址信息的域称为指针(Pointer)域或链(Link)域，这两部分组成一个节点(Node)，表示线性表中的一个数据元素。通过每个节点的指针将线性表中数据元素按照其逻辑次序链接在一起的存储方式称为线性表的链式存储结构，采用这种存储结构的线性表称为链表(Linked List)。链表是一种物理存储单元上非连续、非顺序的存储结构。

线性表的链式存储结构——单链表

每个节点只有一个指针域的链表称为**单链表**（Single Linked List）。

1. 单链表的节点结构

图 2-1 所示为单链表的节点结构。其中，data 存放数据元素的值，称为数据域；next 存放后继数据元素的地址信息，称为指针域。

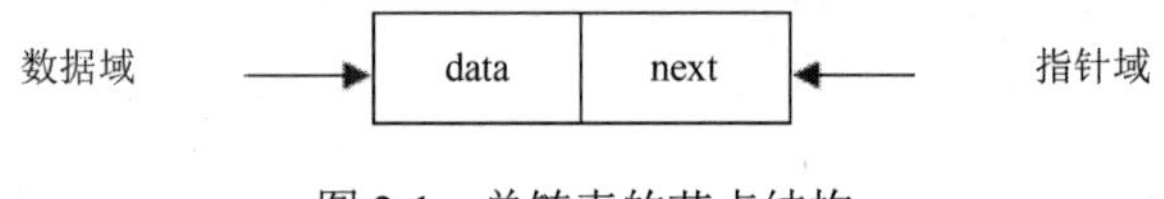

图 2-1　单链表的节点结构

2. 单链表的逻辑状态

单链表的使用一般只注重它的节点序列，即节点之间的逻辑次序，不关心每个节点的实际物理位置。图 2-2 所示为单链表的逻辑状态，其中 Head 是头指针，指示链表中第一个节点的存储位置；箭头表示链域中指针；空指针（NULL）用“∧”表示。

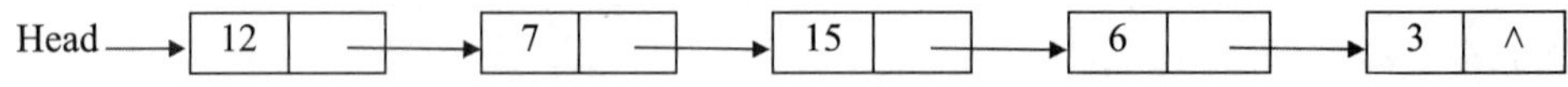

图 2-2　单链表的逻辑状态

3. 单链表的头节点和头指针

从图 2-2 中不难看出，除第一个节点的指针是 Head 以外，其他各个节点的存储地址都存放在其前驱节点的指针域中。单链表实现时为了避开单独处理第一个节点的特殊情况，通常在单链表第一个节点之前附设一个同构的节点，称为头节点（Head Node）。头节点的数据域可以不存储任何信息，也可以存储单链表的长度等其他附加信息。头节点的指针域指向单链表的第一个节点的存储地址，如图 2-3 所示，当头节点的指针域为“空”时，单链表是空链表。

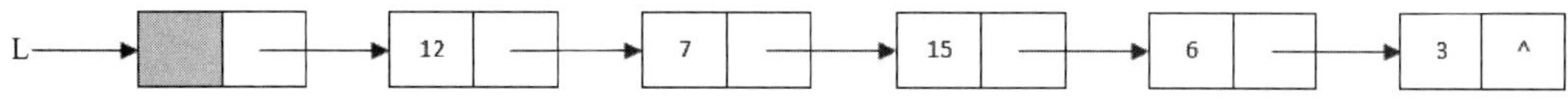

图 2-3　带头节点的单链表

4. **单链表节点的类型定义**

```
typedef  struct  Node {
    ElemType     data;              // 数据域
    struct Node   *next;            // 指针域
} Node, * LinkList;
```

5. **单链表的主要特点**

在单链表中，逻辑上相邻的节点之间的物理存储位置不要求相邻，节点之间的逻辑关系由节点的指针指示，所以它不是顺序结构。

6. **单链表中插入（删除）节点**

图 2-4 所示为插入节点 X 到节点 A_2 之后，图 2-5 所示为删除节点 A_3。从图 2-4 和 2-5 中不难看出，单链表中插入或删除某个节点只需要修改相应指针就可以完成，与顺序表相比，其不需要进行数据元素的移动。

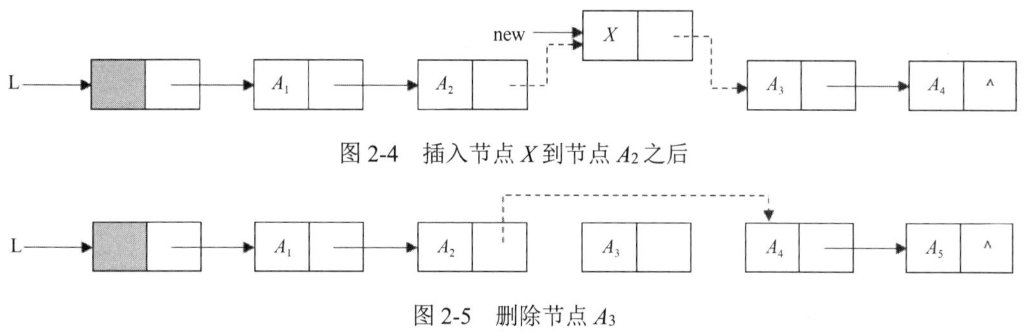

图 2-4　插入节点 X 到节点 A_2 之后

图 2-5　删除节点 A_3

排序的基本概念

1. **排序**

将一组任意数据元素序列重新排列成$\{r_1,r_2,\cdots,r_n\}$，使得其相应的关键字有序，即关键字满足 $k_1 \leqslant k_2 \leqslant \cdots \leqslant k_n$（升序）或 $k_1 \geqslant k_2 \geqslant \cdots \geqslant k_n$（降序），此过程称为排序（Sorting）。

2. **趟**

在排序过程中，将待排序的数据元素序列扫描一遍称为一趟（Pass）。

3. 排序算法的稳定性

对于待排序的数据元素序列中存在相同关键字的数据元素，若经过排序，这部分数据元素仍然保持原来的次序不变，则这种排序算法是稳定的（Stable）；若排序后它们的次序发生变化，则这种排序算法是不稳定的（Unstable）。

4. 内排序和外排序

内排序又称内部排序，是指待排序的数据元素全部存放在内存中完成排序的过程。若待排序的数据元素数量庞大，在排序的过程中需要使用到外部存储介质，如磁盘等，这种涉及内外存储介质之间的数据交换的排序过程称为外部排序，又称外排序。

5. 排序的基本操作

（1）**比较**：比较两个数据元素关键字的大小。
（2）**移动**：将数据元素从一个位置移动到另一个位置。

简单选择排序

简单选择排序（Simple Selection Sort）也称为直接选择排序，它是一种直观灵巧的算法，但其速度不是很快。

1. 算法设计

将 n 个待排序的数据元素序列$\{A_1,A_2,\cdots,A_n\}$划分为有序区和无序区，初始状态的有序区为空，无序区包含全部待排序数据元素。

（1）通过依次**比较**的方式在待排序的数据元素序列中选出关键字最小的数据元素。第 i（$1\leqslant i\leqslant n-1$）趟排序中无序区待排数据元素为 $A_i,A_{i+1},\cdots,A_n$，通过 $n-i$ 次关键字比较，在 $n-i+1$ 个数据元素中选出关键字最小的数据元素 $A_{\min}$。

（2）通过**移动**的方式确定待排序的数据元素序列中关键字最小的数据元素在有序区中的位置。在第 i 趟排序中，将选出的关键字最小数据元素 $A_{\min}$ 与无序区中第一个数据元素 A_i **交换**，作为有序序列的第 i 个数据元素。这样使得有序区多了一个数据元素，而无序区少了一个数据元素。

（3）不断重复第（1）（2）步，直至无序区仅剩下一个数据元素，排序完毕。

2. 算法思想

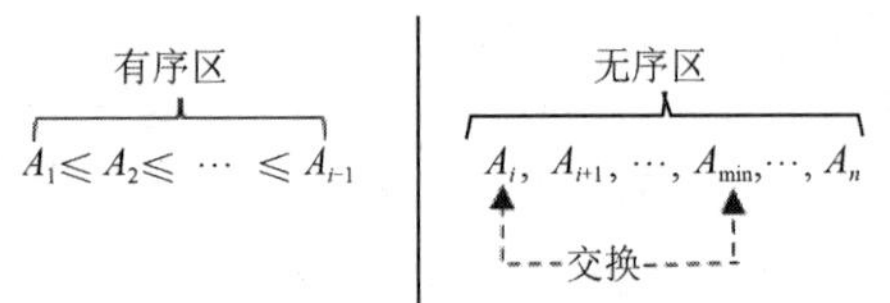

图 2-6　简单选择排序的基本思想

图 2-6 所示为简单选择排序的基本思想。

3. 时间复杂度分析

在简单选择排序过程中需要进行的比较次数与初始状态下待排序的数据元素序列的排列情况无关。第 1 趟，需要进行 $n-1$ 次比较；第 2 趟，需要进

行 n-2 次比较；依次类推，共需要进行的比较次数是$(n-1)+(n-2)+\cdots+2+1=n(n-1)/2$，即进行比较操作的时间复杂度为 $O(n^2)$，进行移动操作的时间复杂度为 $O(n)$。因此，总的时间复杂度依然是 $O(n^2)$。

4. **稳定性**

在简单选择排序过程中存在这种情况：如果一个数据元素比当前的数据元素小，而该数据元素又出现在一个和当前数据元素相等的数据元素后面，那么交换后稳定性就被破坏了。所以，简单选择排序是一种不稳定排序算法。

单链表的简单选择排序

单链表的简单选择排序算法的步骤如下。

（1）通过比较选出待排序的数据元素序列中关键字最小的数据元素。设 min 的关键字初值为单链表的第一个数据元素的关键字，将待排序的数据元素的关键字依次与 min 进行比较，始终保持 min 是当前关键字最小的数据元素，比较完所有的数据元素后，即可选出关键字最小的数据元素。

（2）通过交换确定待排序的数据元素序列中关键字最小的数据元素在有序区中的位置。将选出的 min 的关键字与当前链表第一个数据元素的关键字进行交换。

（3）不断重复第（1）（2）步，直至无序区仅剩下一个数据元素，排序完毕。

例题 02-01 数据元素关键字序列为（012,007,015,006,003,008,002）的待排序线性表采用单链表存储。请运用简单选择排序算法将这一组序列按照由小到大的顺序排列，图 2-7 所示为单链表选出待排序序列中关键字最小的数据元素的比较过程，图 2-8 给出了单链表的简单选择排序过程。

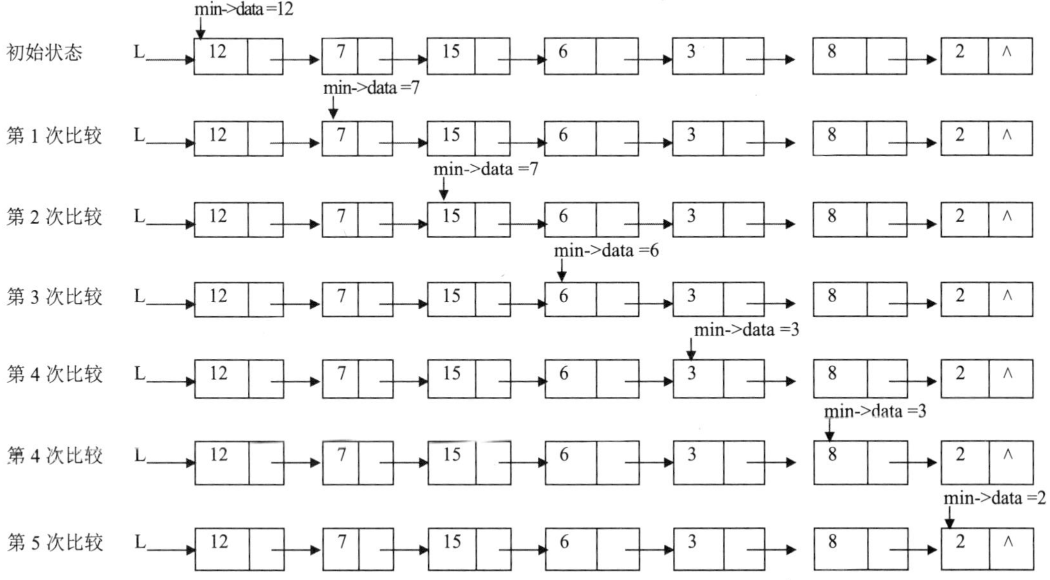

图 2-7 单链表选出待排序序列中关键字最小的数据元素的比较过程

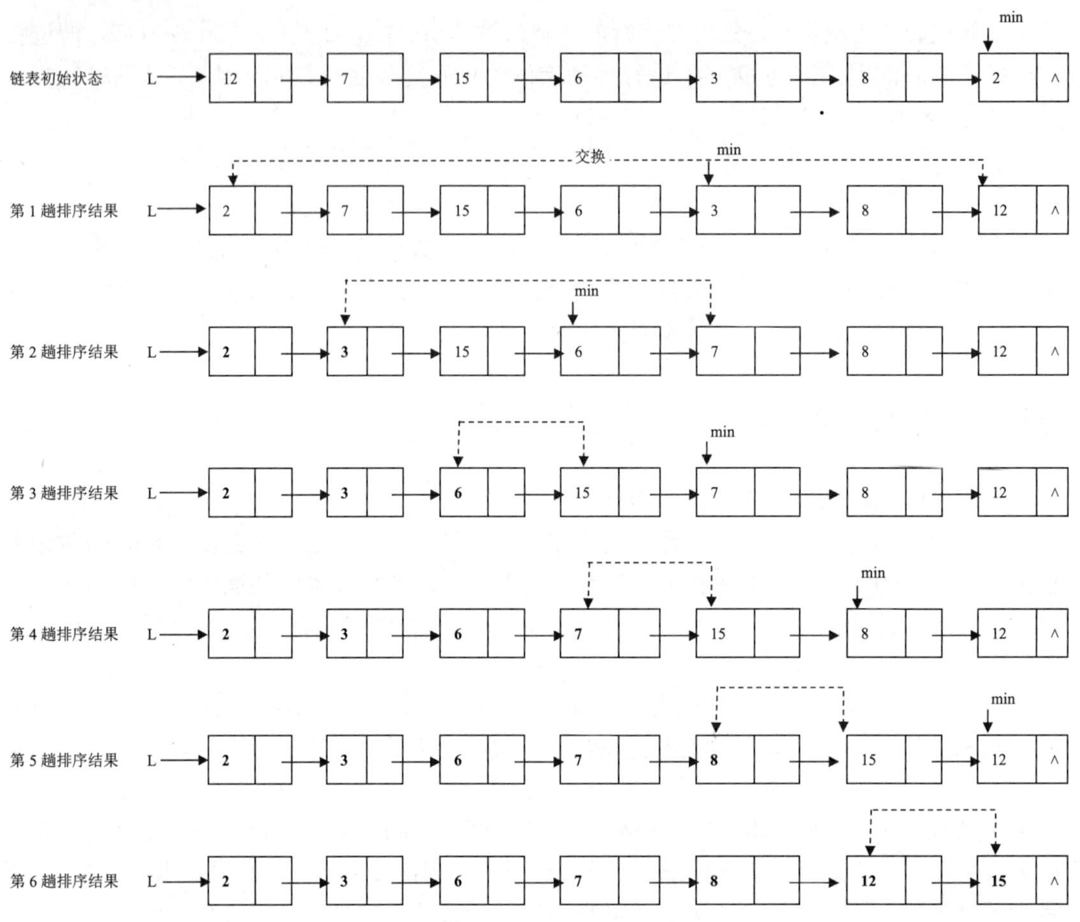

图 2-8　单链表的简单选择排序过程

算法 02-01

```
#include<stdio.h>
#include<stdlib.h>
// 单链表类型定义
typedef  struct  Node {
    int          data;                              // 数据域
    struct Node *   next;                           // 指针域
} Node,*LinkList;
LinkList creatLinklist(int  n){                     // 创建单链表
    int  i=0;
    LinkList  head,L,temp;
    head=(struct Node*)malloc(sizeof(Node));     // 单链表表头节点
    head->next=NULL;
    temp=head;
    for(;i<n;i++){
        L=(LinkList)malloc(sizeof(Node));
        L->next=NULL;
        printf("输入第 %d 个数据: " ,i+1);
```

```
        scanf("%d",&L->data);
        temp->next=L;
        temp=L;
    }
    return head;     // 返回头指针
}
// 从单链表 L 中取关键字最小的数据元素
LinkList getmin(LinkList  L){
    LinkList  min;
    min=L;
    while(L->next){
        if(min->data>(L->next->data)){
            min=L->next;
        }
        L=L->next;
    }
    return min;      // 返回最小值的指针
}
// 单链表简单选择排序
void selectsort(LinkList  head){
    LinkList  j,i=head->next;
    int  temp;
    for(i;i->next!=NULL;i=i->next){
        j=getmin(i);
        if(i->data!=j->data){
            temp=i->data;
            i->data=j->data;
            j->data=temp;
        }
    }
}
// 输出单链表中数据元素关键字序列
void printf_list(LinkList  head){
    LinkList  p=head->next;
    while(p){
        printf("%3d",p->data);
        p=p->next;
    }
}

int main(){
    LinkList  L;
    int  n;
    printf("---单链表选择排序算法---\n\n");
    printf("请输入元素个数:");
    scanf("%d",&n);
    L=creatLinklist(n);
    printf("单链表各个节点的值: ");
    printf_list(L);
    printf("\n");
```

```
    selectsort(L);
    printf("排序后各个节点的值：");
    printf_list(L);
    printf("\n");
    return 0;
}
```

任务工单

任务情境

某位同学在求职时，被面试官要求将一堆无序档案整理出来，可以用顺序表表示这堆档案(012,007,015,006,003,008,002)。请运用简单选择排序算法，编写代码，完成将档案按从小到大的顺序整理好的任务。

算法分析

将 7 个待排序的数据元素关键字序列(012,007,015,006,003,008,002)划分为有序区和无序区，初始状态的有序区为空，无序区包含全部待排序的数据元素。

（1）通过比较选出待排序的数据元素序列中关键字最小的数据元素。设变量 min 存放当前比较中最小关键字的位置，初值取待排序的数据元素序列的第一个数据元素的位置。依次比较完所有的数据元素的关键字后，可选出此趟关键字最小的位置。图 2-9 所示为第 1 趟排序中从待排序的 7 个数据元素中通过 6 次比较选出关键字最小的数据元素，并确定其数组下标是 6。

	数组下标	0	1	2	3	4	5	6	
初始关键字	数据元素	12	7	15	6	3	8	2	↑min=0（下标 0）
第 1 次比较		12	7	15	6	3	8	2	↑min=1（下标 1）
第 2 次比较		12	7	15	6	3	8	2	↑min=1（下标 2）
第 3 次比较		12	7	15	6	3	8	2	↑min=3（下标 3）
第 4 次比较		12	7	15	6	3	8	2	↑min=4（下标 4）
第 5 次比较		12	7	15	6	3	8	2	↑min=4（下标 5）
第 6 次比较		12	7	15	6	3	8	2	↑min=6（下标 6）

图 2-9　第 1 趟排序中选出待排序序列中关键字最小的数据元素

（2）通过交换确定待排序的数据元素序列中关键字最小的数据元素在有序区中的位置。将选出的 min 与当前趟数的第一个数据元素进行交换。

（3）不断重复第（1）（2）步，直至无序区仅剩下一个数据元素，排序完毕。图 2-10 所示为顺序表的简单选择排序过程。

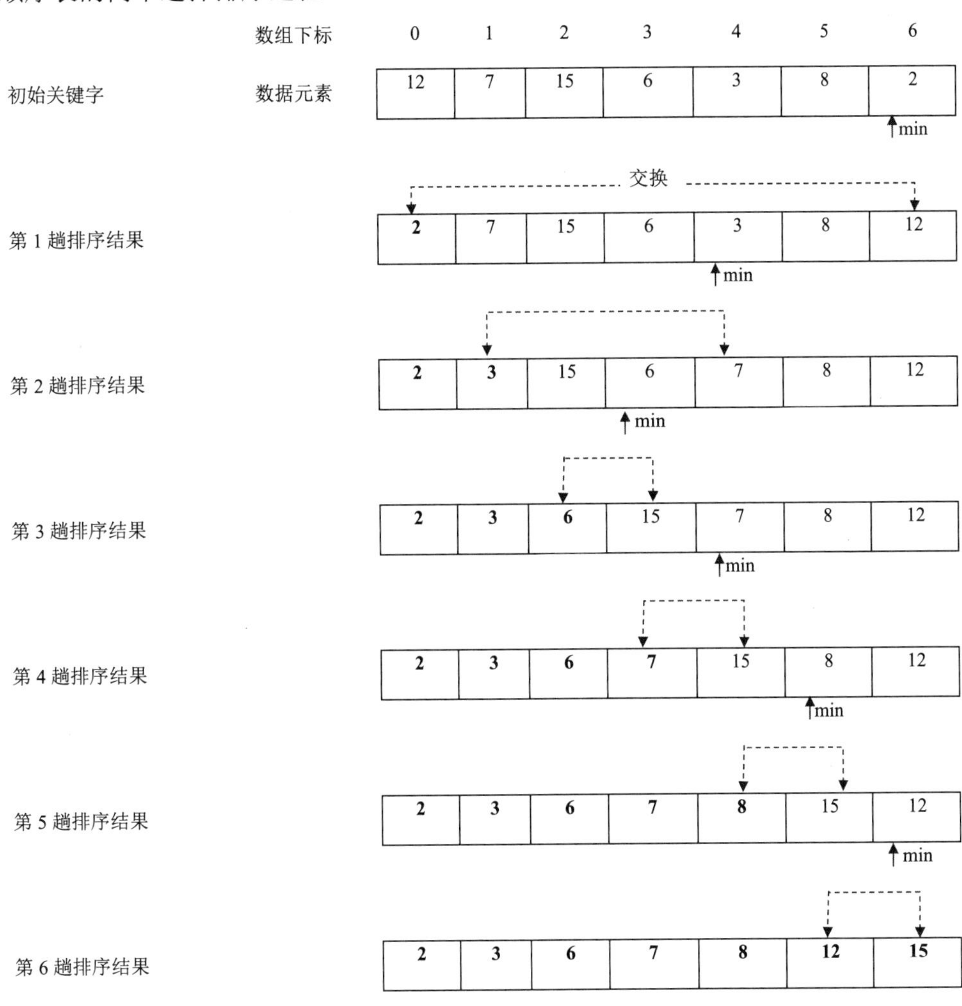

图 2-10　顺序表的简单选择排序过程

工单任务

任务名称	简单选择排序	完成时限	90min
学生姓名		小组成员	
发出任务时间		接受任务时间	

续表

<table>
<tr><td>任务内容及要求</td><td colspan="2">已知：(012,007,015,006,003,008,002)表示其公司无序档案的顺序表，运用简单选择排序算法，编码实现该顺序表由小到大排列。
输入要求：一维数组直接赋值。
输出要求：（1）输出初始的数据。
（2）输出排序完成后的数据</td></tr>
<tr><td>任务完成日期</td><td></td><td>□提前完成　□按时完成　□延期完成
□未能完成</td></tr>
<tr><td colspan="2">延期或未能完成原因说明</td><td></td></tr>
</table>

资讯

计划与决策

请根据任务要求，确定采用的算法，分析算法的时间复杂度，制定作业流程，并对小组成员进行合理分工。

实操记录

编码和调试中出现的问题记录

算法完整代码和运行结果

算法时间复杂度分析

知识巩固

想一想

1．在单链表中，为什么要加一个称为表头的节点？它有什么好处？

2．如果将最后一个节点为 NULL 的指针改为指向表头节点，相当于单链表首尾相连了，这就成了单向循环链表，分析一下，单向循环链表有什么特点？画出循环链表的示意图。

练一练

一、填空题

1．单链表中除了表头节点，任意节点的存储位置都由________节点指针域中的指针指示。

2．链表相对于顺序表的优点是________和________操作方便。

3．在 n 个节点的单链表中，要删除指定节点 p，需要找到其________节点，其时间复杂度是________。

二、单选题

1．带表头节点的单链表 L 为空的判定条件是________。

A．L = NULL　　B．L->next = NULL

C．L->next = L　　D．L != NULL

2．链表不具有的特点是________。

A．随机访问

B．不必事先预估存储空间

C．插入或删除时不需要移动数据元素

D．所需要的空间与线性表成正比

3．当线性表采用链式存储时，节点的存储地址________。

A．必须是连续的　　B．必须是不连续的

C．连续与否都可以　　D．连续与否都不行

4．在单链表中，增加一个表头节点的目的是________。

A．使得表中至少有一个节点　　B．说明线性表是链式存储的

C．方便单链表的运算实现　　D．指出单链表的第一个节点的位置

5. 如果线性表的常用操作是插入或删除指定数据元素，那么采用________存储方式最合适。

A. 单链表　　B. 双链表　　C. 顺序表　　D. 一维数组

三、判断题

1. 带表头的单链表是为了其运算实现方便。（　）
2. 链表中插入和删除数据元素需要移动大量的数据元素。（　）
3. 链表中插入和删除数据元素的时间复杂度为 $O(n)$。（　）
4. 线性表的链式存储结构，逻辑次序与物理次序总是一致的。（　）
5. 链表可以方便地随机存取表中任意元素。（　）
6. 链表的读取数据元素的时间复杂度为 $O(1)$。（　）
7. 链表的删除数据元素的时间复杂度为 $O(1)$。（　）
8. 链表是线性表的存储形式之一。（　）
9. 对于单向循环链表，只要知道其中任意节点的地址，就可以访问其余所有的节点。（　）
10. 链表的优点是访问节点方便。（　）

做一做

我们学习了顺序表 $A=(12,7,15,6,3,8,2)$ 的逆置，现在采用链表存储 A，试编写算法实现对于单链表 A 的逆置。请将代码及运行结果填入此栏，或者将截图粘贴于此。

拓展学习

开动脑筋

1. 单链表只能表示单向的节点关系，如果要解决双向的，该怎样修改一下节点结构，使得它能够体现双向的节点关系呢？试画出节点结构图。

2. 如果把双向链表的最后一个节点像单向循环链表那样处理，即最后一个节点的后继指针 NULL 改为指向表头节点，把表头节点的前驱节点指针改为指向最后一个节点，就形成了双向的循环链表，试画图表示。

勤于练习

试编写代码，实现单向循环链表中数据元素的插入和删除。

总结考评

单元总结

单元小结

1. 需要存储多个数据元素时，可以使用数组和链表。
2. 链表的数据元素不一定在一起，其中每个数据元素都存储了下一个数据元素的地址。
3. 链表的插入和删除速度很快。
4. 排序的基本操作是比较和移动。
5. 简单选择排序算法直观灵巧，但其速度不是很快。
6. 简单选择排序算法的时间复杂度是 $O(n^2)$。

单元任务复盘

1. **目标回顾**

2. **结果评估（一致、不足、超过）**

3. **原因分析（可控的、不可控的）**

4. 经验总结

过程考评

<table>
<tr><td rowspan="3">基本信息</td><td>姓名</td><td></td><td>班级</td><td></td><td>组别</td><td></td></tr>
<tr><td>学号</td><td></td><td>日期</td><td></td><td>成绩</td><td></td></tr>
<tr><td>序号</td><td>项目</td><td colspan="2">任务完成情况
完成 | 未完成</td><td>标准分</td><td>评分</td></tr>
<tr><td rowspan="9">教师考评内容（50 分+）</td><td>1</td><td>资讯</td><td></td><td></td><td>5 分</td><td></td></tr>
<tr><td>2</td><td>计划与决策</td><td></td><td></td><td>10 分</td><td></td></tr>
<tr><td>3</td><td>代码编写</td><td></td><td></td><td>10 分</td><td></td></tr>
<tr><td>4</td><td>代码调试</td><td></td><td></td><td>10 分</td><td></td></tr>
<tr><td>5</td><td>想一想</td><td></td><td></td><td>5 分</td><td></td></tr>
<tr><td>6</td><td>练一练</td><td></td><td></td><td>5 分</td><td></td></tr>
<tr><td>7</td><td>做一做</td><td></td><td></td><td>5 分</td><td></td></tr>
<tr><td>8*</td><td>拓展学习</td><td></td><td></td><td>ABCD</td><td></td></tr>
<tr><td colspan="6">考评教师签字：　　　　　　　　　　　　日期：</td></tr>
<tr><td rowspan="6">小组考评内容（25 分）</td><td>1</td><td>主动参与</td><td></td><td></td><td>5 分</td><td></td></tr>
<tr><td>2</td><td>积极探究</td><td></td><td></td><td>5 分</td><td></td></tr>
<tr><td>3</td><td>交流协作</td><td></td><td></td><td>5 分</td><td></td></tr>
<tr><td>4</td><td>任务分配</td><td></td><td></td><td>5 分</td><td></td></tr>
<tr><td>5</td><td>计划执行</td><td></td><td></td><td>5 分</td><td></td></tr>
<tr><td colspan="6">小组长签字：　　　　　　　　　　　　日期：</td></tr>
<tr><td rowspan="6">自我评价内容（25 分）</td><td>1</td><td>独立思考</td><td></td><td></td><td>5 分</td><td></td></tr>
<tr><td>2</td><td>动手实操</td><td></td><td></td><td>5 分</td><td></td></tr>
<tr><td>3</td><td>团队合作</td><td></td><td></td><td>5 分</td><td></td></tr>
<tr><td>4</td><td>习惯养成</td><td></td><td></td><td>5 分</td><td></td></tr>
<tr><td>5</td><td>能力提升</td><td></td><td></td><td>5 分</td><td></td></tr>
<tr><td colspan="6">本人签字：　　　　　　　　　　　　日期：</td></tr>
</table>

撷英拾萃

文章摘要

赵华夏的《选择对了你就成功了一大半》序言

人生之旅，十字路口无处不在。

向左？向右？

你的每一次选择，都会对自己的未来产生或大或小的影响，而无数次选择叠加在一起，最终显示了你一生的命运——在能够影响人生的所有因素中，尽管有很多因素能影响人的一生，但没有一种因素能像选择这样会起决定性的作用，也没有一种因素能像选择这样让我们时常面对。人生的过程，从某种意义上来说，其实就是一连串不断做出选择的过程。

有位哲人曾经说过："成功其实没有什么秘密可言，当你在人生的天平上选择了自信作为砝码，那么，就意味着你踏上了一条通往成功的道路；当你选择了正确的目标，那么，你的内心就会找到努力的方向。"这就是说，只有知道自己该往何方，才不至于在大大小小、错综复杂的十字路口茫然，才不至于误入歧途。而如果你不知道自己该驶向何方，那么，来自任何方向的风对你来说都不是顺风。

下棋的人都深知"一步错，步步错""一招不慎，全盘皆输"的道理，而人生若在关键时刻选择错误，也会造成终生难以弥补的遗憾。正如20世纪50年代的著名作家柳青在《创业史》中所说："人生的道路是漫长的，但要紧处常常只有几步。"是的，人生中最关键的也就那么几步，如果每一次的选择都是正确的，而且比别人强一点点，那么几步下来，你的综合竞争力将是别人的几倍。这几倍的优势，将给你今后的人生带来几十倍甚至上百倍的优势。

总之，学会选择，人生才有目标；正确选择，坎坷会被踏平；精于选择，人生充满华彩。

十大经典排序

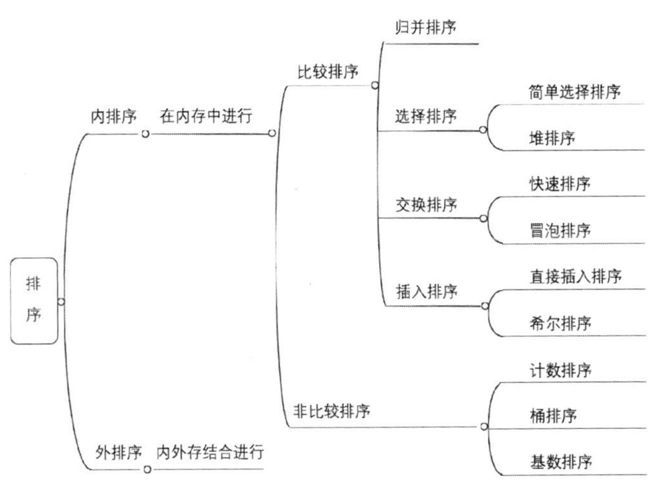

读书笔记

Unit 03

递归算法

主体教材

任务目标

知识目标

（1）理解和使用**栈**。

（2）认识、理解和运用**递归算法**解决问题。

（3）运用大 O 表示法分析递归算法的**时间复杂度**。

能力目标

（1）熟练使用一门高级编程语言的能力，如 C、C++、C#、Java 等。

（2）编写和调试递归算法代码的能力。

（3）具备在小组活动中，运用普通话与小组成员交流、沟通的能力，学会协同合作。

素质目标

（1）养成持之以恒的习惯。

（2）能够发现代码调试过程中出现的语法问题，有一定的预测结果能力。

（3）培养按时完成学习任务和工作任务、诚实守信的契约精神。

任务导入

为了抑制兔子繁殖，澳大利亚人可谓用尽了办法。从传统的猎杀、布网、堵洞，到出动军队捕杀、释放毒气、引进天敌等，依然没能取得很好的效果，因为兔子的繁殖能力太强了。一般而言，兔子在出生两个月后，就拥有了繁殖能力，一对兔子每个月能生出一对小兔子。如果所有兔子都不死，那么一年以后这对兔子及其后代一共有多少只呢？我们的任务就是设计算法求解这一问题。在数学上，这个问题也被称为斐波拉契数列问题。

相关知识

栈

栈（Stack）是限定只能在一端进行插入和删除的线性表，也称为后进先出（Last In First Out，LIFO）表，允许插入和删除的一端称为栈顶（Top），不允许插入和删除的一端称为栈底（Bottom）。向栈中存入数据元素称为进栈（Push），或者称为入栈、压栈；从栈中取出数据元素称为出栈（Pop），或者称为弹栈。不含任何数据元素的栈称为空栈（Empty Stack）。如图 3-1 所示，栈中有 2 个数据元素，插入 1 个 A_3（进栈）后顺序是 A_1、A_2、A_3；出栈时，只能从栈顶依次取出 A_3、A_2、A_1。

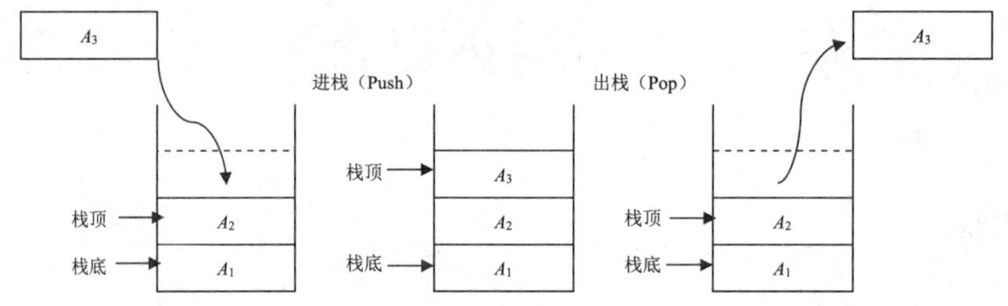

图 3-1 栈的示意图

栈的顺序存储结构——顺序栈

顺序栈（Sequential Stack）是指利用顺序存储结构实现的栈。采用地址连续的存储空间（数组）依次存储栈中数据元素，通常将栈底位置设置在数组空间的起始处，用一个整型变量 top 来记录随进栈和出栈操作而变化的栈顶位置。如图 3-2（a）所示，当 top = -1 时，栈空；图 3-2（b）、（c）所示为顺序栈进栈和出栈时栈顶 top 的变化情况；如图 3-2（d）所示，当 top=5 时，栈满。

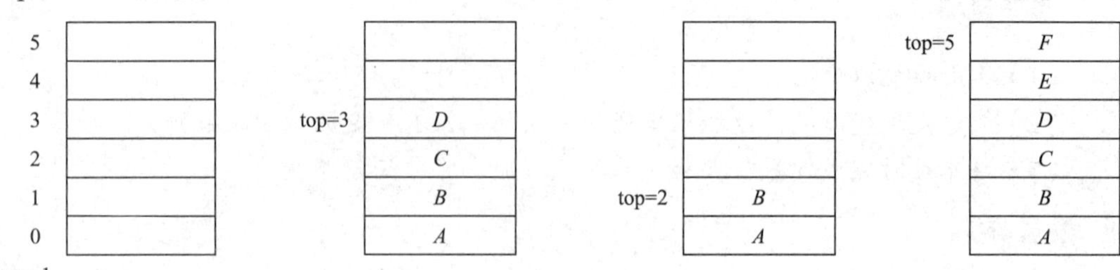

图 3-2 顺序栈中栈顶指针和栈中关系的关系

例题 03-01　首先建立数据元素关键字序列为(24,35,16,73,82,95,46,57)的顺序栈，接着关键字为 88 的数据元素进栈，然后顺序栈出栈，再取出栈顶元素，最后清空栈。

算法 03-01

```
#include<stdio.h>
#define maxsize 12                          // 定义顺序栈大小
typedef struct node{                        // 顺序栈类型定义
    int data[maxsize];                      // 数据域
    int top;                                // 栈顶指针
}myStack;
bool initstack(myStack *s){                 // 初始化栈
    s -> top = -1;
    return 1;
}
bool stackempty(myStack s){                 // 判断栈是否为空
    if(s.top == -1)
        return 1;
    else
        return 0;
}
bool ClearStack(myStack *s) {               // 清空栈
        s -> top = -1;
        return 1;
}
int length(myStack s){                      // 计算栈中数据元素个数
    return s.top + 1;
}
bool getTop(myStack *s, int *e){            // 取栈顶数据元素
    if(s->top == -1)
        return 0;
    else
        *e = s->data[s->top];
    return 1;
}
bool push(myStack *s, int e){               // 进栈
    if(s -> top == maxsize - 1){
        puts("顺序栈栈满！");
        return 0;
        }
    else{
        s -> top++;                         // 修改栈顶指针
        s -> data[s -> top] = e;            // 新插入的元素进栈
        return 1;
     }
}
bool pop(myStack *s, int *e){               // 栈顶元素出栈。e 带出栈顶数据元素
    if(s -> top == -1)
        return 0;
```

```
    else{
        *e = s -> data[s -> top];
        s -> top--;                     // 修改栈顶指针
        return 1;
        }
}
void printf_Stack(myStack s){           // 输出栈
    int i = 0;
    while(i <= s.top)
        printf("%d\t", s.data[i++]);
    printf("\n");
}
int main(){
    myStack s;
    int i=1,e,n;
    puts("---顺序栈的操作---\n");
    puts("建立顺序栈：\n");
    printf("请输入进栈的数据元素个数（1---%d）:",maxsize);
    scanf("%d",&n);
    if(initstack(&s) == 1){
        for(;i<=n;i++){
            printf("输入第 %d 个数据： " ,i);
            scanf("%d",&e);
           push(&s, e);
        }
    }
    printf("\n 顺序栈数据元素序列：\n");
    printf_Stack(s);
    printf("\n 请输入进栈的数据元素:");
    scanf("%d",&e);
    printf("\n 数据元素 %d 进栈后顺序栈数据元素序列：\n", e);
    push(&s,e);
    printf_Stack(s);
    pop(&s, &e);
    printf("\n 栈顶元素 %d 出栈后栈数据元素序列：\n", e);
    printf_Stack(s);
    getTop(&s, &e);
    printf("\n 取出栈顶元素 e=%d 后栈的长度为：%d\n", e, length(s));
    ClearStack(&s);
    printf("\n 清空栈后，栈的长度为：%d\n",length(s));
    return 0;
    }
```

栈的链式存储结构——链栈

栈中数据元素独立存储，依靠指针链接建立其逻辑次序，这种方式称为栈的链式存储结构，采用这种存储结构的栈称为链栈（Chain Stack）。链栈通常采用单链表表示，其结构特点与单链表的节点结构相同。以单链表的头部做栈顶，链栈头节点的指针域指向栈顶节点，若值为空，则是空栈，链栈没有栈满的问题。图 3-3 所示为链栈的进栈、出栈示意图。

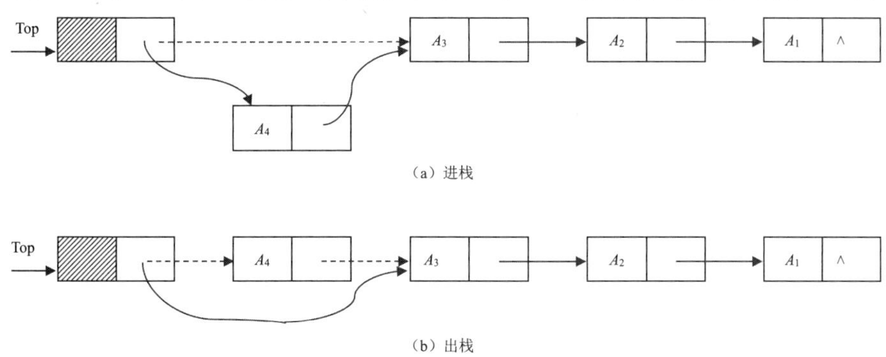

图 3-3　链栈的进栈、出栈示意图

例题 03-02　首先建立数据元素关键字序列为(24,35,16,73,82,95,46,57)的链栈，接着关键字为 88 的数据元素进栈，然后链栈出栈，再取出栈顶元素，最后清空栈。

算法 03-02

```
#include<stdio.h>
#include<stdlib.h>
#include<malloc.h>
typedef int elementype;
typedef struct node{
   elementype data;
   struct node *next;
}stacknode, *LStack;
void Init_LStack(LStack *s){      //初始化链栈
    (*s) = (LStack)malloc(sizeof(stacknode));
    (*s)->next=NULL;
   }
//判断链栈是否为空
bool LStack_empty(LStack s){
   if (s->next == NULL)
      return 0;
   else
      return 1;
}
//进栈
void push(LStack *s, elementype e){
   LStack p = (LStack)malloc(sizeof(stacknode));
   p -> data = e;
   p -> next = (*s)->next;
    (*s)-> next = p;
}
//出栈
elementype pop(LStack *s){
```

```
    LStack p;
    elementype e;
    p=(*s)-> next;
    if(p==NULL)
        return 0;
    else{
         (*s)-> next=p->next;
        e= p -> data;
        free(p);
        return e;
    }
}
//取栈顶元素的值
elementype GetTop(LStack s){
    if(LStack_empty(s)){
        return s->next->data;
    }
    return 0;
}
// 遍历链栈(由栈顶到栈底)
void  printf_LStack(LStack s){
    LStack p;
    p = s->next;
    while(p){
        printf("%d\t", p->data);
        //visit(p -> data);
        p = p -> next;
    }
    printf("\n");
    }
//清空链栈
void Clear_LStack(LStack *s){
        LStack p,q;
        p = (*s) -> next;
         (*s) -> next=NULL;
        while(p){
                q = p;
                p = p -> next;
                free(q);        //释放节点
        }
}
//链栈的长度
int LStack_Length(LStack *s){
      LStack p=(*s);
      int length=0;
      while(p->next){
        length++;
        p=p->next;
        }
        return length;
}
```

```
int main(){
    int i=1,n;
    LStack s;
    int e;
    puts("---链栈的操作---\n");
    Init_LStack(&s);
    puts("建立链栈：\n");
    printf("请输入进栈的数据元素个数：");
    scanf("%d",&n);
    for(;i<=n;i++){
        printf("输入第 %d 个数据元素的关键字：" ,i);
        scanf("%d",&e);
        push(&s, e);
        }
    printf("\n链栈中关键字从顶到底依次为\n");
    printf_LStack(s);
    printf("\n请输入进栈数据元素的关键字:");
    scanf("%d",&e);
    printf("\n关键字 %d 的数据元素进栈后栈的关键字序列：\n", e);
    push(&s,e);
    printf_LStack(s);
    pop(&s);
    printf("\n关键字 %d 的数据元素出栈后栈的关键字序列：\n", e);
    printf_LStack(s);
    printf("\n取出栈顶数据元素关键字%d 后栈的长度为 %d\n", GetTop(s), LStack_
Length(&s));
    printf_LStack(s);
    Clear_LStack(&s);
    printf("\n清空栈后，栈的长度为：%d\n",LStack_Length(&s));
    return 0;
}
```

递归算法

递归算法（Recursive Algorithm）是通过重复将问题分解为同类的子问题而解决问题的方法。递归方法用于解决很多的计算机科学问题，因此它是计算机科学中十分重要的一个概念。绝大多数编程语言支持函数的自我调用来进行递归。

递归算法的关键如下。

（1）将规模较大的问题分解为一个或多个规模更小但具有类似于原问题特性的子问题。即较大的问题递归地用较小的问题来描述，解原问题的方法同样可以解这些子问题，也称为**递归条件**（Recursive Case）。

（2）确定一个或多个无须分解、可直接求解的最小问题，即递归调用的终结条件，避免形成无限循环，也称为**基线条件**（Base Case）。

使用递归算法解决问题，思路清晰，代码少。但是，在主流高级语言中（如 C 语言、

Pascal 语言等)，使用递归算法要耗用更多的栈空间，所以在堆栈尺寸受限制时（如嵌入式系统、内核态编程等)，应避免采用。所有的递归算法都可以改写成与之等价的非递归算法。

例题 03-03 非负整数 n 的阶乘可递归定义如下：

$$\text{fact}(n)=\begin{cases}1 & n=0\\ n\times\text{fact}(n-1) & n>0\end{cases} \tag{3-1}$$

在式（3-1）中，当 n=0 时，fact(0)=1，即基线条件；当 n>0 时，fact(n)可以分解为 n 乘以 fact(n−1)，而 fact(n−1)还可以分解为 n−1 乘以 fact(n−2)，持续分解下去直到满足基线条件为止，即递归条件。图 3-4 给出了 5 的阶乘递归调用栈示意图。

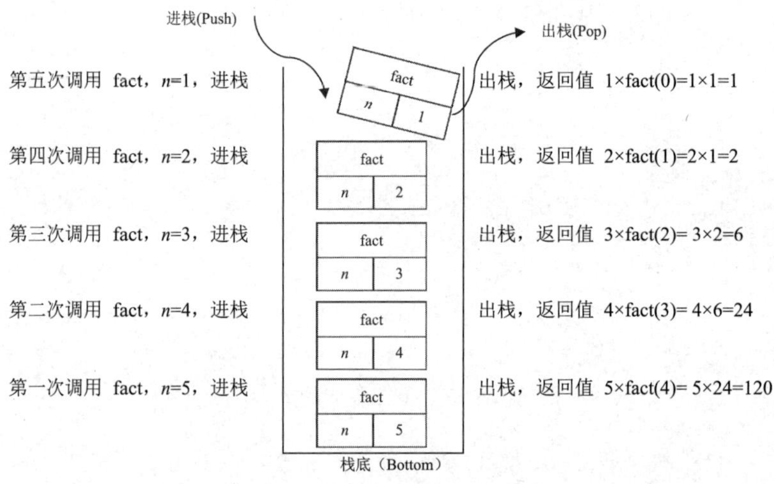

图 3-4　5 的阶乘递归调用栈示意图

算法 03-03

```
#include <stdio.h>
long fact (int x) {
     if (x==0|x==1)  return 1;   //基线条件
    else return x*fact (x-1);   //递归条件
    }
int main() {
    int n;
    puts("---递归求阶乘---\n\n");
    printf("请输入一个非负整数 n = ");
    scanf("%d", &n);
    printf("%d ! = %d\n", n, fact (n));
    return 0;
}
```

分治策略

递归算法采用了把一个复杂的算法问题按一定的“分解”方法分为等价规模较小的若

干部分，然后逐个解决，找出各部分的解，最后把各部分的解组成整个问题的解。这种方法的设计思想：将一个难以直接解决的大问题，分割成一些规模较小的相同问题，以便各个击破，分而治之。这种算法的设计策略：对于一个规模为 n 的问题，若该问题可以容易地解决（如规模 n 较小），则直接解决；否则，将其分解为 k 个规模较小的子问题，这些子问题相互独立且与原问题形式相同，可以递归地解这些子问题，将各子问题的解合并即可得到原问题的解。这种算法设计策略叫作分治策略（Divide and Conquer，D&C），或者叫作分治法（分治术）。这是很多高效算法的基础。

使用分治策略解决问题的关键如下。

（1）找出基线条件，这个条件必须足够简单。

（2）不断把原问题分成两个或多个更小的问题（或缩小问题的规模），直到符合基线条件（递归条件）。

（3）把各小问题的解组合起来，即可得到原问题的解。

任务工单

任务情境

汉诺塔（Tower of Hanoi）问题是源自印度一个古老传说的益智游戏。大梵天创造世界的时候做了三根金刚石的柱子，在一根柱子上从下往上按照大小顺序摞着 64 个黄金圆盘。大梵天命令婆罗门把圆盘按大小顺序重新摆放在另一根柱子上，并有以下规定。

（1）在三根柱子之间一次只能移动一个圆盘。

（2）摆放过程中小圆盘上不能放大圆盘。

算法分析

设要移动的圆盘为 n 个，圆盘按从小到大依次从①开始编号，A、B、C 分别代表三根柱子。按照一次只能移动一个圆盘且小圆盘不能放在大圆盘上的规定，将 n 个圆盘从 A 柱搬运到 C 柱上，B 柱作为辅助。汉诺塔搬运过程如图 3-5 所示。

通过对图 3-5 进行分析，不难得出以下结论。

把 n 个圆盘从 A 柱搬运到 C 柱上，B 柱作为辅助的递归方法如下。

（1）当 n=1 时，直接将 n 号盘从出发柱搬运到目标柱上即可（基线条件）。

（2）当 n>1 时，n 个圆盘搬运过程可以拆解为以下几部分（递归条件）。

- 将小于 n 号圆盘的 n−1 个盘子从 A 柱搬运到 B 柱上，C 柱辅助。
- 将编号为 n 的圆盘从 A 柱搬运到 C 柱上。
- 将 B 柱上的 n−1 个圆盘从 B 柱搬运到 C 柱上，A 柱辅助。

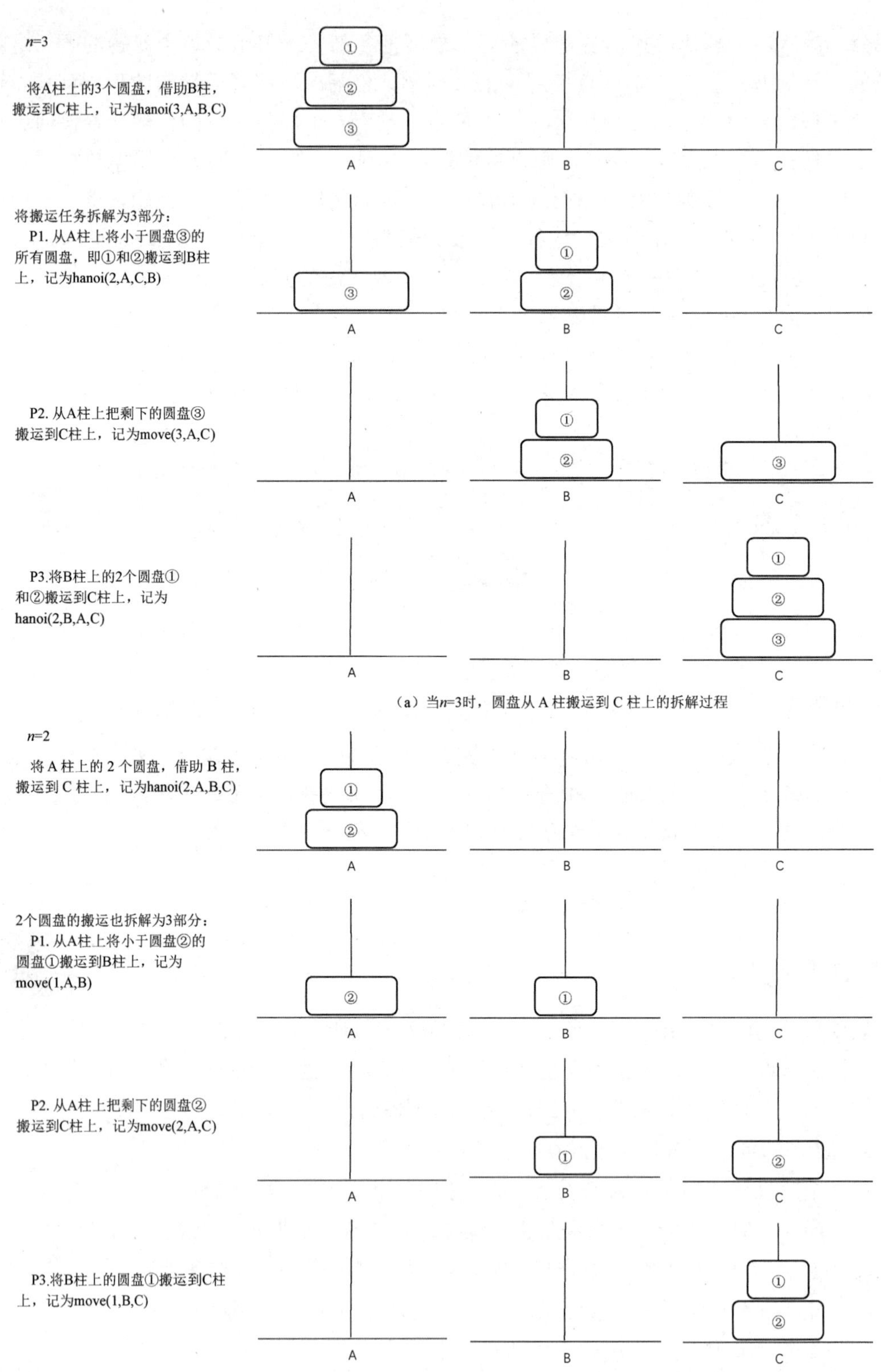
n=3
将A柱上的3个圆盘，借助B柱，搬运到C柱上，记为hanoi(3,A,B,C)
将搬运任务拆解为3部分：
P1. 从A柱上将小于圆盘③的所有圆盘，即①和②搬运到B柱上，记为hanoi(2,A,C,B)
P2. 从A柱上把剩下的圆盘③搬运到C柱上，记为move(3,A,C)
P3.将B柱上的2个圆盘①和②搬运到C柱上，记为hanoi(2,B,A,C)
A
B
C
（a）当n=3时，圆盘从A柱搬运到C柱上的拆解过程
n=2
将A柱上的2个圆盘，借助B柱，搬运到C柱上，记为hanoi(2,A,B,C)
2个圆盘的搬运也拆解为3部分：
P1. 从A柱上将小于圆盘②的圆盘①搬运到B柱上，记为move(1,A,B)
P2. 从A柱上把剩下的圆盘②搬运到C柱上，记为move(2,A,C)
P3.将B柱上的圆盘①搬运到C柱上，记为move(1,B,C)
（b）当n=2时，圆盘从A柱搬运到C柱上的拆解过程

图 3-5　汉诺塔搬运过程

工单任务

<table>
<tr><td>任务名称</td><td>求解汉诺塔问题</td><td>完成时限</td><td>90min</td></tr>
<tr><td>学生姓名</td><td></td><td>小组成员</td><td></td></tr>
<tr><td>发出任务时间</td><td></td><td>接受任务时间</td><td></td></tr>
<tr><td>任务内容及要求</td><td colspan="3">已知：在 A 柱上从下往上按照大小顺序摞着 4 个圆盘。把盘片按大小顺序重新摆放在 C 柱上，B 柱辅助，要求在 3 个柱子之间一次只能移动一个圆盘且小圆盘不能放在大圆盘上。请编程实现上述过程。
输入要求：用键盘输入圆盘数。
输出要求：（1）输出每一次搬运的盘号及路径。
（2）输出总的搬运次数</td></tr>
<tr><td>任务完成日期</td><td></td><td colspan="2">□提前完成　□按时完成　□延期完成
□未能完成</td></tr>
<tr><td colspan="2">延期或未能完成原因说明</td><td colspan="2"></td></tr>
</table>

资讯

计划与决策

请根据任务要求，确定采用的算法，分析算法的时间复杂度，制定作业流程，并对小组成员进行合理分工。

实操记录

编码和调试中出现的问题记录

算法完整代码和运行结果

算法时间复杂度分析

知识巩固

想一想

一个栈的入栈顺序序列为(1,2,3,4)，那么该栈的出栈序列有几种？哪些序列是不可能的？

练一练

一、填空题

1. 只在线性表的一端进行插入和删除操作的是________。
2. 递归算法必需的两个条件是________和________。

3．一个栈的输入顺序序列是(A,B,C)，则不可能的栈输出顺序序列是________。

4．栈是操作受到限制的线性表，其运算遵循________的原则。

二、单选题

1．假设有一个栈的入栈顺序序列是(1,2,3,…,n)，如果出栈的第一个元素是 n，那么第 i 个元素输出应该是第________个。

A．不能确定　　B．i　　C．$n-i+1$　　D．$n-i$

2．假设有一个栈的入栈顺序序列是(1,2,3,4)，则下列出栈序列中不可能的是________。

A．(1,2,3,4)　　B．(2,1,3,4)

C．(1,4,3,2)　　D．(4,3,1,2)

3．一个递归算法必须包括________。

A．递归条件　　B．基线条件

C．递归条件和基线条件　　D．终止条件

4．关于递归算法，下列________说法是正确的。

A．递归算法的本质是分而治之的策略　　B．递归只是需要基线条件

C．递归不需要基线条件　　D．递归只是需要递归条件

5．假设有一个栈的入栈顺序序列是(5,4,3,2,1)，则下列出栈序列中不可能的是________。

A．(1,2,3,4,5)　　B．(2,1,3,4,5)

C．(1,4,3,2,5)　　D．(4,3,1,2,5)

三、判断题

1．递归算法只能使用栈。（　）

2．栈是限制了插入和删除的线性表。（　）

3．任何一个递归过程都可以用非递归实现。（　）

4．栈不是一种特殊的线性表，可以在任意端进行插入和删除操作。（　）

5．栈的输入顺序序列是(1,2,3,4,5)，可以得到一个输出序列(3,2,5,4,1)。（　）

6．递归算法的本质是分而治之的方法。（　）

7．栈是一种特殊的线性表，在一端插入，在另一端删除。（　）

8．栈是按照后进先出的原则进行操作的线性表。（　）

9．递归算法需要递归条件和基线条件。（　）

10．栈按照存储方式不同分为顺序栈和链栈。（　）

做一做

我们已经学习了递归算法，现在结合图 3-6 所示的兔子繁殖能力分析表，试用递归算法来完成任务导入的计算题——兔子的繁殖力（斐波拉契数列）。请将实现算法的代码及运行结果填入此栏，或者将截图粘贴于此。

月份	小兔子	中兔子	大兔子	总数（单位：对）
1	1	0	0	1
2	0	1	0	1
3	1	0	1	2
4	1	1	1	3
5	2	1	2	5
6	3	2	3	8
7	5	3	5	13
8	8	5	8	21
9	13	8	13	34
10	21	13	21	55
11	34	21	34	89
12	55	34	55	144

图 3-6 兔子繁殖能力分析表

拓展学习

开动脑筋

在同一个一维数组中，能否实现两个单向顺序栈的存储结构？它们的栈底该怎样设置呢？试画图表示。

勤于练习

输入四则运算表达式，该表达式含+、−、*、\和操作数，以按 Enter 键结束。试运用栈的结构编码来实现。将代码和运行结果填入下栏，或者将截图粘贴于此。

提示：a. 将常规的四则运算的中缀表达式转化为后缀表达式（算符栈）。

b. 将后缀表达式进行运算得到计算结果（操作数栈）。

总结考评

单元总结

单元小结

1. 递归函数是指函数调用自身。
2. 每个递归函数都有两个条件：基线条件和递归条件。
3. 栈有两种操作：进栈和出栈。
4. 所有的函数调用都进入调用栈。
5. 调用栈可能很长，这将占用大量的内存。
6. 所有的递归算法都可以用非递归算法实现。

单元任务复盘

1. **目标回顾**

2. **结果评估（一致、不足、超过）**

3. **原因分析（可控的、不可控的）**

4. 经验总结

过程考评

<table>
<tr><td rowspan="3">基本信息</td><td>姓名</td><td></td><td>班级</td><td></td><td>组别</td><td></td></tr>
<tr><td>学号</td><td></td><td>日期</td><td></td><td>成绩</td><td></td></tr>
<tr><td>序号</td><td>项目</td><td colspan="2">任务完成情况
完成 | 未完成</td><td>标准分</td><td>评分</td></tr>
<tr><td rowspan="9">教师考评内容（50 分+）</td><td>1</td><td>资讯</td><td></td><td></td><td>5 分</td><td></td></tr>
<tr><td>2</td><td>计划与决策</td><td></td><td></td><td>10 分</td><td></td></tr>
<tr><td>3</td><td>代码编写</td><td></td><td></td><td>10 分</td><td></td></tr>
<tr><td>4</td><td>代码调试</td><td></td><td></td><td>10 分</td><td></td></tr>
<tr><td>5</td><td>想一想</td><td></td><td></td><td>5 分</td><td></td></tr>
<tr><td>6</td><td>练一练</td><td></td><td></td><td>5 分</td><td></td></tr>
<tr><td>7</td><td>做一做</td><td></td><td></td><td>5 分</td><td></td></tr>
<tr><td>8*</td><td>拓展学习</td><td></td><td></td><td>ABCD</td><td></td></tr>
<tr><td colspan="6">考评教师签字： 日期：</td></tr>
<tr><td rowspan="6">小组考评内容（25 分）</td><td>1</td><td>主动参与</td><td></td><td></td><td>5 分</td><td></td></tr>
<tr><td>2</td><td>积极探究</td><td></td><td></td><td>5 分</td><td></td></tr>
<tr><td>3</td><td>交流协作</td><td></td><td></td><td>5 分</td><td></td></tr>
<tr><td>4</td><td>任务分配</td><td></td><td></td><td>5 分</td><td></td></tr>
<tr><td>5</td><td>计划执行</td><td></td><td></td><td>5 分</td><td></td></tr>
<tr><td colspan="6">小组长签字： 日期：</td></tr>
<tr><td rowspan="6">自我评价内容（25 分）</td><td>1</td><td>独立思考</td><td></td><td></td><td>5 分</td><td></td></tr>
<tr><td>2</td><td>动手实操</td><td></td><td></td><td>5 分</td><td></td></tr>
<tr><td>3</td><td>团队合作</td><td></td><td></td><td>5 分</td><td></td></tr>
<tr><td>4</td><td>习惯养成</td><td></td><td></td><td>5 分</td><td></td></tr>
<tr><td>5</td><td>能力提升</td><td></td><td></td><td>5 分</td><td></td></tr>
<tr><td colspan="6">本人签字： 日期：</td></tr>
</table>

撷英拾萃

古文欣赏

“古之欲明明德于天下者，先治其国，欲治其国者，先齐其家。欲齐其家者，先修其身。欲修其身者，先正其心。欲正其心者，先诚其意。欲诚其意者，先致其知，致知在格物。物格而后知至，知至而后意诚，意诚而后心正，心正而后身修，身修而后家齐，家齐而后国治，国治而后天下平。”出自《礼记·大学》。其中，“格物”“致知”“诚意”“正心”“修身”“齐家”“治国”“平天下”是《大学》中的“八目”，是《大学》的核心思想。

有意思的是，我们把这段话分为两部分，第一部分将“治国”“齐家”“修身”“正心”“诚意”“致知”“格物”作为每句话的关键字依次逐字进栈，出栈的刚好是第二部分每句话的关键字“物格”“知至（致）”“意诚”“心正”“身修”“家齐”“国治”。

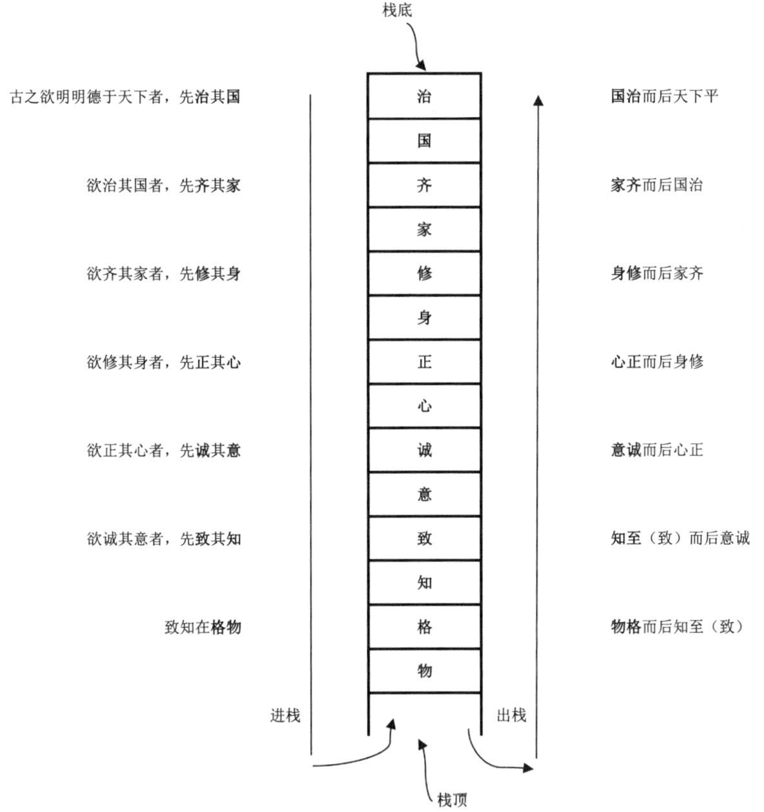

参考译文：

古代那些要想在天下弘扬光明正大品德的人，先要治理好自己的国家；要想治理好自己的国家，先要管理好自己的家庭和家族；要想管理好自己的家庭和家族，先要修养自身的品性；要想修养自身的品性，先要端正自己的思想；要端正自己的思想，先要使自己的意念真诚；要想使自己的意念真诚，先要使自己获得知识，获得知识的途径，在于认知研究万事万物。通过对万事万物的认知研究，才能获得知识；获得知识后，意念才能真诚；意念真诚后，心思才能端正；心思端正后，才能修养品性；品性修养后，才能管理好家庭家族；家庭家族管理好后，才能治理好国家；治理好国家后，天下才能太平。

读书笔记

Unit 04

快速排序

主体教材

任务目标

知识目标

（1）运用线性表、数组、顺序表、链表等。

（2）认识、理解和运用**快速排序**算法。

（3）运用大 O 表示法分析快速排序的**时间复杂度**。

能力目标

（1）熟练使用一门高级编程语言的能力，如 C、C++、C#、Java 等。

（2）编写和调试**快速排序**算法代码的能力。

（3）具备在小组活动中，运用普通话与小组成员交流、沟通的能力，学会协同合作。

素质目标

（1）养成持之以恒的习惯。

（2）能够发现代码调试过程中出现的语法错误，有一定的预测结果能力。

（3）培养按时完成学习任务和工作任务、诚实守信的契约精神。

任务导入

今天参加团建活动，做一个团队合作的游戏，游戏规则是随机给出 30 张尺寸大小不一的图片，有锦绣河山、风景名胜、霓虹城市、美丽乡村、英雄人物、大国工匠、动物明星、舌尖美食等，每组 10 个人参赛，要求在 1min 内把图片按照尺寸从小到大的顺序排列好，用时少者获胜。作为小组组长，请设计获得好成绩的策略。

相关知识

快速排序

快速排序（Quick Sort）是一种常用的排序算法，又称划分交换排序（Partition Exchange Sorting），比选择排序快得多，是由图灵奖获得者 C.R.A.Hoare 在 1962 年提出的，是冒泡排序的一种改进，采用了分治策略，先利用不断分割排序区间的方法进行排序，即通过一趟排序，将待排序的数据元素序列分割为独立的两个部分，其中一部分数据元素的关键字均比另一部分数据元素的关键字小，然后分别对这两个部分的数据元素继续排序，直到整个数据元素序列有序。

1. 算法设计

（1）在 n 个待排序序列中选取基准关键字（key）的数据元素 A_i。

（2）定位 A_i 的位置（将原数据元素序列划分为小于基准值和大于基准值两部分）。

（3）对于分开的两部分，重复第（1）（2）步，直到持续不断分小的部分为空或仅剩一个数据元素为止，排序完毕。

2. 算法思想

图 4-1 所示为快速排序的基本思想。

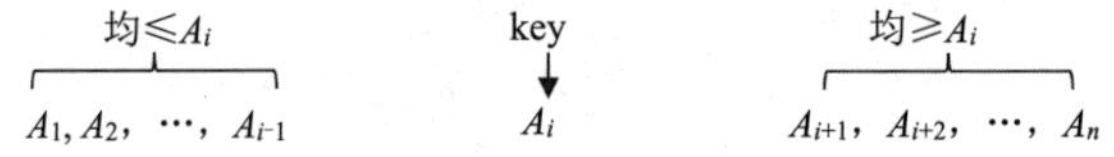

图 4-1　快速排序的基本思想

3. 时间复杂度分析

在最好的情况下，每一次的分割都很均匀，时间复杂度为 $O(n\log_2 n)$；在最坏的情况下，待排序序列已经是排好序的，时间复杂度为 $O(n^2)$，平均时间复杂度为 $O(n\log_2 n)$。

4. 稳定性

在快速排序过程中存在数据元素交换，那么交换后稳定性就被破坏了，所以该排序是一种不稳定排序方法。

单链表的快速排序

对采用单链表 L 存储的规模为 n 的待排序序列进行快速排序。

（1）在待排序的链表 L（首节点指针为 L，尾节点指针为 T）序列中选取首节点的值作为基准关键字（key）。

（2）定位基准节点的位置。

a. 设小于（Less）和大于（More）的子链首尾指针分别为 LH、LT 和 MH、MT，赋初值为 NULL。

b. 临时指针为 *p*，从首节点的下一个节点开始依次遍历各个节点，若当前节点 *q* 的关键字小于 key，则链入子链 Less；若当前节点 *q* 大于或等于 key，则链入子链 More。

c. 将基准节点链接在 Less 和 More 两个子链中间，*L*=LH，*T*=MT，形成新的链表 *L*。

（3）将链表 *L* 划分为小于基准值和大于基准值的两个子链表(LH,LT)和(MH,MT)，如果 LH 和 MH 不空（递归条件），它们按照上述第（1）、（2）步分别递归调用，直到持续不断分小的链表为空（基线条件），排序完毕。

例题 04-01 对单链表存储的待排序数据元素关键字序列{7,6,15,12,3,8,2}进行快速排序，如图 4-2 所示。

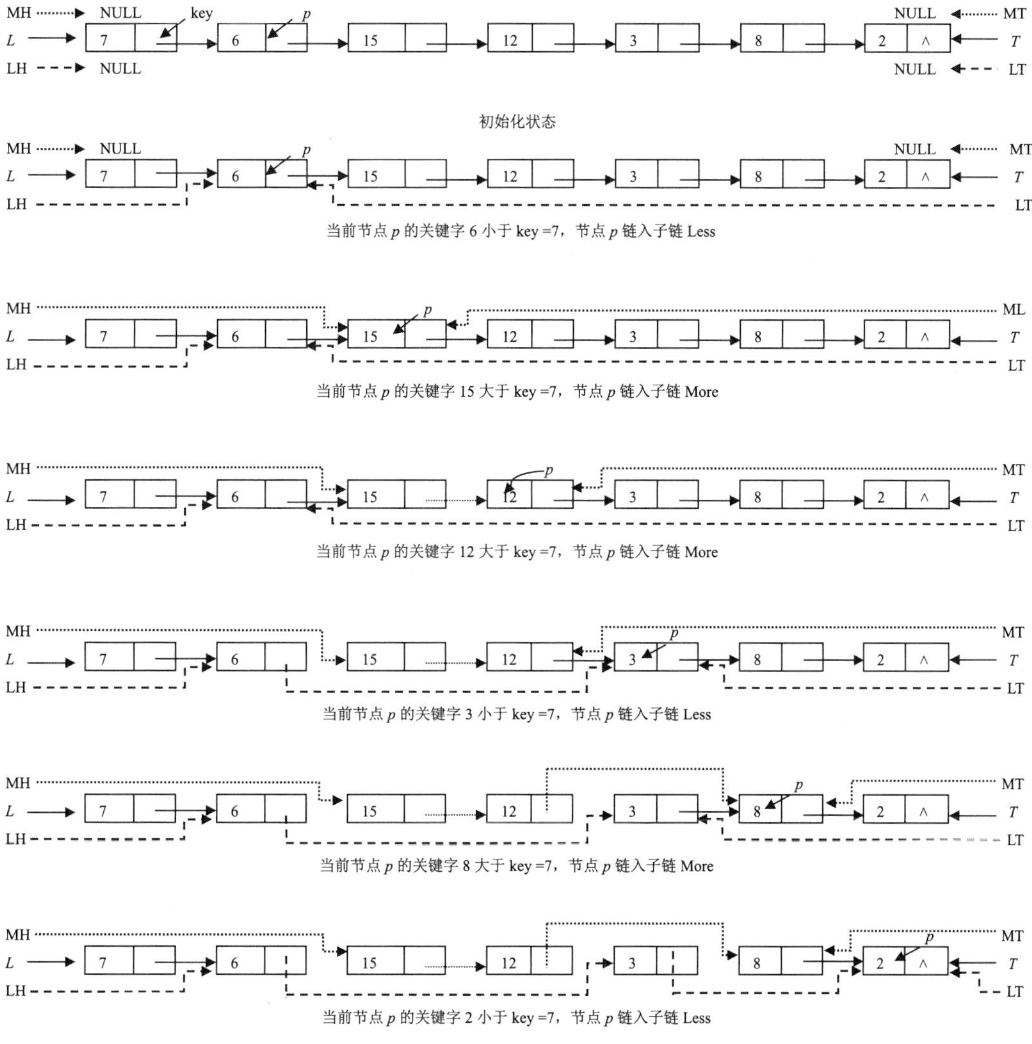

图 4-2 单链表的快速排序过程

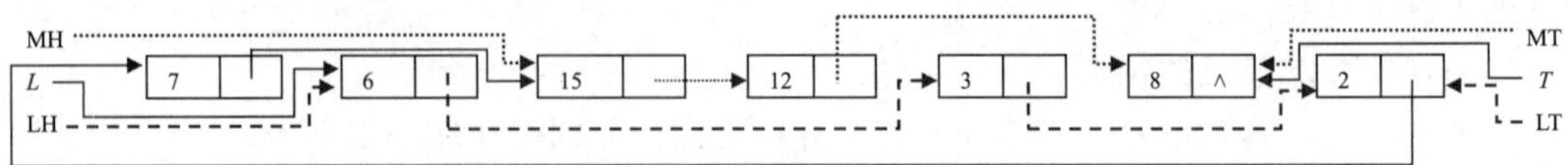

将基准节点接到子链 Less 之后，子链 More 之前，LH 作为链表 *L* 的新表头，MT 作为新表尾，完成定位基准节点

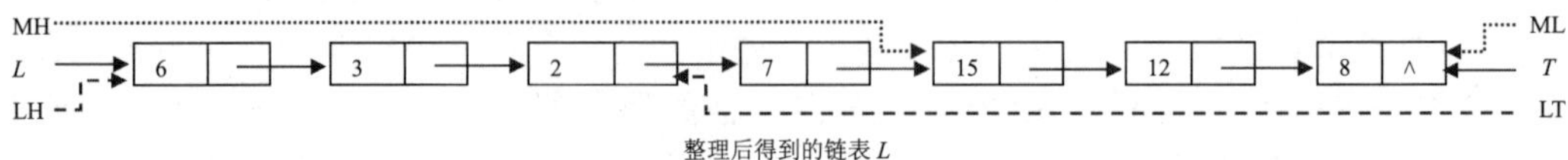

整理后得到的链表 *L*

图 4-2　单链表的快速排序过程（续）

如图 4-2 所示，取单链表第一个节点为基准节点，key=7，遍历所有节点后，将基准节点放入单链表中，使得在 key 之前的节点都小于 7，在 key 之后的节点都大于 7。按照同样的方法，将链表 *L* 划分为小于基准值和大于基准值的两个子链表(LH、LT)和(MH、MT)，如果 LH 和 MH 不空，分别递归调用，直到持续不断分小的链表为空，排序完毕。

算法 04-01

```
#include<stdio.h>
#include<stdlib.h>
//单链表节点类型定义
typedef struct Node{
      int data;
      struct Node *next;
}Node, *LinkList;
//建立一个不带表头的单链表，链表尾部插入
LinkList initList(LinkList L, int n){
   L = (LinkList)malloc(sizeof(Node));            //首节点赋值
   L->next = NULL;
   scanf("%d", &L->data);
   Node *p, *q;                                   //局部指针变量
   q = L;
   for (int i = 1; i < n; i++){                   //其余节点在链表尾部依次链入
      p = (LinkList)malloc(sizeof(Node));
      scanf("%d", &p->data);
      q->next = p;
      q = p;
   }
   q->next = NULL;                                //链表尾节点指针域赋值 NULL
   return L;
}
//求链表的尾节点指针
LinkList getTail(LinkList L){
   while (L->next)
      L = L->next;
   return L;
}
// 输出单链表
```

```
void printf_list(LinkList head){
    LinkList  p=head;
    while(p){
        printf("%d\t",p->data);
        p=p->next;
    }
}
// 快速排序
LinkList Qsort(LinkList *L, LinkList *T){
Node *p;
Node *LH = NULL, *LT = NULL, *MH = NULL, *MT = NULL;
int key = (*L)->data;          //取基准节点的 data 作为关键字 key
p = (*L)->next;       //每次取首节点为基准节点，指针变量 p 从首节点之后的节点开始取值
if ((*L)->next != NULL) {   //当链表首节点的指针域不空时，表示还没有排好序
  //根据基准节点将链表 L 分为 Less 和 More 两个子链表
  for (p = (*L)->next; p; p = p->next){
      if (p->data < key){            //p 节点 data 小于基准 key 时链入 Less 链表
          if (LH == NULL)   LH = p;
             else  LT->next = p;
          LT = p;
}
             else{      //p 节点 data 大于基准 key 时链入 More 链表
              if (MH == NULL)    MH = p;
                else  MT->next = p;
              MT = p;
             }
      }
if (MH != NULL){                  //若 MH 不空（递归条件）
     MT->next = NULL;             // More 链表尾节点 next 域置空
    Qsort(&MH, &MT);              //递归调用 Qsort(MH,MT) 链表
    (*L)->next = MH;              //将 More 链表接在基准节点之后
    (*T)= MT;                     //将 MT 作为 L 链表的尾节点指针
 }
 else{                            //若 MH 为空（基线条件）
    //则只有 Less 链表，将基准节点接在 Less 链表之后
     ( *L)->next = NULL;  *T = *L;
}
if (LH != NULL){                  //若 LH 不空（递归条件）
    LT->next = NULL;              //将 Less 链表尾节点 next 域置空
   Qsort(&LH, &LT);               //递归调用 Qsort （LH,LT）链表
   LT->next = *L;                 //将基准节点接在 Less 链表之后
  *L = LH;                        //将 LH 作为 L 链表的首节点指针
 }
 else LH = *L;                    //若 LH 为空（基线条件），则基准节点就是首节点
 return LH;                       //返回定位基准节点后的 LH
 }
else
return *L;                        //返回完成排序的链表 L
}
int main(){
```

```
    Node *L = NULL,*T;
    int n;
    printf("请输入元素个数 n = ");
    scanf("%d", &n);
    printf("请输入元素(空格或回车间隔):");
    L = initList(L, n);
    T = getTail(L);
    printf("排序前元素序列为: \t");
    printf_list(L);
    printf("\n");
    Qsort(&L, &T);
    printf("排序后元素序列为: \t");
    printf_list(L);
    return 0;
}
```

任务工单

任务情境

某位同学，在一次求职时，面试官要求其将一堆无序档案整理出来，可以用顺序表{012,007,015,006,003,008,002}表示这堆档案。请运用快速排序算法，编写代码，完成将档案按从小到大顺序整理好的任务。

算法分析

对采用顺序表存储的待排序序列{012,007,015,006,003,008,002}进行快速排序，其原理与单链表存储的原理是一样的，不同的是对于基准节点的定位，单链表通过修改指针实现，而顺序表通过数据交换实现。

（1）在待排序的顺序表中选取首节点的值作为基准关键字(key=a[0])。

（2）定位基准节点的位置，如图 4-3 所示。

a. 设立两个移动指针 i、j，初始值 i=1 和 j=数组长度-1。

b. 从 i 开始与 key 做比较；如果 a[i] < key，则 i 向右移动一个位置；如果 a[i] > key，则 a[i]与 a[j]交换，j 向左移动一个位置。

c. 当 i=j 时，如果 a[i] < key，则 a[i]与 key 交换；如果 a[i]≥key，则 a[i-1]与 key 交换。

（3）此时顺序表分成了两部分：在基准节点左边的都是小于 key 的节点，而在其右边的都是大于 key 的节点，完成基准节点定位。如果小于 key 和大于 key 顺序表的节点数大于 1（递归条件），按照上述（1）（2）步骤分别递归调用小于 key 和大于 key 的部分，直到持续不断分小的顺序表剩下一个数据元素为止（基线条件），排序完毕。

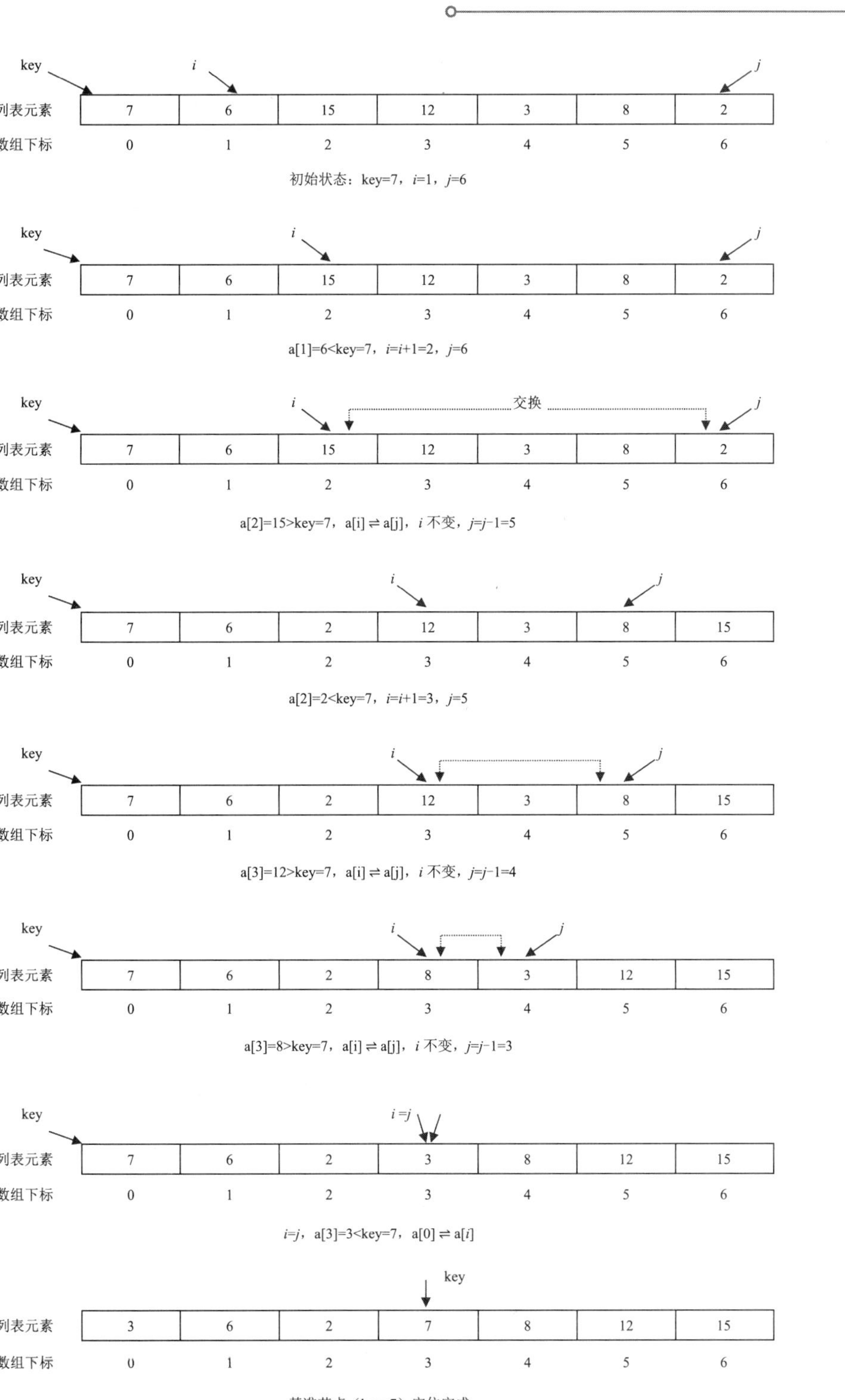

图 4-3　基准节点的定位过程

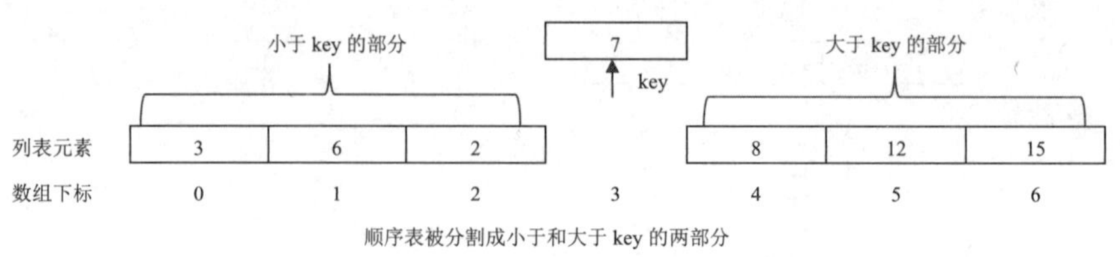

图 4-3　基准节点的定位过程（续）

如图 4-3 所示，若取顺序表的第一个节点为基准节点，则 key =7，遍历所有节点后，将基准节点放入数组中使得在 key 之前的节点都小于 7，在 key 之后的节点都大于 7。按照同样的方法，将分成的两个顺序表 a[0]～a[2]和 a[4]～a[6]，分别递归调用上述方法，直到持续不断分小的顺序表仅剩一个节点为止，排序完毕。

工单任务

<table>
<tr><td>任务名称</td><td>顺序表快速排序</td><td>完成时限</td><td>90min</td></tr>
<tr><td>学生姓名</td><td></td><td>小组成员</td><td></td></tr>
<tr><td>发出任务时间</td><td></td><td>接受任务时间</td><td></td></tr>
<tr><td>任务内容及要求</td><td colspan="3">已知：{007,006,015,012,003,008,002}为公司档案按员工编号无序的顺序表，运用快速排序算法，由小到大排序，请编码实现。
输入要求：数组直接赋值。
输出要求：（1）输出初始的数据。
（2）输出排序完成后的数据</td></tr>
<tr><td>任务完成日期</td><td></td><td colspan="2">□提前完成　□按时完成　□延期完成
□未能完成</td></tr>
<tr><td colspan="2">延期或未能完成原因说明</td><td colspan="2"></td></tr>
</table>

资讯

计划与决策

请根据任务要求，确定采用的算法，分析算法的时间复杂度，制定作业流程，并对小组成员进行合理分工。

实操记录

编码和调试中出现的问题记录

算法完整代码和运行结果

算法时间复杂度分析

知识巩固

想一想

1. 在快速排序算法的分析中，选取待排序序列的第一个节点的关键字作为基准关键字key，顺序存储是数组a[0]，链式存储是链表的表头节点（不带表头的链表），可以选择其他节点作为基准吗？

2. 在快速排序算法的分析中，为了简化过程没有考虑数据元素相等的情况，想一想，如果考虑存在相同关键字的数据元素，那么该怎么修改代码呢？

练一练

一、填空题

1．简单选择排序的平均时间复杂度是________，它的稳定性是________。
2．快速排序的平均时间复杂度是________，它的稳定性是________。
3．单链表和顺序表存储的线性表进行快速排序的区别在于____________________。

二、单选题

1．快速排序在最坏情况下的时间复杂度是________。
A．$O(n)$　　B．$O(n\log_2 n)$　　C．$O(n^2)$　　D．$O(n!)$
2．快速排序在________情况下最易发挥其长处。
A．待排序的序列中含有多个相同关键字的节点
B．待排序的序列基本有序
C．待排序的序列完全无序
D．待排序的序列的最大值与最小值悬殊
3．关于简单选择排序和快速排序的说法中________是正确的 。
A．它们都是不稳定排序　　B．简单选择排序是稳定排序
C．快速排序是稳定排序　　D．它们都是稳定排序
4．快速排序的平均时间复杂度是________。
A．$O(n)$　　B．$O(n\log_2 n)$　　C．$O(n^2)$　　D．$O(n!)$
5．对 n 个节点的序列进行简单选择排序，所需进行的关键字比较次数是________。
A．n^2　　B．n　　C．$n^2/2$　　D．$n(n-1)/2$

三、判断题

1．快速排序是稳定排序。（　）
2．快速排序的平均时间复杂度是 $O(n\log_2 n)$。（　）
3．简单选择排序是不稳定排序。（　）
4．简单选择排序的平均时间复杂度是 $O(n\log_2 n)$。（　）
5．快速排序是不稳定排序。（　）
6．简单选择排序是稳定排序。（　）
7．对于 n 个节点的序列，采用简单选择排序，其比较次数可以确定。（　）
8．对于 n 个节点的序列，采用快速排序，其比较次数可以确定。（　）
9．快速排序的优点是速度快。（　）
10．快速排序对于数据量较小的序列没有优势。（　）

做一做

我们学习了顺序表的快速排序算法，通过改进方法，使得不必要的交换得到优化，

如图 4-4 所示。请根据图示编写代码及将运行结果填入此栏，或者将截图粘贴于此。

算法设计如下。

（1）在待排序的顺序表中选取首节点的值作为基准关键字（令 key=a[0]）。

（2）定位基准节点的位置。

a. 设立两个移动指针 *i*、*j*，初始值 *i* =0 和 *j* =数组长度-1。

b. 从 *j* 开始与 key 做比较，如果 a[*j*] > key，则 *j* 向左移动一个位置；如果 a[*j*] < key，则移动 a[*j*]到 a[*i*]，即 a[*i*]=a[*j*]，*j* 保持不变。

c. 再从 *i* 开始与 key 做比较；如果 a[*i*]< key，则 *i* 向右移动一个位置；如果 a[*i*] > key，则移动 a[*i*]到 a[*j*]，即 a[*j*]=a[*i*]，*i* 保持不变。

d. 当 *i*=*j* 时，a[*i*]=key。

（3）此时顺序表分成了两部分：在基准节点左边的都是小于 key 的节点，而在其右边的都是大于 key 的节点，完成基准节点定位。如果小于 key 和大于 key 顺序表的节点数大于 1（递归条件），按照上述（1）（2）步骤分别递归调用小于 key 和大于 key 的部分，直到持续不断分小的顺序表剩下一个数据元素为止（基线条件），排序完毕。

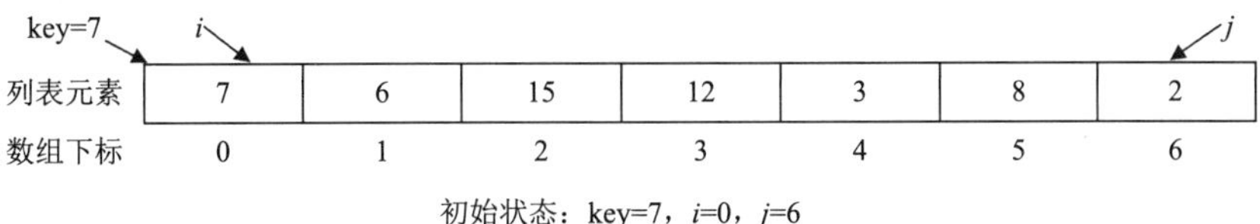

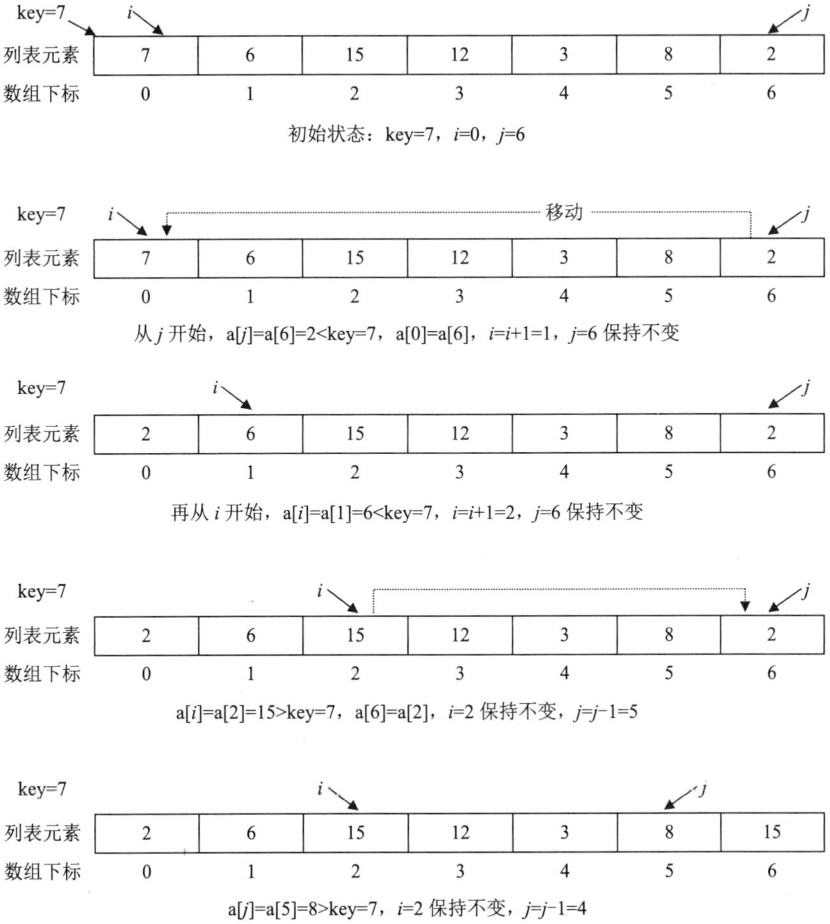

key=7
i
j
列表元素 7 6 15 12 3 8 2
数组下标 0 1 2 3 4 5 6
初始状态：key=7，i=0，j=6
key=7
i
移动
j
列表元素 7 6 15 12 3 8 2
数组下标 0 1 2 3 4 5 6
从 j 开始，a[j]=a[6]=2<key=7，a[0]=a[6]，i=i+1=1，j=6 保持不变
key=7
i
j
列表元素 2 6 15 12 3 8 2
数组下标 0 1 2 3 4 5 6
再从 i 开始，a[i]=a[1]=6<key=7，i=i+1=2，j=6 保持不变
key=7
i
j
列表元素 2 6 15 12 3 8 2
数组下标 0 1 2 3 4 5 6
a[i]=a[2]=15>key=7，a[6]=a[2]，i=2 保持不变，j=j-1=5
key=7
i
j
列表元素 2 6 15 12 3 8 15
数组下标 0 1 2 3 4 5 6
a[j]=a[5]=8>key=7，i=2 保持不变，j=j-1=4

图 4-4　基准节点的定位过程

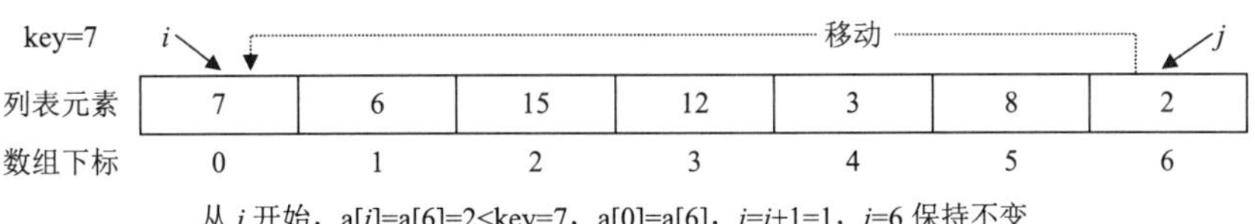

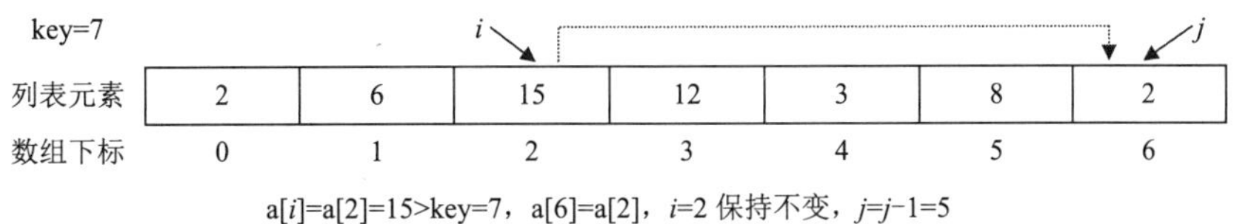

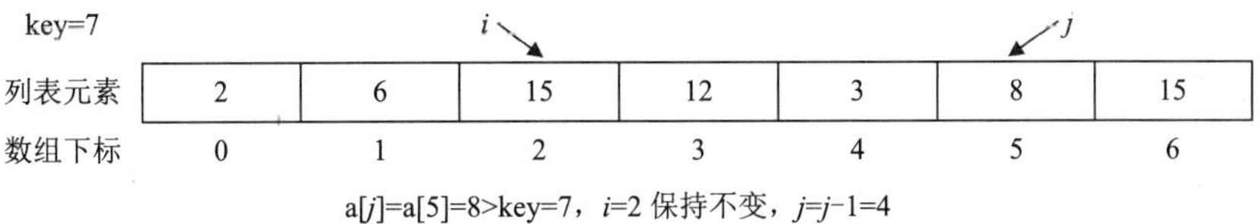

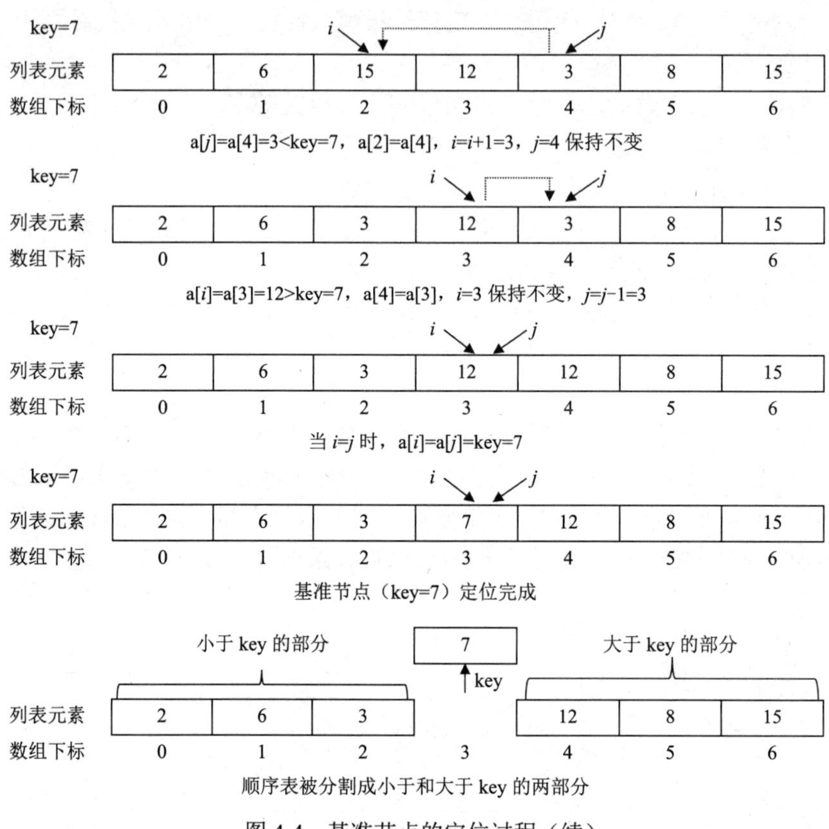

图 4-4　基准节点的定位过程（续）

拓展学习

开动脑筋

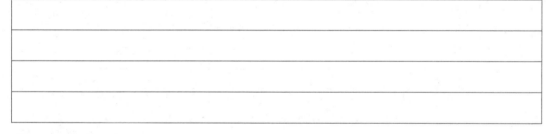

将图 4-3 所示的快速排序算法做以下改进，是否也能实现快速排序呢？

算法设计如下。

（1）在待排序的顺序表中选取首节点的值作为基准关键字（令 key=a [0]）。

（2）定位基准节点的位置。

a. 设立两个移动指针 i、j，初始值 i =1 和 j =数组长度。

b. 循环从 i 开始与 key 做比较，如果 a[i] < key，则 i 向右移动一个位置，直到 a[i] > key；再从 j−1 开始与 key 做比较，如果 a[j] > key，则 j 向左移动一个位置，直到 a[j] < key。

此时，如果 $i \geqslant j$，则中断退出循环，否则 a[i]与 a[j]交换后退出循环。

c. a[j]与 key 交换。

（3）此时顺序表分成了两部分：在基准节点左边的都是小于 key 的节点，而在其右边的都是大于 key 的节点，完成基准节点定位。如果小于 key 和大于 key 顺序表的节点数大于 1（递归条件），按照上述（1）（2）步骤分别递归调用小于 key 和大于 key 的部分，直到持续不断分小的顺序表剩下一个数据元素为止（基线条件），排序完毕。

勤于练习

验证单链表快速排序算法。请将代码及运行结果填入此栏，或者将截图粘贴于此。

总结考评

 单元总结

单元小结

1. 分治策略将问题逐步分解，直到满足基线条件为止。
2. 快速排序的基准数据元素可以随机选择，如选择数据序列的最后一位。
3. 在分析时间复杂度时，通常不考虑常数项、系数项甚至低阶项，但是有时常数项十分重要，而快速排序具有较低的常数项，这也是快速排序比合并排序快的主要原因。
4. 快速排序属于借助“交换”进行排序的一种算法。
5. 简单选择排序属于借助“选择”进行排序的一种算法。
6. 简单选择排序和快速排序都是不稳定排序。

单元任务复盘

1. **目标回顾**

2. **结果评估（一致、不足、超过）**

3. **原因分析（可控的、不可控的）**

4. 经验总结

过程考评

基本信息	姓名		班级		组别	
	学号		日期		成绩	
	序号	项目	任务完成情况		标准分	评分
			完成	未完成		
教师考评内容（50 分+）	1	资讯			5 分	
	2	计划与决策			10 分	
	3	代码编写			10 分	
	4	代码调试			10 分	
	5	想一想			5 分	
	6	练一练			5 分	
	7	做一做			5 分	
	8*	拓展学习			ABCD	
	考评教师签字：					日期：
小组考评内容（25 分）	1	主动参与			5 分	
	2	积极探究			5 分	
	3	交流协作			5 分	
	4	任务分配			5 分	
	5	计划执行			5 分	
	小组长签字：					日期：
自我评价内容（25 分）	1	独立思考			5 分	
	2	动手实操			5 分	
	3	团队合作			5 分	
	4	习惯养成			5 分	
	5	能力提升			5 分	
	本人签字：					日期：

撷英拾萃

十大经典排序

序号	排序算法	平均时间复杂度	最好情况	最坏情况	空间复杂度	排序类别	是否稳定
1	直接插入	$O(n^2)$	$O(n)$	$O(n^2)$	$O(1)$	插入排序	√
2	希尔排序	$O(n^{1.3})$	$O(n^{1.3})$	$O(n^2)$	$O(1)$	插入排序	×
3	简单选择	$O(n^2)$	$O(n^2)$	$O(n^2)$	$O(1)$	选择排序	×
4	堆排序	$O(n\log_2 n)$	$O(n\log_2 n)$	$O(n\log_2 n)$	$O(1)$	选择排序	×
5	冒泡排序	$O(n^2)$	$O(n)$	$O(n^2)$	$O(1)$	交换排序	√
6	快速排序	$O(n\log_2 n)$	$O(n\log_2 n)$	$O(n^2)$	$O(\log_2 n)$	交换排序	×
7	二路归并	$O(n\log_2 n)$	$O(n\log_2 n)$	$O(n\log_2 n)$	$O(n)$	归并排序	√
8	计数排序	$O(n+k)$	$O(n+k)$	$O(n+k)$	$O(k)$	计数排序	√
9	桶排序	$O(n+k)$	$O(n+k)$	$O(n^2)$	$O(n+k)$	分配式排序	√
10	基数排序	$O(n\times k)$	$O(n\times k)$	$O(n\times k)$	$O(n+k)$	分配式排序	√

说明：

① n 为数据规模。

② k 为“桶”的个数。

③ 稳定性是指排序后相同关键字的数据元素和排序之前的顺序保持一致。

④ 线性阶（$O(n)$），如基数排序、桶排序等。

⑤ 指数阶（$O(n^2)$），如直接插入、简单选择和冒泡排序。

⑥ 线性对数阶（$O(n\log_2 n)$），如快速排序、堆排序等。

⑦ 其他（$O(n^{1+\S})$），如希尔排序，其中$\S$是介于 0 和 1 之间的常数。

⑧ 稳定的排序算法，如冒泡排序、归并排序、计数排序、桶排序和基数排序等。

⑨ 不稳定的排序算法，如快速排序、希尔排序、堆排序等。

读书笔记

Unit 05

散列表查找

主体教材

任务目标

知识目标

（1）理解和运用**数组**、**散列表**等。
（2）认识、理解和运用**散列表查找**算法。
（3）运用大 O 表示法分析散列表查找的**时间复杂度**。

能力目标

（1）熟练使用一门高级编程语言的能力，如 C、C++、C#、Java 等。
（2）编写和调试散列表的建立和查找算法代码的能力。
（3）具备在小组活动中，运用简洁的专业术语与小组成员有效交流、沟通的能力。

素质目标

（1）养成细致、耐心的习惯。
（2）能够发现代码调试中的逻辑问题，有较强的预测结果能力。
（3）学会倾听小组成员的想法和观点，支持、配合小组成员的工作。

任务导入

某同学利用暑假在一个超市做社会实践，恰巧超市新进一台电子条码秤，现在需要对果蔬类商品进行快捷键预置，即每个快捷键对应一种商品，工作人员只需要将顾客购买的商品放置在秤盘上，按下对应的快捷键，即可打印该商品的所有信息（单价、质量、总价和二维码）。请帮助这位同学完成电子条码秤快捷键的预置工作。

相关知识

散列表

散列表（Hash Table）也称为哈希表，是根据键值（Key Value）直接进行访问的数据结构。如图 5-1 所示，设任意给定的关键字集合为 K，设定一个函数 H 将 K 映射到一个有限的连续的地址（T[1..m−1]的下标）中，并以关键字的函数值作为数据元素在表中的存储位置，存放记录的连续存储空间称为散列表或哈希表，这个映射函数称为散列函数或哈希函数，这一映射过程称为散列造表或哈希造表，所得到的地址称为散列地址或哈希地址，图中 H 是散列函数，T 是散列表，$H(K_i)$是关键字为 K_i 的数据元素的散列地址。

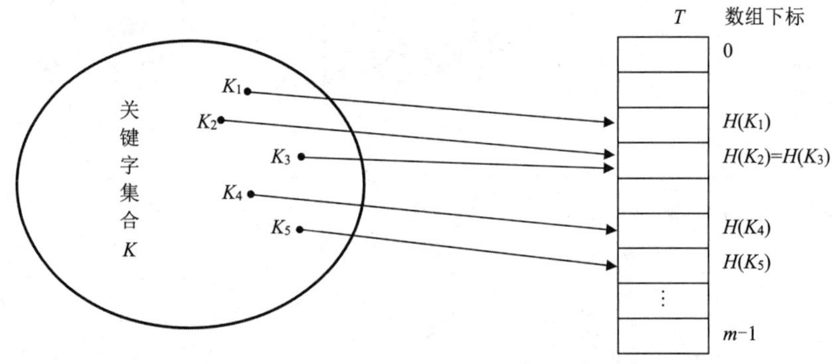

图 5-1　用函数 H 将关键字映射到散列表 T 中

散列函数的构造

1. **散列表的冲突**

散列表通过散列函数建立从数据元素关键字集合到散列表地址集合的一个映射，而散列函数的定义域是全部数据元素的关键字，理想情况下，如果散列表有 m 个地址单元，那么散列函数的值必须在 0 和 m−1 之间。散列函数使得每一个 key 都有唯一的散列地址与之对应，但是实际应用中这种理想情况很少出现。大多数会出现两个及以上不同的关键字，但其散列值却相等的现象，这种现象称为冲突（Collision），如图 5-1 中 $H(K_2)=H(K_3)$的情况，K_2 和 K_3 相对于 H 称为同义词（Synonym）。

2. **散列函数的构造**

为了尽量避免冲突，就需要在构造散列函数时，注意遵循以下两个原则。

（1）计算简单。

（2）散列地址分布均匀。

但是在实际应用中往往是矛盾的，如为了保证函数计算简单，散列地址的均匀性就可能不好，同样地，为了保证散列地址均匀性好一些，函数计算必然复杂。因此，在构造散列函数时，要根据具体情况，选择一个比较合理的方法。下面介绍几种常见的构造散列函数的方法。

1. 直接定址法

散列函数是关键字 key 的线性函数：

$$H(\text{key}) = a\times\text{key} + b \quad （a,b\ 为常数）$$

特点：简单、均匀，对于不同的关键字不会产生冲突，适用于事先知道关键字的分布，关键字集合规模较小且连续性较好的情况。实际使用情况较少。

2. 除留余数法

取关键字 key 被某个不大于散列表表长 m 的正整数 p 除后所得余数为散列地址。

$$H(\text{key}) = \text{key}\%p \quad （m\ 为散列表长度；p\leqslant m，一般取接近\ m\ 的质数）$$

特点：简单、常用，适用于事先不需要知道关键字分布的情况，而且 p 的选择十分关键，适合的 p 形成的同义词较少。实际使用情况较多。

3. 数字分析法

如果关键字是位数较多的数字，那么可以根据关键字 key 集合中数值在各个位上的分布情况，抽取分布均匀的若干位组成散列地址。

特点：适用于事先知道关键字的分布且关键字中有若干位分布较均匀的情况。

4. 平方取中法

对关键字 key 平方后，抽取中间若干位的数字组成散列地址。

特点：适用于事先不知道关键字的分布且关键字的位数不是很大的情况。

5. 折叠法

先将关键字从左到右分割成位数相等的几个部分（最后一个部分的位数不够可以短一些），再将这几部分叠加求和，并按照散列表表长，取后几位组成散列地址。通常的叠加方法有移位叠加和间界叠加。

特点：适用于关键字的位数很多，并且关键字的每位分布都不均匀的情况，事先不需要知道关键字的分布。

6. 随机数法

选择一个随机数，取关键字的随机函数值为其散列地址。

$$H(\text{key})= \text{random}(\text{key}) \quad （\text{random}\ 是随机函数）$$

特点：当关键字长度不等时，比较适用。

处理冲突的方法

由于关键字的复杂性和随机性，很难有理想的散列函数存在，冲突的产生是不可避免的，因此在产生冲突时，需要合适的处理冲突的方法。下面介绍几种处理冲突的方法，其中主要的方法是前两种。

1. 开放地址法

开放地址（Open Address）法是指由关键字得到的散列地址一旦产生冲突，就从冲突位置的下一个位置开始寻找一个空的散列地址，存放此冲突数据元素。只要散列表足够大，空的散列地址总能找到。用开放地址法处理冲突得到的散列表叫作**闭散列表**。

$$H_i=(H(\text{key})+d_i)\%m,\ i=1,2,\cdots,k\quad (k\leqslant m-1)$$

其中，$H(\text{key})$为散列函数；m 为散列表的表长；d_i 为增量序列。当 d_i=1,2,⋯,m−1 时，称为线性探测再散列；当 $d_i=1^2,-1^2,2^2,-2^2,\cdots,q^2,-q^2$ 且 $q\leqslant m/2$ 时，称为二次探测再散列；当 d_i 是一个伪随机数列，$i=1,2,\cdots,m-1$ 时，称为随机探测再散列。

特点：解决办法简单，但会带来堆积（Mass）的问题，即非同义词之间对同一散列地址争夺的现象，大大降低了查找效率。

2. 链地址法

链地址法也称为拉链法，是指将所有散列地址相同的数据元素，即关键字为同义词的数据元素存储在一个单链表中，称为同义词子表，在散列表中存储的是所有同义词子表的头指针，用链地址法处理冲突得到的散列表叫作**开散列表**。

特点：处理冲突简单，且无堆积现象，但由于链地址法各个链表的节点空间是动态申请的，指针需要额外的存储空间，适用于无法确定表长的情况。

3. 再散列法

当同义词产生地址冲突时，计算另一个散列函数的地址，直到冲突不再产生。

$$H_i=\text{Rh}_i(\text{key}),\ i=1,2,\cdots,k\quad (\text{Rh}_i\ \text{均是不同的散列函数})$$

特点：不易产生堆积，计算时间增加。

4. 建立一个公共溢出区

单独建立一个公共溢出区，专门存储散列地址冲突的数据元素，在查找时，计算散列地址后，先在散列表对应位置查找，如果没有，再在溢出区查找。

特点：冲突的数据元素很少的情况下，这种处理冲突的办法效率较高。

散列查找

散列表的查找过程与散列表的建立过程基本一致。在进行查找时，根据建立散列表设定的散列函数 H，即在数据元素的存储位置与它的关键字之间建立的确定对应关系，以线性表中每个数据元素的关键字 key 为自变量，通过函数 H(key)计算出该数据元素的存储位置。如果散列表中该位置没有数据元素，则查找失败；反之，比较对应位置的关键字，若与查找值相等，则查找成功，若与查找值不相等，则按照建立散列表时设定的处理冲突的方法继续查找下一个地址，如此往复，直到查找成功或查找失败（散列表中某个地址为空）。这种查找方法称为散列查找。

在建立散列表过程中，处理冲突的方法不同，得到的散列表也不同，其查找性能也不同。理想情况是散列表没有冲突，时间复杂度为 $O(1)$，但在实际应用中，冲突是不可避免的，查找的过程仍然需要在产生冲突后比较给定值与关键字，所以查找效率的度量采用平均查找长度，关键字比较次数取决于产生冲突的概率，冲突越多，比较次数就越多，查找效率也就越低。影响冲突产生的概率的因素有以下几种。

（1）散列函数是否均匀。散列函数是否均匀直接影响冲突产生的概率。

（2）处理冲突的方法。对于相同的关键字、相同的散列函数，其冲突产生的概率不同，处理冲突的方法不同，当然查找的性能也不同。

（3）散列表的装填因子（Load Factor）。冲突的产生除了与散列函数有关，还与散列表装满程度有关。

散列表的装填因子 a=填入散列表数据元素个数÷散列表长度

不难看出，装填因子越小，冲突产生的概率越小，散列表的查找性能越高。一般情况下，当散列表装填因子大于 0.7 时，就应该调整散列表的长度。

开散列表查找

开散列表查找的过程与其建立过程基本一致。开散列表是用链地址法处理冲突的散列表，即用链接的方法存储同义词，不会产生堆积现象，平均查找长度较短，动态查找的基本操作（查找、插入和删除操作）易于实现。但因为附加了指针域，所以增加了存储开销。开散列表适用于事先难以估计容量的场合。

开散列表查找算法设计如下。

（1）根据设定的散列函数 H 及给定的数据元素关键字 key 计算其散列地址 $j=H$(key)。

（2）在第 j 个同义词子链表中顺序查找。

（3）输出查找结果。

例题 05-01 设关键字集合为{12,67,56,16,25,37,22,29,15,47,48,34}，散列函数为 H(key) = key%p（除留余数法，p 取 12），使用链地址法（拉链法）处理冲突，构造开散列表，如图 5-2 所示。在该开散列表中查找关键字为 key 的数据元素，若查找成功，则输出“找到”；若查找不成功，则输出“查找失败”。

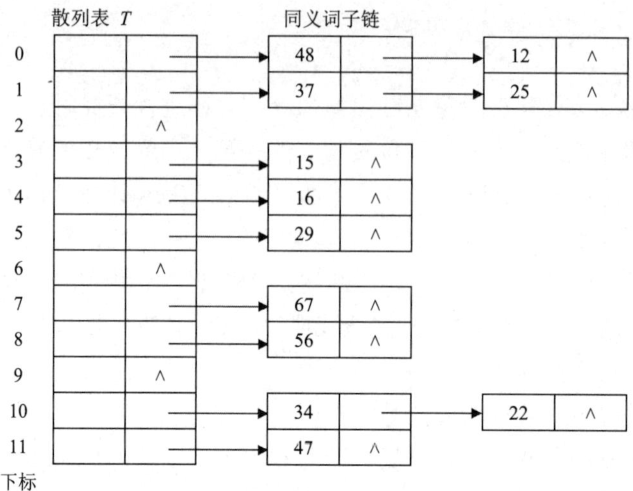

图 5-2　链地址法处理冲突构造的开散列表

算法 05-01

```
#include <stdio.h>
#include <stdlib.h>
#define Maxsize 12              // 散列表容量
// 开散列表类型定义
typedef struct HashNode{
      int data;                 // 数据域
      HashNode *next;           // 指针域
}HashNode;
typedef struct{
   HashNode *T[Maxsize];
}HashTable;
// 散列函数
int Hash(int key){
   return key % Maxsize;
}
// 初始化表头
void Init_HashTable(HashTable* pt){
   for(int i=0;i<Maxsize;i++)
      pt->T[i]=NULL;
   }
//遍历散列表查找关键字 key 的子链表头节点
HashNode* findNode(HashTable* pt,int key){
   int j=Hash(key);
   HashNode*p=pt->T[j];
   while(p!=NULL&&p->data!=key){
         p=p->next;
   }
   return p;
}
// 节点插入散列表中
bool Insert_HashTable(HashTable *pt,int item){
```

```
    HashNode*p=findNode(pt,item);
    if(p!=NULL){
        return false;
    }
 p=(HashNode*)malloc(sizeof(HashNode));          // 新建一个节点
    int j=Hash(item);
    p->data=item;
    p->next=pt->T[j];                    // 新节点插入表头节点后，链入同义词子链
    pt->T[j]=p;
    return true;
}
// 输出散列表
void printHashTable(HashTable*pt,int j){
    HashNode *p=pt->T[j];
    printf("T[%d]",j);
    int n=0;
    while(p!=NULL){
        printf("->%d",p->data);
        p=p->next;
        n=n+1;
    }
    if(n)printf("\t 同义词有 %d 个",n);
    printf("\n");
}
// 遍历同义词子链查找关键字 key 的节点
int SearchHash(HashTable *pt,int key){
    int j=Hash(key);
    HashNode*p=pt->T[j];
    while(p!=NULL&&p->data!=key){
        p=p->next;
    }
   if(p!=NULL&&p->data==key)
        return 1;
    else
        return 0;
}

int main(){
    HashTable ht,p;
    Init_HashTable(&ht);
    int key;
    int b[12]={12,67,56,16,25,37,22,29,15,47,48,34};
    puts("---开散列表查找---\n\n");
    printf("数组 b 中各个元素：\n");
    for(int i=0;i<Maxsize;i++)
        printf("b[%d] = %d\n",i,b[i]);
    printf("散列表中各个元素：\n");
    for(int i=0;i<Maxsize;i++)
        Insert_HashTable(&ht,b[i]);
    for(int i=0;i<Maxsize;i++)
         printHashTable(&ht,i);
```

```
    printf("请输入你要查找的元素：");
    scanf("%d",&key);
    if(!SearchHash(&ht,key))
        printf("抱歉,散列表中没有你要查找的元素！");
    else
        printf("要查找的元素在散列表中!");
    return 0;
}
```

任务工单

任务情境

超市果蔬零售部新进了 12 种商品，每千克的价格序列是{12,67,56,16,25,37,22,29,15,47,48,34}，现在需要在电子条码秤上对这部分商品进行快捷键预置（快捷键有 14 个）。按照除留余数法构造散列函数，采用线性探测再散列法处理冲突，并实现查找某个价格的商品的功能。

算法分析

闭散列表是用线性探测再散列法处理冲突的散列表，其查找的过程与其建立过程基本一致。

算法设计如下。

1. 建立散列表

按照除留余数法构造散列函数 H；依次求出记录的散列地址 $H(\text{key})$，并将其存入散列表相应位置；如果存在冲突，则按照线性探测再散列法处理。

2. 散列表查找

根据散列函数 H，计算出待查找记录的散列地址 $H(\text{key})$。如果散列表中没有记录，则查找失败。反之，比较此地址记录的关键字是否与 key 相等，若相等，则查找成功；若不相等，则按照线性探测再散列法继续查找散列表中的下一个位置，如此反复下去，直到散列表中某个位置为“空”（查找失败），或者散列表中找到与 key 相等的记录（查找成功）。

3. 输出查找结果

图 5-3 所示为用线性探测再散列法处理冲突构造的闭散列表，其中关键字序列为{12,67,56,16,25,37,22,29,15,47,48,34}，散列表长度为 14，散列函数为 $H = \text{key}\%13$。

关键字 key	H(key)值	
12	12	
67	2	
56	4	
16	3	
25	12	冲突，下一个空位置是 13
37	11	
22	9	
29	3	冲突，下一个空位置是 3
15	2	冲突，下一个空位置是 6
47	8	
48	9	冲突，下一个空位置是 10
34	8	冲突，下一个空位置是 0

散列表 *T*	下标
34	0
∧	1
67	2
16	3
56	4
29	5
15	6
∧	7
47	8
22	9
48	10
37	11
12	12
25	13

图 5-3 用线性探测再散列法处理冲突构造的闭散列表

通过对图 5-3 进行分析，闭散列表是用线性探测再散列法处理冲突的散列表，不需要附加指针，因而存储效率较高，但由此带来了堆积现象，堆积现象的存在使得闭散列表查找需要将给定值与后续散列地址中数据元素的关键字进行比较，从而降低了查找效率。另外，由于空闲位置是散列表查找不成功的条件，因此闭散列表的删除操作不能简单地将待删除数据元素所在单元置空，只能做标记。闲散列表适用于事先已知容量的场合。

工单任务

<table>
<tr><td>任务名称</td><td>闭散列表查找</td><td>完成时限</td><td>90min</td></tr>
<tr><td>学生姓名</td><td></td><td>小组成员</td><td></td></tr>
<tr><td>发出任务时间</td><td></td><td>接受任务时间</td><td></td></tr>
<tr><td>任务内容及要求</td><td colspan="3">已知：关键字序列为{12,67,56,16,25,37,22,29,15,47,48,34}，散列表长度为 14，散列函数为 H(key) = key%p（除留余数法，p 取 13），按照线性探测再散列法处理冲突构造的闭散列表，即 H(key) = (key+1)%p。
输出要求：
（1）依次输出关键字序列的所有数据元素，输出散列表中的各个数据元素。
（2）用键盘输入要查找的关键字，若找到，则输出它在散列表中的位置（下标）；若查找失败，则输出“查找失败”</td></tr>
<tr><td>任务完成日期</td><td></td><td colspan="2">□提前完成 □按时完成 □延期完成
□未能完成</td></tr>
<tr><td colspan="2">延期或未能完成原因说明</td><td colspan="2"></td></tr>
</table>

资讯

计划与决策

请根据任务要求，确定采用的算法，分析算法的时间复杂度，制定作业流程，并对小组成员进行合理分工。

实操记录

编码和调试中出现的问题记录

算法完整代码和运行结果

算法时间复杂度分析

知识巩固

想一想

为什么闭散列表的删除操作不能简单地将待删除数据元素所在单元置空，而只能做标记呢？

练一练

一、填空题

1．在散列技术中，两种主要的处理冲突的方法是________和________。

2．在散列表中，装填因子 a=填入表中的元素个数÷散列表的长度。可见，如果 a 的值越大，存在冲突的可能性就________；如果 a 的值越小，存在冲突的可能性就________。

3．散列查找算法在不考虑冲突的情况下，查找的时间复杂度是________。

二、单选题

1．与其他的查找算法比较，散列查找算法的特点是________。

A．通过关键字进行比较查找

B．先通过关键字计算数据元素存储地址，再进行地址的比较

C．先通过关键字计算数据元素存储地址，再进行一定的关键字比较

D．通过关键字比较查找，并计算数据元素存储地址

2．在散列函数 $H(\text{key}) = \text{key}\%p$ 中，通常 p 应该取________。

A．奇数　　　　B．偶数

C．质数　　　　D．充分大的数

3．散列表构造中的冲突指的是________。

A．两个数据元素具有相同的序号

B．两个数据元素的关键字不同，其他属性相同

C．不同关键字的数据元素对应于相同的存储地址

D．数据元素过多

4．关于散列查找下列说法中________是正确的。

A．散列函数构造越复杂越好，因为这样随机性好、冲突小

B．除留余数法是最好的处理冲突的方法

C．不存在特别好或特别坏的散列函数，要视具体情况而定

D．散列函数构造只考虑简单就好，不需要考虑散列分布均匀

5．________是建立散列表以期获得好的查找效率的关键。

A．散列函数　　　　B．除留余数法中质数 p

C．冲突的处理　　　　D．散列函数和冲突处理

三、判断题

1．散列表中的冲突指的是具有不同关键字的数据元素对应于相同的存储地址。
（　　）

2．散列链表的节点中只包含数据元素自身的信息，不包含指针。（　　）

3．散列查找算法理想状态下的时间复杂度为 $O(1)$。（　　）

4．散列表解决冲突的方法中只有除留余数法。（　　）

5．一般来说，散列表的查找效率相对于其他查找算法要高。（　　）

6．散列函数的构造既要考虑计算简单，又要考虑均匀分布。（　　）

7．散列查找的效率取决于散列函数和冲突处理。（　　）

8．在除留余数法中，一般情况下，除数的取值接近散列表长度的素数。（　　）

9．直接地址法的公式是个线性方程。（　　）

10．冲突发生的概率和处理冲突的方法是影响散列查找效率的关键。（　　）

做一做

假定一个待散列存储的关键字集合为{67,56,85,37,22,29,47,16,76}，散列地址空间为 $H(11)$，若采用除留余数法构造散列函数（p=11）和链地址法处理冲突，试求每个数据元素的散列地址，画出最后的散列表。

 **拓展学习**

开动脑筋

在散列函数构造中，如果关键字是位数较多的数字，那么采用数字分析法，即根据关键字 key 集合中数值在各个位上的分布情况，抽取分布均匀的若干位组成散列地址。请根据表 5-1 所示的一组数据元素的关键字，分析抽取哪些位的数字是合理的。

表 5-1　一组数据元素的关键字

亿	千万	百万	十万	万	千	百	十	个
2	0	2	1	0	3	6	4	5
2	0	2	1	0	3	6	2	5
2	0	2	1	0	2	1	5	6
2	0	2	1	0	2	2	0	4
2	0	2	1	0	3	0	0	5
2	0	2	1	0	2	6	5	3
2	0	2	1	0	2	0	1	9
2	0	2	1	0	1	9	4	4

勤于练习

有关键字集合｛67,56, 25,37,22,29, 47,48,34｝，若散列表的装填因子 a 为 0.75，采用除留余数法和线性探测法处理冲突。试设计散列函数；编码实现且画出散列表。将代码和运行结果填入此栏，或者将截图粘贴于此。

总结考评

单元总结

单元小结

1．散列表适用于模拟映射关系。
2．一旦填充因子超过 0.7，就应该调整散列表的长度。
3．散列表的查找效率取决于冲突发生概率和处理冲突的方法。
4．设计散列函数时要考虑计算是否简单和分布是否均匀。
5．散列表的查找、插入和删除速度都非常快。

单元任务复盘

1. **目标回顾**

2. **结果评估（一致、不足、超过）**

3. **原因分析（可控的、不可控的）**

4. 经验总结

过程考评

<table>
<tr><td rowspan="4">基本信息</td><td>姓名</td><td></td><td>班级</td><td colspan="2"></td><td>组别</td><td></td></tr>
<tr><td>学号</td><td></td><td>日期</td><td colspan="2"></td><td>成绩</td><td></td></tr>
<tr><td rowspan="2">序号</td><td rowspan="2">项目</td><td colspan="3">任务完成情况</td><td rowspan="2">标准分</td><td rowspan="2">评分</td></tr>
<tr><td>完成</td><td colspan="2">未完成</td></tr>
<tr><td rowspan="9">教师考评内容（50 分+）</td><td>1</td><td>资讯</td><td></td><td colspan="2"></td><td>5 分</td><td></td></tr>
<tr><td>2</td><td>计划与决策</td><td></td><td colspan="2"></td><td>10 分</td><td></td></tr>
<tr><td>3</td><td>代码编写</td><td></td><td colspan="2"></td><td>10 分</td><td></td></tr>
<tr><td>4</td><td>代码调试</td><td></td><td colspan="2"></td><td>10 分</td><td></td></tr>
<tr><td>5</td><td>想一想</td><td></td><td colspan="2"></td><td>5 分</td><td></td></tr>
<tr><td>6</td><td>练一练</td><td></td><td colspan="2"></td><td>5 分</td><td></td></tr>
<tr><td>7</td><td>做一做</td><td></td><td colspan="2"></td><td>5 分</td><td></td></tr>
<tr><td>8*</td><td>拓展学习</td><td></td><td colspan="2"></td><td>ABCD</td><td></td></tr>
<tr><td colspan="7">考评教师签字：　　　　　　　　　　　　　　　　　　　　日期：</td></tr>
<tr><td rowspan="6">小组考评内容（25 分）</td><td>1</td><td>主动参与</td><td></td><td colspan="2"></td><td>5 分</td><td></td></tr>
<tr><td>2</td><td>积极探究</td><td></td><td colspan="2"></td><td>5 分</td><td></td></tr>
<tr><td>3</td><td>交流协作</td><td></td><td colspan="2"></td><td>5 分</td><td></td></tr>
<tr><td>4</td><td>任务分配</td><td></td><td colspan="2"></td><td>5 分</td><td></td></tr>
<tr><td>5</td><td>计划执行</td><td></td><td colspan="2"></td><td>5 分</td><td></td></tr>
<tr><td colspan="7">小组长签字：　　　　　　　　　　　　　　　　　　　　日期：</td></tr>
<tr><td rowspan="6">自我评价内容（25 分）</td><td>1</td><td>独立思考</td><td></td><td colspan="2"></td><td>5 分</td><td></td></tr>
<tr><td>2</td><td>动手实操</td><td></td><td colspan="2"></td><td>5 分</td><td></td></tr>
<tr><td>3</td><td>团队合作</td><td></td><td colspan="2"></td><td>5 分</td><td></td></tr>
<tr><td>4</td><td>习惯养成</td><td></td><td colspan="2"></td><td>5 分</td><td></td></tr>
<tr><td>5</td><td>能力提升</td><td></td><td colspan="2"></td><td>5 分</td><td></td></tr>
<tr><td colspan="7">本人签字：　　　　　　　　　　　　　　　　　　　　日期：</td></tr>
</table>

撷英拾萃

常用俗语

理想的散列表中每个数据元素都有唯一对应的存储位置。正如俗语所说：“一个萝卜一个坑。”查找时不需要经过任何比较，通过求待查数据元素关键字的散列值就可直接找到，查找的期望时间复杂度为 $O(1)$。

出处：

“一个萝卜一个坑”出自《说说唱唱》1950 年第 2 期：

“从此不再空劳动，一个萝卜一个坑。管叫那，劳动用在生产上，财源茂盛，五谷丰登，人民乐太平。”

解释：

比喻一个人有一个位置，没有多余的。

散列查找的重要特性

高德纳在《计算机程序设计艺术》第三卷中指出：为了查找一个数据元素或插入一个新的数据元素，所需要的探测次数仅依赖装填因子 a。

处理冲突的方法	查找结果	
	查找成功	查找失败
线性探测再散列法	$\frac{1}{2}(1+\frac{1}{1-a})$	$\frac{1}{2}(1+\frac{1}{1-a^2})$
链地址法（拉链法）	$1+\frac{a}{2}$	$a+\mathrm{e}^{-a}$

表中的公式反映了散列查找的一个重要特性，即平均查找次数不是查找集合中数据元素个数 n 的简单函数，而是装填因子 a 的函数。换言之，数据元素个数 n 对于查找次数的影响不大，不管 n 有多大，我们总能选择一个合适的装填因子以便将平均查找次数限定在一个范围内。这和其他查找方法不同。在很多情况下，散列表的空间都比查找集合大，以消费一定空间来换取查找效率。

读书笔记

Unit 06

串的模式匹配

主体教材

任务目标

知识目标

（1）理解和运用**串**、**堆**等。

（2）认识、理解和运用**串的模式匹配**算法。

（3）运用大 O 表示法分析串的模式匹配算法的**时间复杂度**。

能力目标

（1）熟练使用一门高级编程语言的能力，如 C、C++、C#、Java 等。

（2）编写和调试 BF 算法和 KMP 算法代码的能力。

（3）具备在小组活动中，运用简洁的专业术语与小组成员有效交流、沟通的能力。

素质目标

（1）养成细致、耐心的习惯。

（2）能够发现代码调试中的逻辑问题，有较强的预测结果能力。

（3）学会倾听小组成员的想法和观点，支持、配合小组成员的工作。

任务导入

一位作家，在即将完成的一部小说中，需要更换主人公的名字（如“章山疯”更改为“张三丰”），由于这串字符在小说中出现的频次非常高，试考虑用什么方法可以高效地完成“查找替换”任务。

 相关知识

串

串（String）又称字符串，是一种特殊的线性表，其特点在于表中每一个数据元素都仅由一个字符组成。

1. 串的定义

串是由零个或多个字符组成的有限序列，一般记为 S = "$a_1a_2\cdots a_n$"（$n\geqslant1$），其中 S 是串的名字，双引号里的字符序列是串的值；a_i（$1\leqslant i\leqslant n$）可以是字母、数字或其他字符；串中字符的个数 n 称为字符串的长度。

2. 串的相关概念

由零个字符组成的串称为**空串**（Null String），其长度为 0，用双引号""表示（或用"$\varnothing$"表示）。由一个或多个空格组成的串称为**空格串**（Blank String），其长度是串中空格符的个数。字符串中任意连续的字符组成的子序列称为该串的**子串**（Substring），包含子串的串称为**主串**（Primary String）。字符在序列中的序号称为该字符在串中的位置（Position），子串在主串中的位置用子串的第一个字符在主串中的位置来表示。

3. 串的比较

串的比较实际上是通过组成串的字符之间的比较来进行的。给定两个串：S_a = "$a_1a_2\cdots a_n$"，S_b = "$b_1b_2\cdots b_m$"，有下列定义。

（1）当 $n = m$，且 $a_i = b_i$（$i = 1,2,\cdots,n$）时，称 $S_a = S_b$。

（2）当满足下列条件之一时，称 $S_a < S_b$。

- $n < m$，且 $a_i = b_i$（$i = 1,2,\cdots,n$）。
- 存在某个 $k\leqslant\min(m,n)$，使得 $a_i = b_i$（$i = 1,2,\cdots,k-1$），$a_k<b_k$。

（3）其他情况，则 $S_a > S_b$。

串的顺序存储

1. 静态顺序串

静态顺序串（Static Sequential String）又称定长顺序串（Fixed Length Sequential String），其按照预先定义的大小，为串分配固定长度的地址连续的存储单元（存储区），把串中字符按照其逻辑次序存放，如图 6-1 所示。而串的长度通常可以通过 strlen 函数求得。

类型定义如下：

```
#define MaxSize 100          // 最大串长，可以根据实际情况定义
typedef char String[MaxSize]
```

下标	0	1	2	3	4	5	6	7	8	…
字符	a	b	c	d	e	f	g	h	i	…

图 6-1　静态顺序串“abcdefghi…”存储方式

特点：由于预先定义了存储区，因此在插入、连接、替换等操作中可能会出现因超出存储区，超出部分被“截断”的情况。因此，静态顺序串难以适应插入、连接、替换等操作。

2. 动态顺序串

动态顺序串（Dynamic Sequential String）又称堆分配顺序串（Heap Sequential String），其按照串的实际长度为串动态分配地址连续的存储单元（存储区），把串中字符按照其逻辑次序存放。串变量可用的存储空间是一个被称为堆（Heap）的共享空间。

类型定义如下：

```
typedef struct{
        char *ch;               // 存储空间基地址
        int  length;            // 串实际长度
}
```

特点：由于存储空间是根据串值的实际大小分配的，因此在进行插入、连接、替换等操作时不会出现“截断”的情况。因此，静态顺序串适应插入、连接、替换等操作。

串的块链存储

串同样可以采用链表方式存储，由于串结构中每个数据元素是一个字符，因此链表存储串值时，可以存储一个字符，也可以存储多个字符。

1. 块链存储结构

（1）非压缩方式。

一个节点只存储一个字符，其优点是操作方便，缺点是存储利用率低，如图 6-2 所示。

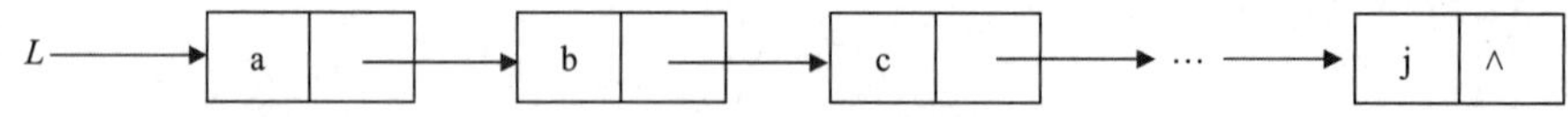

图 6-2　串的块链存储（非压缩方式）

（2）压缩方式。

一个节点存储多个字符，提高了存储利用率，由于串长不一定刚好是节点大小的整数倍，因此链表的最后一个节点不一定被字符占满，此时需要在串值末尾添加结束标志，如“\0”，如图 6-3 所示。

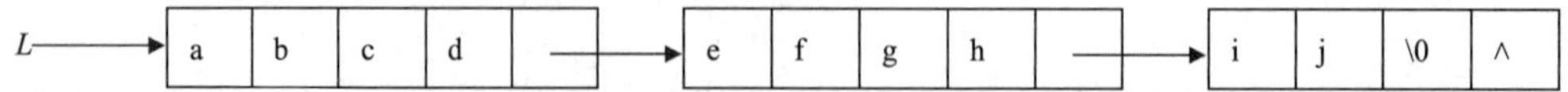

图 6-3　串的块链存储（压缩方式）

2. 存储密度

$$\text{串值的存储密度}=\frac{\text{串值所占的存储位}}{\text{实际分配的存储位}} \tag{6-1}$$

如式（6-1）所示，串的块链存储结构的存储密度越高，存储占用量越小，运算处理难度越大；反过来，存储密度越低，存储占用量越大，运算处理越方便。

模式匹配

串的模式匹配（Pattern Matching）是串处理系统中最重要的操作之一。所谓模式匹配是子串的定位操作，即从主串 S 的第 pos 个字符开始寻找子串 T 的过程。子串 T 称为模式（Pattern），如果匹配成功，则返回模式 T 在主串 S 中的位置；如果匹配失败，则返回-1。

1. 简单模式匹配算法

这是一种带回溯的算法，又称布鲁特-福斯（Brute-Force，BF）算法，其基本思想如下：从主串 S 的第 pos 个字符开始和模式 T 的第一个字符进行比较，若相等，则继续比较两者的后继字符；若不相等，则从主串 S 的下一个字符开始与模式 T 的第一个字符进行比较，重复上述过程。如果模式 T 中的所有字符都比较完毕，则匹配成功；反之，匹配失败。

（1）BF 算法设计。

设主串 S 长度为 N，模式 T 长度为 M。

① 设置主串 S 和模式 T 中的比较指针 i 和 j（初始值：i=pos，j=0，pos 是主串中比较的起始位置）。

② 比较 S[i]与 T[j]，有下面两种情况。

- 若相等，则继续比较二者的下一个字符，直到 $j=M$ 为止。
- 若不相等，则 i、j 回溯，即 $i=i-j+1$，$j=0$，重复②的过程，直到模式 T 的所有字符都比较完（$j=M$）或主串 S 所有字符都比较完（$i=N$）。

③ 如果 $j=M$，则匹配成功，返回值 $k=i-j$；反之，匹配失败，返回-1。

例题 06-01　主串 S=“ababcabcacbac”，模式 T=“abcac”，从主串 S 的第一个字符（数组下标为 0 的）开始匹配，图 6-4 所示为 BF 算法的整个匹配过程。

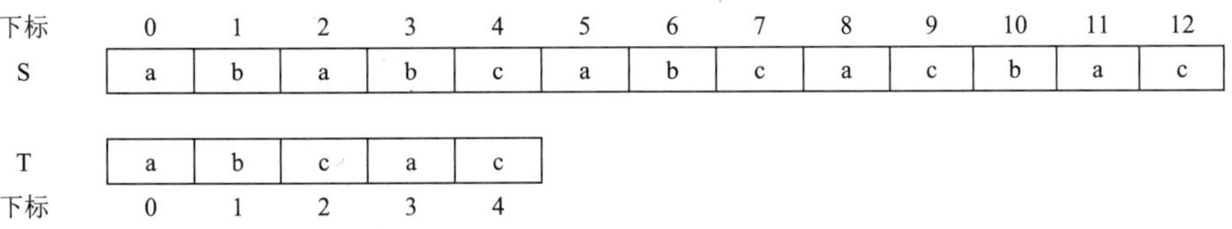

初始状态：i=pos=0，j=0

图 6-4　BF 算法的整个匹配过程

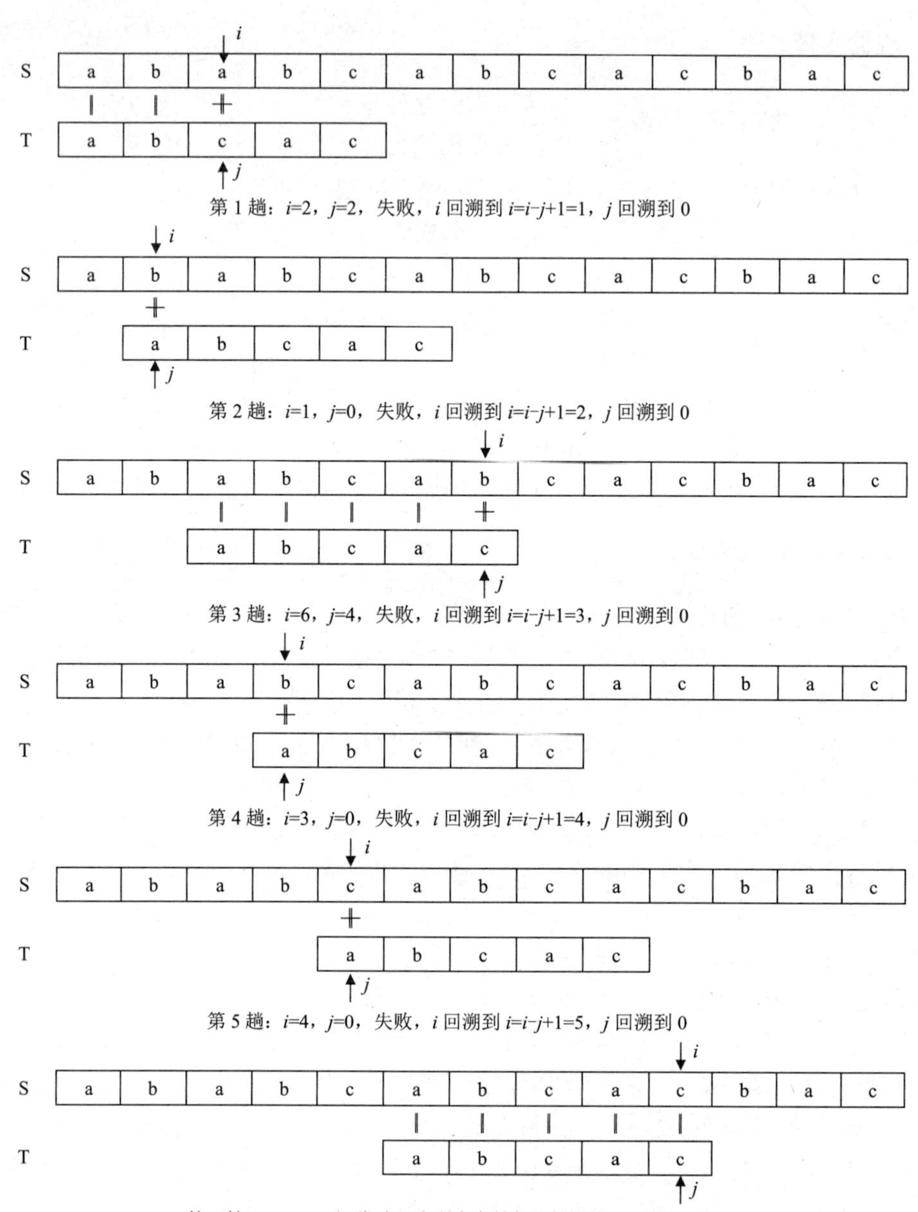

图 6-4　BF 算法的整个匹配过程（续）

算法 06-01

```
#include <stdio.h>
#include <cstring>
#define MaxSize 100

int BF(char S[], char T[],int p){
   int i=p,j=0,M,N,sum=1;
   N=strlen(S);
   M=strlen(T);
   printf("-------第 %d 趟-------\n",sum)  ;
```

```
        while((i<N)&&(j<M)){
        printf("i= %d,j= %d\n",i,j)  ;
      if (S[i]==T[j]){
         i++;j++;
      }
      else {
         i=i-j+1;
         j=0;
         printf("-------第 %d 趟-------\n",++sum)  ;
         }
      }
    if(j==M) return i-j;
    else return -1;
  }

  int main(){
      char s[MaxSize],t[MaxSize];
      int pos;
      puts("---简单模式匹配算法---\n\n");
      printf("输入 S 串字符(无须空格隔开): ");
      scanf("%s",&s);
      printf("输入 T 串字符(无须空格隔开): ");
      scanf("%s",&t);
      printf("输入主串起始匹配位置 pos (0<=pos<%d): ",strlen(s));
      scanf("%d",&pos);
      int index = BF(s,t,pos);
      if(index==-1)
      printf("匹配不成功! ");
      else     printf("\n 在主串指定第  %d  号位置开始匹配，在第  %d  号位置匹配成功!
\n",pos,index);
  return 0;
  }
```

（2）BF 算法分析。

由图 6-4 不难看出，BF 算法非常简单，但是其效率较低。

最好的情况：每趟匹配失败都发生在模式 T 的第一个字符。

例如，主串 S=“aaaaaaaaaaabc”，模式 T=“bc”。

如果每次第一个字符就匹配失败，那么模式 T 的第一个字符后的字符就不必进行比较了，按照等概率原则，这种情况下查找的平均次数是$(N+M)/2$，时间复杂度为$O(N+M)$。

最坏的情况：每趟匹配失败都发生在模式 T 的最后一个字符。

例如，主串 S=“aaaaaaaaaaaab”，模式 T=“aaab”。

如果每次最后一个字符才匹配失败，那么模式 T 必须比较到最后一个字符，按照等概率原则，这种情况下查找的平均次数是$(N\times M)/2$，时间复杂度为$O(N\times M)$。

2. KMP 算法

由于 BF 算法简单低效，所以出现了对其做了很大改进，可在$O(N+M)$的数量级上完成串的模式匹配操作的克努特-莫里斯-普拉特（Knuth-Morris-Pratt，KMP）算法，其算法思想是主串 S 不进行回溯，即主串中的每个字符只参加一次比较。

（1）BF 算法过程分析。

图 6-4 所示为 BF 算法过程分析。

在第 1 趟匹配过程中，$s_0 \backsim s_1$ 和 $t_0 \backsim t_1$ 匹配成功，而 $s_2 \neq t_2$，匹配失败。接着进行第 2 趟匹配，而第 2 趟匹配是不必要的，因为在第 1 趟匹配中比较过 s_1 和 t_1 且 $s_1 = t_1$，而 $t_0 \neq t_1$，所以一定有 $s_1 \neq t_0$，如图 6-5 所示。

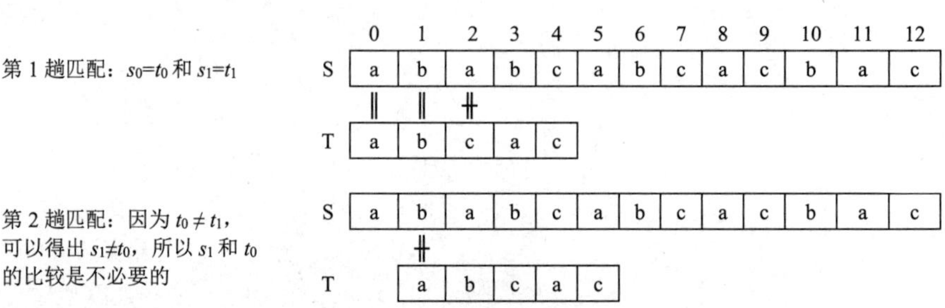

图 6-5　BF 算法过程分析

同样的道理，第 4 趟、第 5 趟匹配也都是不必要的。综上所述，BF 算法低效的原因是主串 S 比较指针 *i* 的回溯，即在某趟匹配失败后，主串 S 要回溯到此趟匹配的第一个字符的下一个字符，模式 T 要回溯到第一个字符，开始新一趟的匹配，而这些回溯往往是不必要的。

（2）next 函数。

简单来讲，KMP 算法就是将 BF 算法中不必要的回溯过滤掉。具体来讲，就是主串 S 比较指针 *i* 不进行回溯，只需要考虑模式 T 的比较指针 *j* 的回溯。把模式 T 中各个位置的 *j* 的回溯位置用一个数组 next[*j*]来表示，该数组的定义如下：

$$\text{next}[j]=\begin{cases}-1 & j=0\\ \text{Max} & \{k \mid 1<k<j，且“t_1t_2\cdots t_{k-1}”=“t_{j-k+1}t_{j-k+2}\cdots t_{j-1}”\}\\ 0 & 其他情况\end{cases} \tag{6-2}$$

由定义可知：当 j=0 时，next[0]=−1；当 j>0 时，next[j]=k；如果已经求出了 next[0], next[1],next[2],…,next[j]，则可以采用递推法求出 next[j+1]。令 k=next[j]，那么 next[j+1]可能有以下两种情况。

① 若 k=−1 或 $t_k=t_j$，则 j=j+1，k=k+1，next[j]=k。

② 若 $t_k \neq t_j$，则令 k=next[k]（回溯），再回到①。

以此类推，直到模式 T 的所有字符的 next 值都求出，即 j==strlen(T)。

例题 06-02　设模式 T=“abacabababaacbc”，根据 next 数组的定义推导出各个位置的 next[j]的值。

已知：当 j= 0 时，next[0]=−1；k=next[0]=−1，则

∵k=next[0]=−1，∴j=j+1=1，k=k+1=0，next[j]=next[1]=k=0；

∵k=0≠−1 且 $t_0 \neq t_1$，∴k=next[k]=next[0]=−1，j=j+1=2，k=k+1=0，next[j]=next[2]=0;

∵$t_0=t_2$，∴j=j+1=3，k=k+1=1，next[j]=next[3]=k=1；

∵$t_1 \neq t_3$，∴k=next[k]=next[1]=0，而 $t_0 \neq t_3$，k=next[k]=next[0]=−1，j=j+1=4，k=k+1=0，则 next[4]=0；

∵t_0=t_4，∴j=j+1=5，k=k+1=1，next[j]=next[5]=k=1；

∵t_1=t_5，∴j=j+1=6，k=k+1=2，next[j]=next[6]=k=2；

∵t_2=t_6，∴j=j+1=7，k=k+1=3，next[j]=next[7]=k=3；

∵$t_3 \neq t_7$，∴k=next[k]=next[3]=1，t_1=t_7，j=j+1=8，k=k+1=2，next[j]=next[8]=k=2；

∵t_2=t_8，∴j=j+1=9，k=k+1=3，next[j]=next[9]=k=3；

∵$t_3 \neq t_9$，∴k=next[k]=next[3]=1，t_1=t_9，j=j+1=10，k=k+1=2，next[j]=next[10]=k=2；

∵t_2=t_{10}，∴j=j+1=11，k=k+1=3，next[j]=next[11]=k=3；

∵$t_3 \neq t_{11}$，∴k=next[k]=next[3]=1，而 $t_1 \neq t_{11}$，k=next[k]=next[1]=0，t_0=t_{11}，j=j+1=12，k=k+1=1，next[12]=k=1；

∵$t_1 \neq t_{12}$，∴k=next[k]=next[1]=0，而 $t_0 \neq t_{12}$，k=next[k]=next[0]=−1，j=j+1=13，k=k+1=0，则 next[13]=k=0；

∵$t_0 \neq t_{13}$，∴k=next[k]=next[0]=−1，j=j+1=14，k=k+1=0，则 next[14]=k=0。

整理得到，模式 T 的回溯位置函数 next 求解结果如图 6-6 所示。

j	0	1	2	3	4	5	6	7	8	9	10	11	12	13	14
模式 T	a	b	a	c	a	b	a	b	a	b	a	a	c	b	c
next[j]	−1	0	0	1	0	1	2	3	2	3	2	3	1	0	0

图 6-6 模式 T=“abacababababaacbc”的回溯位置函数 next 值

（3）KMP 算法设计。

设主串 S 长度为 N，模式 T 长度为 M。

① 在主串 S 和模式 T 中设置比较指针 i 和 j（初始值：i=pos，j=0，pos 是主串中比较的起始位置）。

② 根据定义计算出模式 T 的各个位置 j 的 next[j]数组的值。

③ 比较 S[i]与 T[j]，有下面两种情况。

- 若相等，则继续比较两者的下一个字符，直到 T 的字符比较完（j=M）。
- 若不相等，则 i 不变，j 回溯，即 j=next[j]，重复第③步，直到模式 T 的所有字符比较完（j=M）或主串 S 的所有字符都比较完（i=N）。

④ 如果 j=M，则匹配成功，返回值 k=i−j；反之，匹配失败，返回−1。

任务工单

任务情境

用 BF 算法解决问题在日常工作、生活中十分常见，方法是穷举法，思维方式是试错思维，通过一步一步不停地重复试错，最后得到结果，特点是简单低效。现在需要你对其进行改进，换一种思维方式，由试错思维变成逻辑思维，将例题 06-01 改成用 KMP 算法解决问题。

算法分析

在例题 06-01 中，主串 S=“ababcabcacbac”，模式 T=“abcac”，主串的长度为 13，模式 T 的长度为 5，从主串 S 的第一个字符（pos=0）开始匹配。

KMP 算法设计步骤如下。

第一步：定义比较指针。

在主串 S 和模式 T 中设置比较指针 i 和 j（初始值：i=pos，j=0，pos 是主串中比较的起始位置）。

第二步：求 next 数组的值。

计算模式 T 的各个位置 j 的 next[j]数组的值。

已知：T=“abcac”，

$$\text{next}\left[j\right]=\begin{cases}-1 & j=0\\ \text{Max} & \{k\,|\,1<k<j，且“t_1t_2\cdots t_{k-1}”=“t_{j-k+1}t_{j-k+2}\cdots t_{j-1}”\}\\ 0 & 其他情况\end{cases}$$

next[j]数组值可由式（6-2）递推得到：

当 j= 0 时，由定义得 next[0]=−1；

当 j>0 时，k=next[0]=−1，j=j+1=1，k=k+1=0，next[j]=next[1]=k=0；

当 k=0≠−1 且(t_0=a)≠(t_1=b)时，回溯 k=next[k]=next[0]=−1，j=j+1=2，k=k+1=0，next[j]= next[2]=0；

当 k=0≠−1 且(t_0=a)≠(t_2=c)时，回溯 k=next[k]=next[0]=−1，j=j+1=3，k=k+1=0，next[j]= next[3]=k=0；

当 k=0≠−1 且(t_0=a)=(t_3=a)时，j=j+1=4，k=k+1=1，next[j]=next[4]=k=1。

整理得到，模式 T 的回溯位置函数 next 求解结果如图 6-7 所示。

i	0	1	2	3	4
模式 T	a	b	c	a	c
next[j]	−1	0	0	0	1

图 6-7　模式 T=“abcac”的回溯位置函数 next 值

第三步：比较主串与模式。

比较 S[i]与 T[j]，有下面两种情况：

（1）若相等，则继续比较两者的下一个字符，直到模式 T 的所有字符都比较完毕（j=M）；

（2）若不相等，则 i 不变，j 回溯，即 j=next[j]，重复上一步的比较过程，直到模式 T 的所有字符都比较完毕（j=M）或主串 S 的所有字符都比较完毕（i=N）。

第四步：输出比较结果。

如图 6-8 所示，当第 3 趟匹配结束后，指针 j=M=5，满足匹配成功条件，所以匹配成功，返回模式 T 在主串 S 的第一个位置（下标为 5），k=i−j=10−5=5。

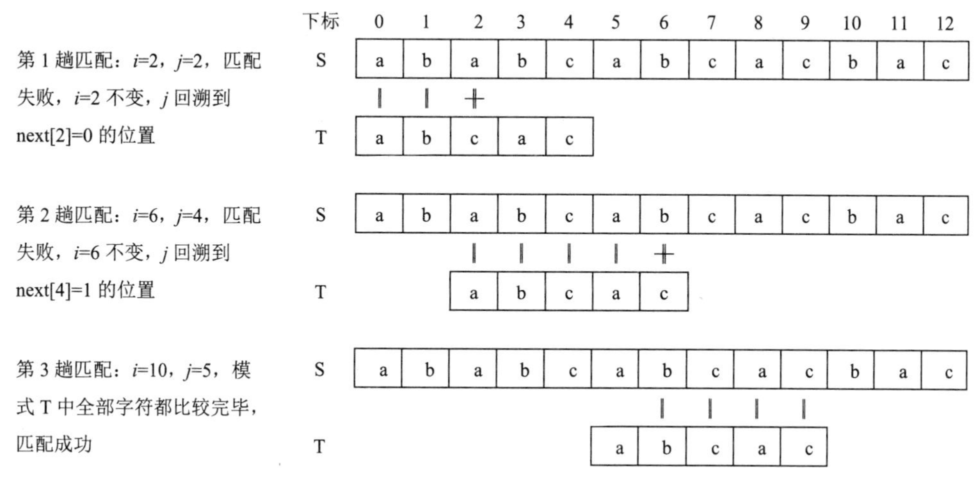

图 6-8 KMP 算法的匹配过程

工单任务

任务名称	KMP 模式匹配	完成时限	90min
学生姓名		小组成员	
发出任务时间		接受任务时间	
任务内容及要求	已知：主串 S=“ababcabcacbac”，模式 T=“abcac”，从主串 S 的指定位置 pos 开始匹配，请使用 KMP 模式匹配算法编码实现。 输入要求：用键盘输入主串、模式和查找起点 pos。 输出要求：（1）输出模式 T 的 next 数组值。 （2）若匹配不成功，则输出“匹配失败！”；若匹配成功，则输出“匹配成功！”且输出在主串 S 中的位置（下标）		
任务完成日期		□提前完成 □按时完成 □延期完成 □未能完成	
延期或未能完成原因说明			

资讯

计划与决策

请根据任务要求，确定采用的算法，分析算法的时间复杂度，制定作业流程，并对小组成员进行合理分工。

实操记录

编码和调试中出现的问题记录

算法完整代码和运行结果

算法时间复杂度分析

知识巩固

想一想

在分析 KMP 模式匹配算法时，设主串 S 的长度为 N，模式 T 的长度为 M。KMP 算法的时间复杂度为 $O(N+M)$，但是 KMP 算法需要额外计算 next 数组值的时间，它的时间复杂度为 $O(M)$，这不是增加了算法的运行时间吗？请分析。

练一练

一、填空题

1．空格串是指____________。其长度等于____________。

2．串的两种最基本的存储方式是____________和____________。

3．空串与空格串的区别在于 ____________。

4．一个字符串中的 ____________称为该串的子串。

二、单选题

1．下列关于字符串的叙述中，不正确的是 ＿＿＿＿＿＿。
   A．串是有限序列
   B．模式匹配是串的一种重要运算
   C．空串是由空格组成的串
   D．串的存储可以采用顺序存储或链式存储
2．串是一种特殊的线性表，其特殊性是 ＿＿＿＿＿＿。
   A．可以顺序存储　　　　B．可以链式存储
   C．数据元素是一个字符　　　　D．数据元素可以是多个字符
3．设有两个串 S、T，求得 T 在 S 中首次出现的位置的运算称为 ＿＿＿＿＿＿。
   A．连接　　　　B．模式匹配
   C．求子串　　　　D．求串长
4．在顺序串存储中，空间分配方式不同，可以分为 ＿＿＿＿＿＿。
   A．直接分配和间接分配　　　　B．静态分配和动态分配
   C．顺序分配和链式分配　　　　D．随机分配和固定分配
5．下列关于字符串说法正确的是＿＿＿＿＿＿。
   A．串的长度是指串中包含字母的个数
   B．串的长度是指串中包含的不同字符的个数
   C．若 T 包含在 S 中，则 T 一定是 S 的子串
   D．一个字符串不能说是其自身的子串

三、判断题

1．KMP 算法的特点是在模式匹配时主串的移动指针不会变小。　（　）
2．子串在包含它的主串中的位置是子串第一个字符在主串中首次出现的位置。　（　）
3．如果串 T 中的所有字符均在串 S 中出现，那么 T 是 S 的子串。　（　）
4．设主串长度为 N，模式长度为 M。若 $M \approx N$，则 BF 算法比 KMP 算法更高效。　（　）
5．空串与空格串区别在于两串包含的字符不同。　（　）
6．两串相等，只需对应位置字符相等，可以不考虑其长度。　（　）
7．一个串的长度至少是 1。　（　）
8．空串是由一个空格字符组成。　（　）
9．两串连接后的新串长度为两串长度之和。　（　）
10．设主串长度为 N，模式长度为 M。BF 算法的时间复杂度为 $O(N \times M)$。　（　）

做一做

编写一个递归算法实现字符串逆序存储，要求不另设串存储空间。

拓展学习

开动脑筋

KMP 算法虽然去掉了部分重复的比较操作，提高了效率，但人们发现，它还可以进一步优化，如主串 S=“aaaabaaaaabab”，T=“aaaaab”。这种情况下，模式 T 的回溯有很多是多余的，请分析并提出改进的方法。

勤于练习

根据上述题目写出模式 T 改进前后的 next 数组的值，并将代码和运行结果填入下栏，或者将截图粘贴于此。

总结考评

单元总结

单元小结

1．串是由零个或多个字符组成的有限序列。

2．BF 算法的优点是简单直接，缺点是效率较低。

3．KMP 算法是对 BF 算法的改进，过滤掉重复的部分，在一定程度上提高了效率。

4．串在信息检索、文本编辑、机器翻译、词法扫描、符号处理及定理证明等领域得到广泛应用，是数据处理领域最重要的数据类型之一。

单元任务复盘

1．**目标回顾**

2．**结果评估（一致、不足、超过）**

3．**原因分析（可控的、不可控的）**

4. 经验总结

过程考评

<table>
<tr><td rowspan="3">基本信息</td><td>姓名</td><td></td><td>班级</td><td colspan="2"></td><td>组别</td><td></td></tr>
<tr><td>学号</td><td></td><td>日期</td><td colspan="2"></td><td>成绩</td><td></td></tr>
<tr><td>序号</td><td>项目</td><td colspan="2">任务完成情况
完成 | 未完成</td><td colspan="2"></td><td>标准分</td><td>评分</td></tr>
</table>

类别	序号	项目	完成	未完成	标准分	评分
教师考评内容（50 分+）	1	资讯			5 分	
	2	计划与决策			10 分	
	3	代码编写			10 分	
	4	代码调试			10 分	
	5	想一想			5 分	
	6	练一练			5 分	
	7	做一做			5 分	
	8*	拓展学习			ABCD	
	考评教师签字：				日期：	
小组考评内容（25 分）	1	主动参与			5 分	
	2	积极探究			5 分	
	3	交流协作			5 分	
	4	任务分配			5 分	
	5	计划执行			5 分	
	小组长签字：				日期：	
自我评价内容（25 分）	1	独立思考			5 分	
	2	动手实操			5 分	
	3	团队合作			5 分	
	4	习惯养成			5 分	
	5	能力提升			5 分	
	本人签字：				日期：	

撷英拾萃

古诗欣赏

回文诗（Palindromic Verses）也叫作“爱情诗”“回环诗”“回纹诗”等。它是汉语诗歌中特有的一种使用词序回环往复的修辞方法的文体，称为“回文体”。古人的释义：“回文诗，回复读之，皆歌而成文也。”在创作手法上，回文诗突出反复咏叹的艺术特色，以达到其“言志述事”的目的，产生强烈的回环叠咏的艺术效果。

莺啼岸柳弄春晴，柳弄春晴夜月明。
明月夜晴春弄柳，晴春弄柳岸啼莺。

春景诗

香莲碧水动风凉，水动风凉夏日长。
长日夏凉风动水，凉风动水碧莲香。

夏景诗

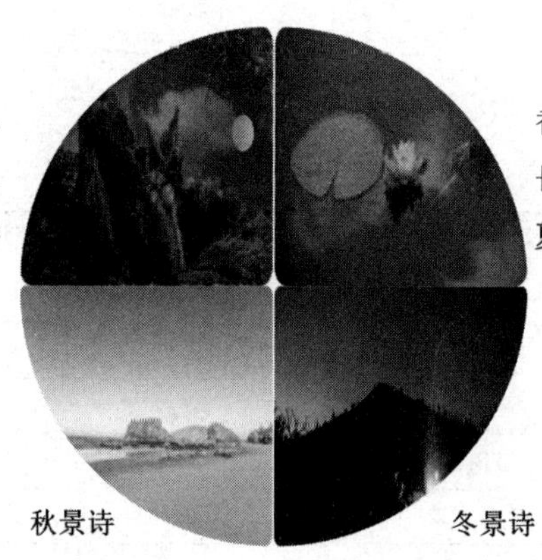

秋景诗

秋江楚雁宿沙洲，雁宿沙洲浅水流。
流水浅洲沙宿雁，洲沙宿雁楚江秋。

冬景诗

红炉透炭炙寒风，炭炙寒风御隆冬。
冬隆御风寒炙炭，风寒炙炭透炉红。

模式分析：

A	B	C	D	E	F	G	,	D	E	F	G	H	I	J
J	I	H	G	F	E	D	,	G	F	E	D	C	B	A

试分析以下对联的模式：

黄	山	落	叶	松	叶	落	山	黄	，	西	川	凤	栖	山	栖	凤	川	西	。
上	海	自	来	水	来	自	海	上	，	京	北	输	油	管	油	输	北	京	。
海	南	护	卫	舰	卫	护	南	海	，	下	山	牧	马	人	马	牧	山	下	。
山	西	悬	空	寺	空	悬	西	山	，	香	山	碧	云	寺	云	碧	山	香	。

模式分析：

读书笔记

Unit 07

哈夫曼编码

主体教材

任务目标

知识目标

（1）理解和运用数组、**树**、**二叉树**等。

（2）认识、理解和运用**哈夫曼树及哈夫曼编码算法**。

（3）运用大 O 表示法分析哈夫曼树编码算法的**时间复杂度**。

能力目标

（1）熟练使用一门高级编程语言的能力，例如 C、C++、C#、Java 等。

（2）编写和调试哈夫曼编码算法代码的能力。

（3）具备在小组活动中，运用简洁的专业术语与小组成员有效交流、沟通的能力。

素质目标

（1）养成细致、耐心的习惯。

（2）能够发现代码调试中的逻辑问题，有较强的预测结果能力。

（3）学会倾听小组成员的想法和观点，支持、配合小组成员的工作。

任务导入

用于通信的电文字符集{A,B,C,D,E,F,G,H}由 8 种字符构成，它们在电文中出现频度的百分比分别为{9,25,6,16,7,5,24,8}[①]。试为这组字符集设计二进制最优前缀编码，即频度高的字符编码设置短，频度低的字符编码设置长。

① 本书的频度的百分比省略百分号。

相关知识

树

树（Tree）型结构是一类非常重要的非线性结构，它可以很好地反映客观世界中广泛存在的具有分支关系或层次特性的对象。

1. **树的定义**

树是 n（$n \geqslant 0$）个节点的有限集合。当 $n=0$ 时，称为空树；任意一棵非空树满足以下两个条件。

（1）有且仅有一个特定的称为根（Root）的节点。

（2）当 $n>1$ 时，除根节点之外的其余节点被分成 m（$m>0$）个互不相交的有限集合 $T_1,T_2,\cdots,T_m$，其中每个集合又是一棵树，并称为这个根节点的子树（Subtree）。

显然，一棵非空树是由根及若干的子树组成的，而子树又是由其根和若干更小的子树组成的。这种在树的定义中又用到了树的概念，称为递归定义，树的结构和非树结构如图 7-1 所示。

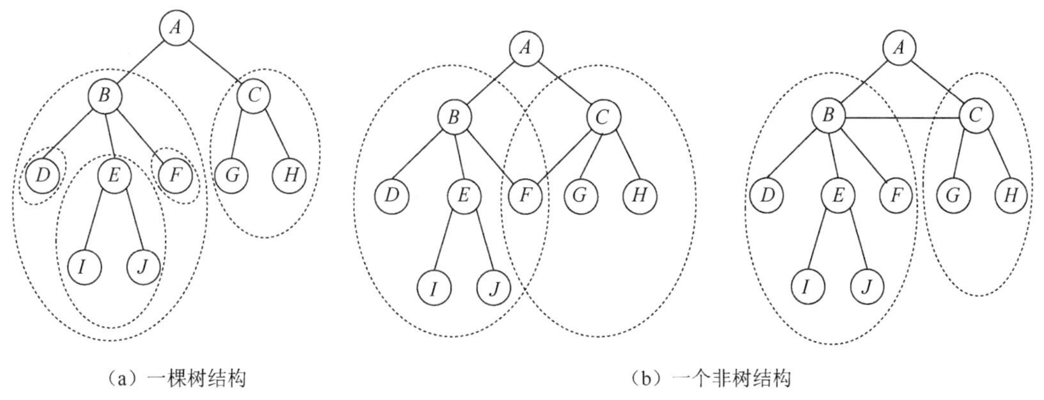

图 7-1　树的结构和非树结构

2. **树的相关概念**

（1）节点、节点的度、树的度。

树的节点（Node）包含一个数据元素及若干个指向其子树的分支。一个节点所拥有子树的个数称为该节点的度（Node Degree）。树中各节点度的最大值称为该树的度（Tree Degree）。

（2）叶子、分支节点。

度为零的节点称为终端节点、叶（Leaf）节点或叶子。度不为零的节点称为非终端或分支（Branch）节点。

（3）孩子、双亲、兄弟。

一个节点子树的根节点称为该节点的孩子（Children）。反过来，该节点称为其孩子的双亲（Parent）节点。具有相同双亲的孩子互称为兄弟（Brother）。

（4）路径、路径长度。

如果树的节点序列$\{n_1,n_2,\cdots,n_k\}$满足以下关系：前一个节点是其后一个节点的双亲节点，即节点 n_i 是节点 n_{i+1} 的双亲（其中，$1\leqslant i<k$），则把 $n_1,n_2,\cdots,n_k$ 称为一条由 n_1 至 n_k 的路径（Path）；路径上经过边的个数称为路径长度（Path Length）。路径是唯一的。

（5）祖先、子孙。

如果从节点 X 到节点 Y 有一条路径，那么节点 X 称为节点 Y 的祖先（Ancestor），而节点 Y 称为节点 X 的子孙（Descendant）。

（6）节点的层次、树的高度（深度）。

规定根节点的层次（Level）为 1，那么对于其余任何节点：如果某节点在第 k 层，则其孩子在第 k+1 层。树中所有节点的最大层次称为数的高度或深度（Depth）。双亲在同一层的节点互为堂兄弟（Sibling-in-Low）。

（7）层序编号。

将树中节点按照从上到下、同层从左到右的次序依次编以从 1 开始的连续自然数称为层序编号（Level Code）。通过层序编号把非线性结构的树变成了线性结构的线性表。

（8）有序树、无序树。

如果一棵树中节点的各个子树从左到右是有次序的，则称这棵树为有序树（Ordered Tree）；反之，称为无序树（Unordered Tree）。如图 7-2 所示，若 T_1 和 T_2 是有序树，则它们为两棵不同的树。

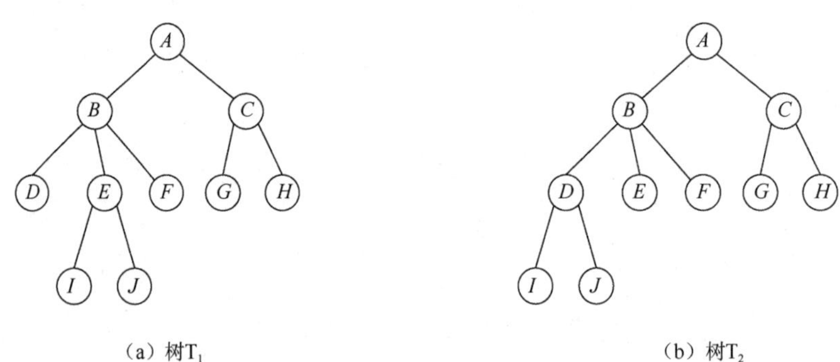

（a）树T_1　　（b）树T_2

图 7-2　有序树和无序树

（9）同构。

对于两棵树，如果通过对节点的更名，就可以使得这两棵树完全相等，这种节点的位置完全相同的树称为**同构**（Isomorphic）树。若图 7-2 所示的 T_1 和 T_2 是无序树，则两棵树同构。

（10）森林。

m（$m\geqslant0$）棵互不相交树的集合构成森林（Forest）。

（11）树的 4 种表示形式，如图 7-3 所示。

(A (B (D, E, F), C (G)

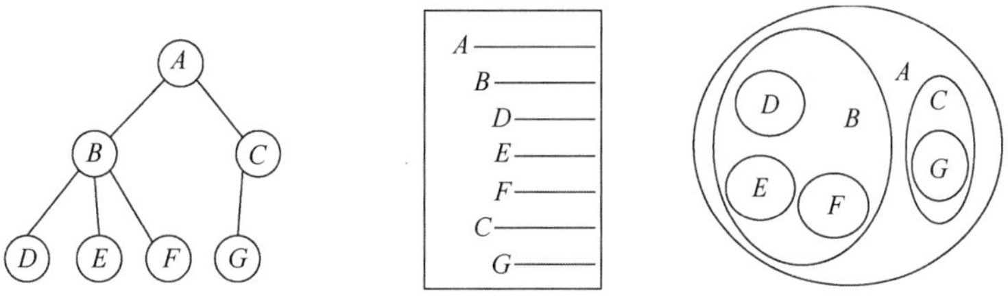

(a) 广义表

(b) 树形图

(c) 凹入表

(d) 嵌套表

图 7-3 树的 4 种表示形式

3. 树的逻辑特征

(1) 树中的任何一个节点都可以有零个或多个后继节点，但至多只能有一个前驱节点。

(2) 树中只有根是没有前驱节点的开始节点；叶节点是终端节点，没有后继。

(3) 祖先与子孙的关系是父子关系的延拓，它定义了树中节点之间的纵向次序。

(4) 在有序树中，同一组兄弟节点从左到右有长幼之分。对这一关系的延拓，规定如果 k_1 和 k_2 是兄弟，且 k_1 在 k_2 的左边，则 k_1 的任一子孙都在 k_2 的任一子孙的左边，这就定义了树中节点之间的横向次序。

4. 树的遍历

由树的定义可知，树是由根节点和 m 个子树构成的，只要依次遍历根节点和它的 m 棵子树，就遍历了这棵树。树的遍历通常有以下 3 种方式。

(1) 先序遍历。

如果树为空，则空操作返回；否则进行以下操作：

- 访问根节点；
- 按照从左到右的顺序先序遍历根节点的每一棵子树。

图 7-3 所示的树的先序遍历结果为 A、B、D、E、F、C、G。

(2) 后序遍历。

如果树为空，则空操作返回；否则进行以下操作：

- 按照从左到右的顺序后序遍历根节点的每一棵子树；
- 访问根节点。

图 7-3 所示的树的后序遍历结果为 D、E、F、B、G、C、A。

(3) 层序遍历。

如果树为空，则空操作返回；否则进行以下操作：

- 从树的第一层根节点开始，自上而下逐层遍历；
- 同层次中按从左到右的顺序逐次访问节点。

树的层序遍历也称为树的广度优先遍历。

图 7-3 所示的树的层序遍历结果为 A、B、C、D、E、F、G。

5. 树的存储结构

（1）双亲顺序表。

如图 7-4 所示，data 存储树中节点的数据，parent 存储该节点的双亲在数组中的下标，当值为-1 时表示该节点是树的根节点。

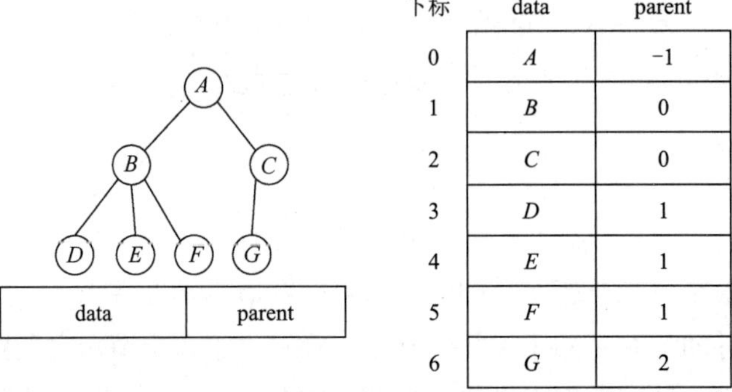

下标	data	parent
0	*A*	−1
1	*B*	0
2	*C*	0
3	*D*	1
4	*E*	1
5	*F*	1
6	*G*	2

图 7-4　树的双亲顺序表存储结构

（2）孩子链表。

如图 7-5 所示，在表头节点结构中，data 存储树中节点的数据，firstchild 存储该节点孩子单链表的头指针；在孩子节点结构中，child 存储树中节点孩子在表头数组中的下标，next 存储指向该节点下一个孩子的指针。

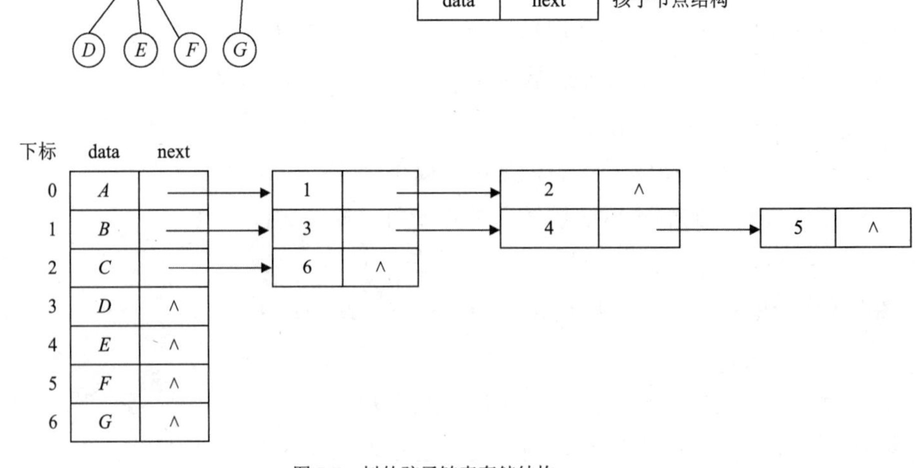

图 7-5　树的孩子链表存储结构

（3）二叉链表。

如图 7-6 所示，在二叉链表节点结构中，data 存储树中节点的数据，firstchild 指向该节点的第一个孩子的指针，rightsib 指向该节点下一个兄弟的指针。

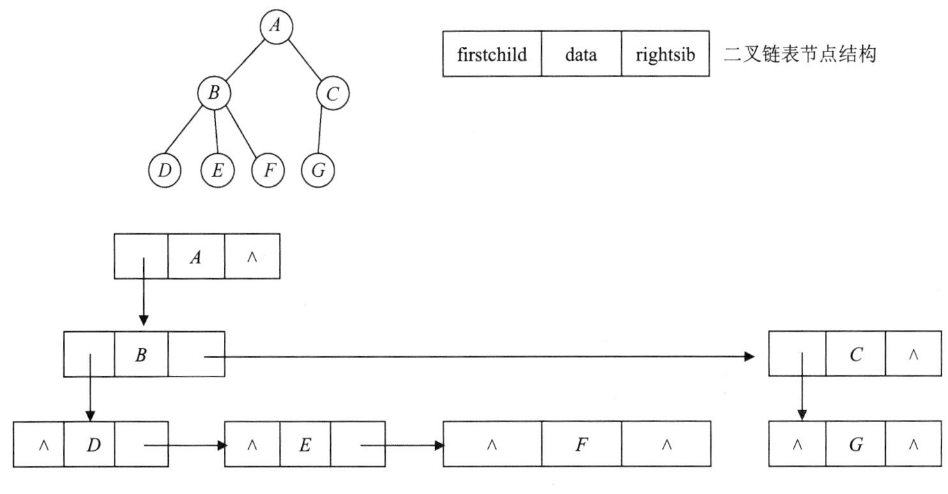

图 7-6 树的二叉链表存储结构

二叉树

二叉树（Binary Tree）是最重要的树形结构，也是最简单的树形结构，由于其存储结构具有规范性和确定性，算法也相对简单，所以特别适用于计算机处理。任何树都可以转化为二叉树。

1. 定义

二叉树是 n（$n \geqslant 0$）个节点的有限集合。当 n=0 时，称为空二叉树。任意一棵非空树满足以下两个条件。

（1）有且仅有一个特定的称为根的节点。

（2）当 n>1 时，除根节点之外的其余节点最多被分成两个互不相交的有限集合，其中每一个集合又是一棵树，并称为这个根节点的左子树和右子树。

2. 二叉树的 5 种基本形态

图 7-7 所示为二叉树的 5 种基本形态。

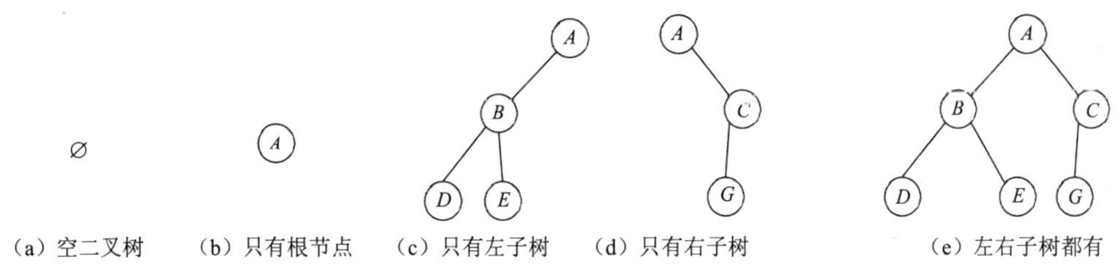

图 7-7 二叉树的 5 种基本形态

3. 二叉树的 3 种特殊形态

（1）斜树。

定义：所有节点都只有左（或右）子树称为斜树（Oblique Tree）。

特点：每层的节点数是 1，节点个数等于树的深度。

（2）满二叉树。

定义：一棵深度为 k 且节点数是 $2k-1$ 的二叉树称为满二叉树（Full Binary Tree）。

特点：每层的节点数都达到最大值，它是同一深度下节点个数最多的二叉树。

（3）完全二叉树。

定义：对一棵具有 n 个节点的二叉树按照层序编号，如果编号为 i（$1 \leqslant i \leqslant n$）的节点与同样深度的满二叉树中编号为 i 的节点在二叉树中的位置完全相同，则称这棵二叉树为完全二叉树（Complete Binary Tree）。

特点：满二叉树是完全二叉树，反过来，完全二叉树却不一定是满二叉树。

4. 二叉树性质

性质 1 在二叉树的第 i 层上至多有 2^{i-1} 个节点（$i \geqslant 1$），如图 7-8 所示。

性质 2 深度为 k 的二叉树至多有 2^k-1 个节点（$k \geqslant 1$），如图 7-8 所示。

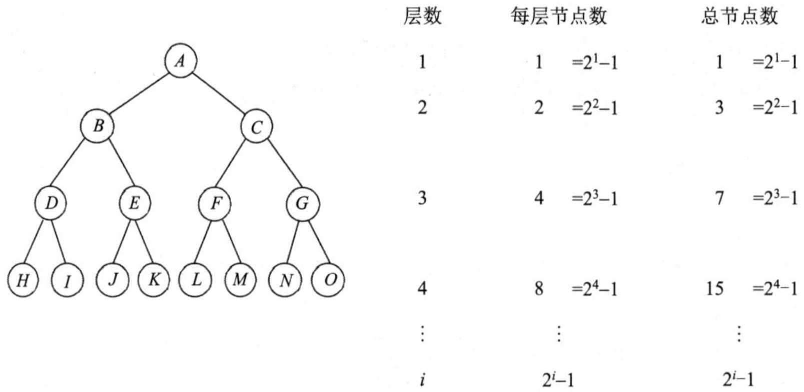

图 7-8 二叉树的各层至多节点数及总节点数

性质 3 对任何一棵二叉树 T，如果其叶节点数为 n_0，度为 2 的节点数为 n_2，则 $n_0 = n_2+1$。

例题 07-01 证明性质 3。

设：二叉树度为 1 的节点数为 n_1，二叉树的节点总数为 n，则有

$$n= n_0+ n_1 + n_2 \tag{7-1}$$

度为 0 的节点没有孩子，度为 1 的节点有 n_1 个孩子，度为 2 的节点有 $2\times n_2$ 个孩子，则二叉树的孩子总数为 $n_1+ 2n_2$。二叉树的节点总数为孩子总数加上 1 个根节点，即

$$n= n_1+ 2n_2 + 1 \tag{7-2}$$

由式（7-2）减去式（7-1）得

$$n_0=n_2+1$$

故命题成立。

性质 4 具有 N 个节点的完全二叉树的深度为 $\lfloor \log_2 N \rfloor +1$。

性质 5 对于一棵具有 n 个节点的完全二叉树，其节点从 1 开始按层序编号，则对任意的编号为 i（$1 \leqslant i \leqslant n$）的节点，有以下几种情况。

（1）如果 $i>1$，则节点 i 的双亲编号为 $\lfloor i/2 \rfloor$；否则节点 i 是根节点，无双亲。

（2）如果 $2i \leqslant n$，则节点 i 的左孩子编号为 $2i$；否则节点 i 无左孩子，且该节点是叶节点。

（3）如果 $2i+1 \leqslant n$，则节点 i 的右孩子编号为 $2i+1$；否则节点 i 无右孩子。

5. 二叉树的遍历

二叉树最基本的操作就是二叉树的遍历。由二叉树的定义可知，树由根节点和它的左右两个子树构成，那么只要依次遍历根节点和它的左右子树，就遍历了这棵树。二叉树的遍历通常有以下 4 种方式。

（1）先序遍历（Preorder Traversal）又称为先根遍历或前序遍历。

如果二叉树为空，则空操作返回；否则进行以下操作：

- 访问根节点。
- 先序遍历根节点的左子树。
- 先序遍历根节点的右子树。

图 7-8 所示的树的先序遍历结果为 *A*、*B*、*D*、*H*、*I*、*E*、*J*、*K*、*C*、*F*、*L*、*M*、*G*、*N*、*O*。

（2）中序遍历（Inorder Traversal）又称为中根遍历。

如果二叉树为空，则空操作返回；否则进行以下操作：

- 中序遍历根节点的左子树。
- 访问根节点。
- 中序遍历根节点的右子树。

图 7-8 所示的树的先序遍历结果为 *H*、*D*、*I*、*B*、*J*、*E*、*K*、*A*、*L*、*F*、*M*、*C*、*N*、*G*、*O*。

（3）后序遍历（Postorder Traversal）又称为后根遍历。

如果二叉树为空，则空操作返回；否则进行以下操作：

- 后序遍历根节点的左子树。
- 后序遍历根节点的右子树。
- 访问根节点。

图 7-8 所示的树的后序遍历结果为 *H*、*I*、*D*、*J*、*K*、*E*、*B*、*L*、*M*、*F*、*N*、*O*、*G*、*C*、*A*。

（4）层序遍历又称为层次遍历。

如果二叉树为空，则空操作返回；否则进行以下操作：

- 从二叉树的第一层根节点开始，自上而下逐层遍历。
- 同层次中按从左到右顺序访问节点。

图 7-8 所示的树的层序遍历结果为 *A*、*B*、*C*、*D*、*E*、*F*、*G*、*H*、*I*、*J*、*K*、*L*、*M*、*N*、*O*。

6. 二叉树存储结构

（1）二叉树顺序表。

二叉树顺序表（BiTree Sequential List）存储是先通过增添“虚节点”，使一般二叉树“成为”一棵完全二叉树，再以一组连续空间按照层序存储二叉树的所有节点（包括虚增的节点），如图 7-9 所示。

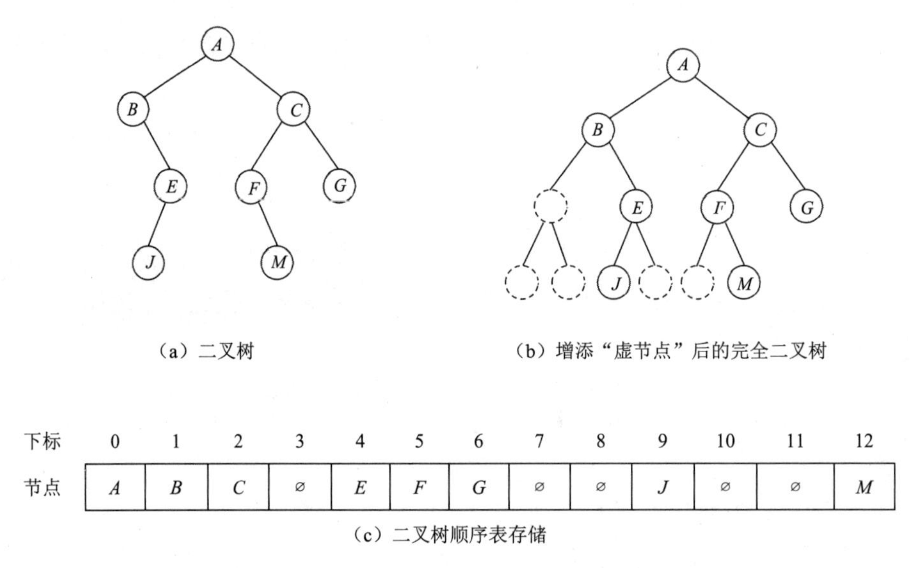

（a）二叉树　　（b）增添“虚节点”后的完全二叉树

下标	0	1	2	3	4	5	6	7	8	9	10	11	12
节点	*A*	*B*	*C*	∅	*E*	*F*	*G*	∅	∅	*J*	∅	∅	*M*

（c）二叉树顺序表存储

图 7-9　二叉树及其顺序存储结构

二叉树顺序表的类型定义如下：

```
#define BiTree_Size 100            // 二叉树中节点数的最大值
typedef ElemType SqBiTree[BiTree_Size];
```

特点：由于一般二叉树需要“虚节点”转化为完全二叉树，因此会增加一定的存储空间开销；在删除和插入操作过程中，需要移动节点，当树中节点个数较大时，时间的花销相当可观。

（2）二叉链表。

二叉链表（Binary Linked List）存储二叉树，每个节点是同构的，除了存储数据的数据域，还有分别指向其左右两个孩子的指针域，如图 7-10 所示。

二叉链表的类型定义如下：

```
Typedef  struct  BiTNode{
     ElemType  data;
     struct  BiTNode  *lchild,*rchild;        // 节点左右孩子指针
} BiTNode ;
```

特点：二叉链表由根指针 T 唯一确定，如果节点的某个孩子不存在，则相应的指针为空，如果 T=NULL 则称为一棵空二叉树。如果二叉树有 n 个节点，则二叉树有 $2n$ 个指针域，且只有 n-1 个指针指向其孩子，其余 n+1 个指针域为空。在二叉链表中，从某个节点出发可以直接访问其孩子，反过来，要找到它的双亲节点，需要从根节点开始查找，最坏

的情况是需要遍历整个二叉链表。

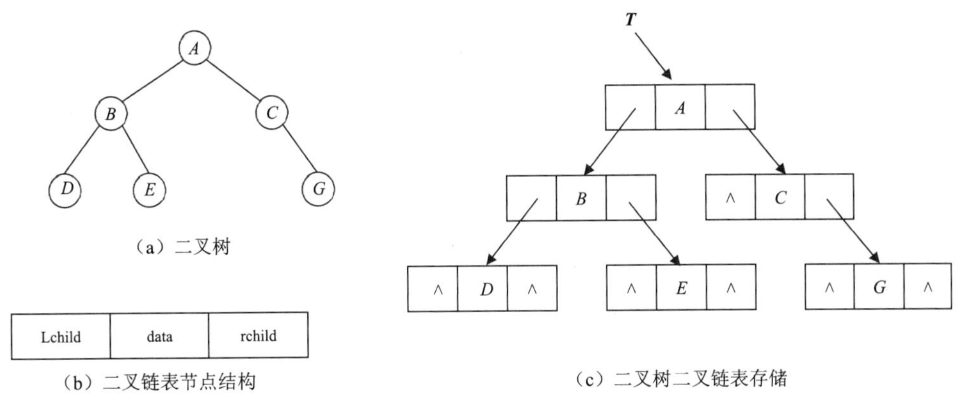

图 7-10 二叉树及其二叉链表存储结构

树和二叉树的转换

1. 树转换为二叉树

将一棵树转换为二叉树的方法如下。

(1) 加线：在树中所有相邻兄弟节点之间加一条连线，如图 7-11 (b) 所示。

(2) 抹线：对树中的每个节点保留其与第一个孩子的连线，抹掉与其他孩子的连线，如图 7-11 (c) 所示。

(3) 调整：通过旋转等将转换后二叉树调整为层次排列的二叉树，如图 7-11 (d) 所示。

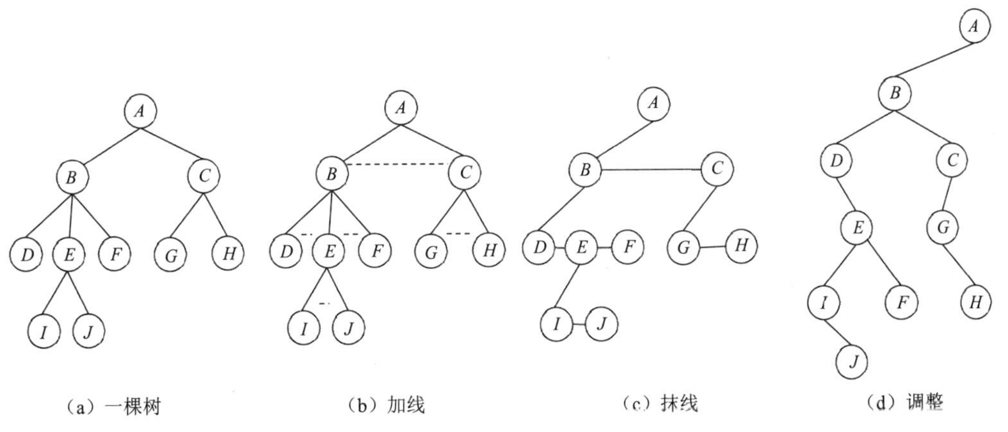

图 7-11 树转换为二叉树的过程

2. 二叉树还原为树

将一棵没有右子树的二叉树还原为树的方法如下。

（1）加线：在树中所有节点的双亲与该节点的右链上所有节点间加一条连线，如图 7-12（b）所示。

（2）抹线：抹掉树中每个节点与右孩子的连线，如图 7-12（c）所示。

（3）调整：通过旋转等将还原后的树调整为按层次排列的树，如图 7-12（d）所示。

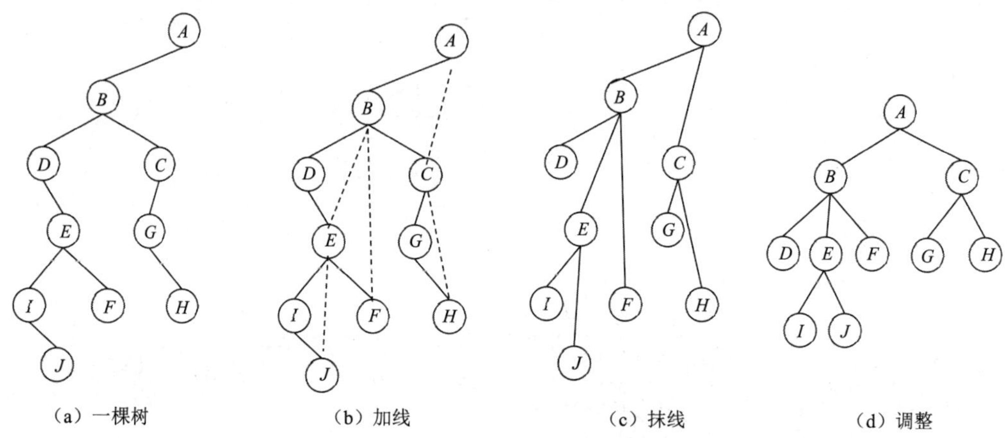

图 7-12　二叉树还原成树的过程

3. 树的遍历与转换为二叉树的遍历的关系

（1）树的先序遍历对应二叉树的先序遍历。

对于图 7-12（a）中树的先序遍历和图 7-12（d）中转换的二叉树的先序遍历结果为 *A*、*B*、*D*、*E*、*I*、*J*、*F*、*C*、*G*、*H*。

（2）树的后序遍历对应二叉树的中序遍历。

对于图 7-12（a）中树的后序遍历和图 7-12（d）中转换的二叉树的中序遍历结果为 *D*、*I*、*J*、*E*、*F*、*B*、*G*、*H*、*C*、*A*。

（3）树的层序遍历不对应二叉树的任何遍历。

森林和二叉树的转换

1. 森林转换为二叉树

将森林转换为二叉树的方法如下。

（1）转换：将森林中的每棵树都转换为二叉树，如图 7-13（b）所示。

（2）连线：从第二棵树开始，依次将后一棵树作为前一棵树的右子树，如图 7-13（c）所示。

（3）调整：通过旋转等将转换后的二叉树调整为按层次排列的二叉树，如图 7-13（d）所示。

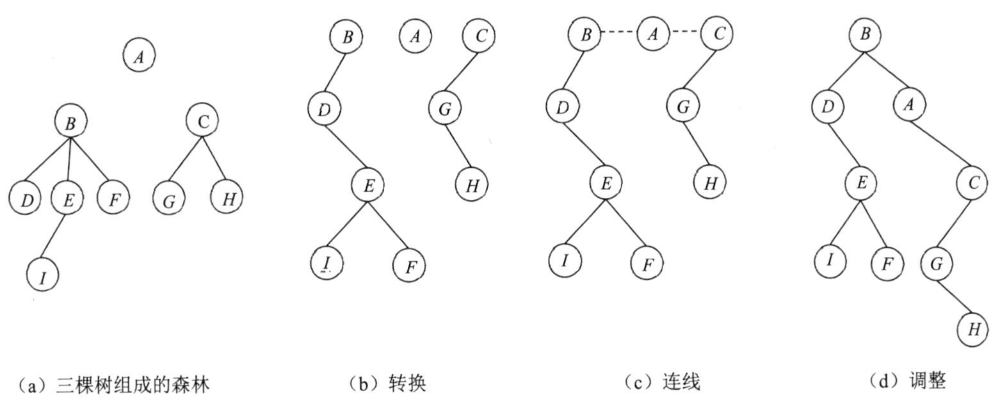

图 7-13 森林转换为二叉树的过程

2. 二叉树还原为森林

将一棵二叉树还原为森林的方法如下。

(1) 抹线：在二叉树中抹掉根节点右链上每个节点之间的连线，如图 7-14（b）所示。

(2) 还原：将每棵子二叉树还原成树，如图 7-14（c）所示。

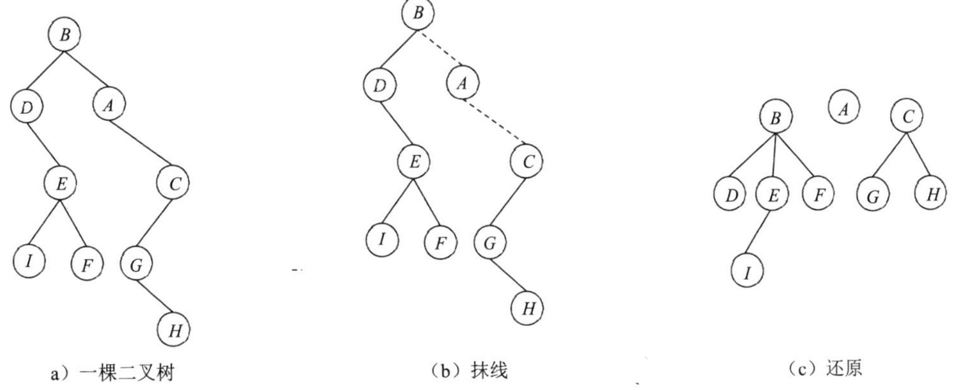

图 7-14 二叉树还原为森林的过程

3. 森林的遍历与转换为二叉树的遍历的关系

(1) 森林的先序遍历对应二叉树的先序遍历。

对于图 7-13（a）的森林中先序遍历和图 7-13（d）中转换的二叉树的先序遍历结果为 *B*、*D*、*E*、*I*、*J*、*F*、*A*、*C*、*G*、*H*。

(2) 森林的后序遍历对应二叉树的中序遍历。

对于图 7-13（a）中的森林的后序遍历和图 7-13（d）中转换的二叉树的中序遍历结果为 *D*、*I*、*J*、*E*、*F*、*B*、*A*、*G*、*H*、*C*。

(3) 森林的层序遍历不对应二叉树的任何遍历。

哈夫曼树（Huffman Tree）

哈夫曼树又称为最优二叉树，是德国数学家冯·哈夫曼在 1952 年给出的对于给定叶节点数目及其权值构造最优二叉树的方法。这种方法使用了回溯的思想，自底向上构建二叉树，避免了次优算法香农-范诺编码（Shannon-Fano Coding）的最大弊端——自顶向下构建二叉树。

1. 相关概念

路径：从树中一个节点到另一个节点之间的分支。

路径长度：路径上分支的数目。

树的路径长度：从树的根节点到每个节点的路径长度之和。

节点的权：树中节点被赋予某种意义的实数（如长度、质量、价值等）。

节点的带权路径长度（Weighted Path Length of Node）：从节点到根节点之间路径长度与节点上权的乘积。

树的带权路径长度（Weighted Path Length of Tree）：树中所有叶节点的带权路径长度之和，也称为树的代价，通常用下式表示。

$$\mathrm{WPL}=\sum\nolimits_{i=1}^{n}\left(\omega_i \times l_i\right) \tag{7-3}$$

其中，n 表示叶节点的数目；ω_i 表示叶节点 K_i 的权值；l_i 表示叶节点 K_i 到根节点的路径长度。图 7-15 所示为叶节点相同但 WPL 值不同的二叉树。

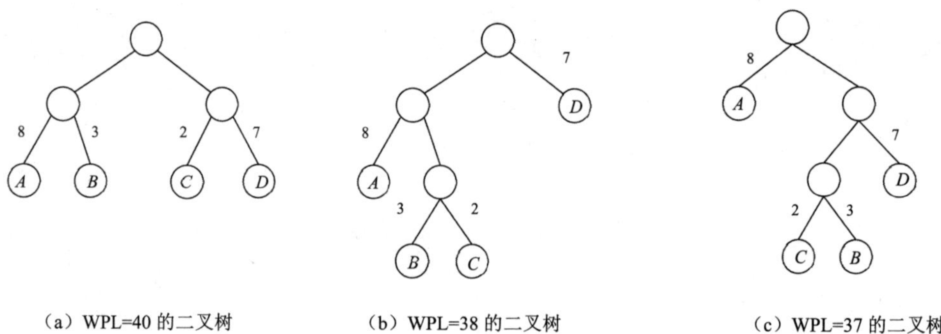

图 7-15　叶节点相同但 WPL 值不同的二叉树

2. 哈夫曼树的定义

在权为 $\omega_1,\omega_2,\cdots,\omega_n$ 的 n 个叶节点构成的二叉树中，带权路径长度 WPL 最小（代价最小）的二叉树称为哈夫曼树，或者称为最优二叉树。

3. 哈夫曼树的特点

（1）权越大，距离根越近。

（2）哈夫曼树的形态不唯一，其带权路径长度（WPL）最短。

4. 哈夫曼算法

哈夫曼算法构造最优二叉树的方法如下。

（1）初始化。

根据给定的 n 个权值 $\{\omega_1,\omega_2,\cdots,\omega_n\}$ 构成 n 棵二叉树的森林 $F=\{T_1,T_2,\cdots,T_n\}$，其中每棵二叉树 T_i 中只有一个带权 ω_i 的根节点，左右子树均空。

（2）找最小树。

在 F 中选择两棵根节点权值最小的树作为左右子树构造一棵新的二叉树，且新增的二叉树的根节点的权值为其左右子树根节点的权值之和。

（3）删除与加入。

在 F 中删除这两棵树，并将新的二叉树加入 F 中。

（4）重复。

重复步骤（2）和步骤（3），直到森林 F 中只剩下一棵树为止，即完成了哈夫曼树的构造。

5. 哈夫曼树的存储结构

（1）哈夫曼树顺序表存储。

哈夫曼树顺序表（Huffman Tree Sequential List）是用一个大小为 2n-1 的一位数组存储哈夫曼树。因为编码需要记录下从叶节点出发到根的路径，同时解码需要记录从根出发到每个叶节点的路径，所以既需要知道其双亲节点的信息，又需要知道其孩子的信息。如图 7-16 所示，假设以一组连续空间存储哈夫曼树的节点，同时在每个节点中附设 3 个指示器分别记录其双亲和左右孩子的信息。

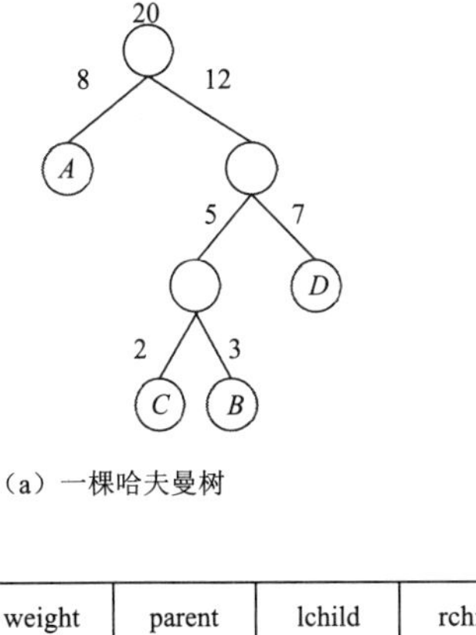

（a）一棵哈夫曼树

weight	parent	lchild	rchild

（b）哈夫曼树顺序表数组元素结构

字符	下标	weight	parent	lchild	rchild
A	0	8	6	-1	-1
B	1	3	4	-1	-1
C	2	2	4	-1	-1
D	3	7	5	-1	-1
	4	5	5	2	1
	5	12	6	4	1
	6	20	-1	0	5

（c）哈夫曼树顺序表存储

图 7-16　哈夫曼树顺序存储结构

（2）哈夫曼树顺序表的类型定义如下：

```
typedef struct{
   char ch;                            // 字符
```

```
    int weight;                                    // 权值
    int parent, lchild, rchild;                    // 双亲及左右孩子节点指针
} HNodeType;
typedef HNodeType HuffmanTree[MaxSize];            // 哈夫曼树顺序表（一维数组）
```

6. **构造哈夫曼树**

由 n 棵只有根节点的树组成的森林 F 构造成哈夫曼树，设 $m=2n-1$，哈夫曼树顺序表为 HT。

（1）初始化。

将 HT[0..$m-1$]中 $2n-1$ 个分量里的双亲及左右孩子域均置为−1，权值置为 0。

（2）输入权。

读入 n 个叶节点的权值，并存于 HT 的前 n 个分量（HT[0..$n-1$]）中。它们是初始森林 F 中 n 个孤立根节点。

（3）合并树。

对森林 F 中的二叉树进行 $n-1$ 次合并，将产生的新节点依次放入 HT 的第 i 个分量中（$n \leqslant i \leqslant m-1$）。每次合并分为以下两步。

- 在当前 HT[0..$i-1$]的所有分量中，选取权值最小和次小的两个分量 HT[s_1]和 HT[s_2]作为合并对象（$0 \leqslant s_1$，$s_2 \leqslant i-1$）。
- 将 HT[s_1]和 HT[s_2]作为左右子树合并为一个新二叉树，新二叉树的根为 HT[i]。

显然，HT 的前 n 个分量表示叶节点，最后一个分量表示根节点。

例题 07-02 有 4 棵只有根节点且权值为{8,3,2,7}的树，试画出构造一棵哈夫曼树的过程。

图 7-17 所示为哈夫曼树的构造过程，其中为了区别叶节点与合并后的新树，用圆圈表示叶节点，而用方框表示合并后树的根节点。

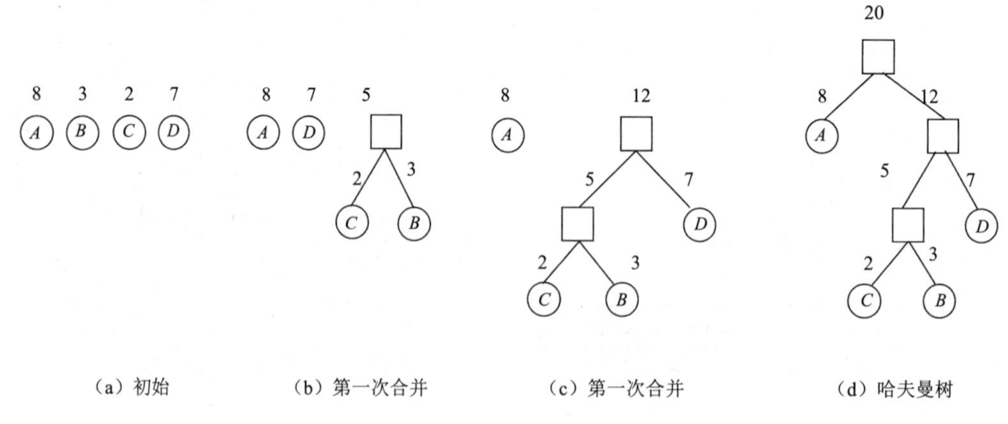

图 7-17　哈夫曼树的构造过程

哈夫曼编码（Huffman Code）

1. 相关概念

编码和解码：数据的压缩过程称为编码（Code），即将文件中的每个字符均转换为唯一的二进制位串；数据还原过程称为解码（Decode），即将二进制位串转换为对应的字符。

等长编码与变长编码：将给定大小为 n 的字符集 C 中的每个字符设置同样码长，即 $\log_2 n$ 取整，称为等长编码（Equal Length Code）；将频度高的字符设置较短的编码，将频度低的字符设置较长的编码，称为变长编码（Variational Length Code）。

前缀编码和最优前缀编码：对字符进行编码时，要求字符集中任一字符的编码都不是其他字符编码的前缀，称为前缀编码（Prefix Code），等长编码是一个前缀编码；平均码长或文件总长最小的前缀编码，称为最优前缀编码（Optimization Prefix Code）。

2. 哈夫曼编码的定义

哈夫曼编码是以字符 c_i 作为叶节点，ω_i 作为叶节点 c_i 的权值，构造一棵哈夫曼树，并将树中左分支和右分支分别标记为 0 和 1；将从根节点出发到叶节点路径上各分支 0 和 1 组成的字符串，作为表示该叶节点的字符编码。

3. 哈夫曼编码的存储结构

（1）哈夫曼编码顺序表的定义。

采用一维数组来存储各字符的编码，每个数组元素对应一个字符及编码，采用这种存储结构的哈夫曼编码称为哈夫曼编码顺序表（Huffman Code Sequential List）。哈夫曼编码的存储结构如图 7-18 所示。

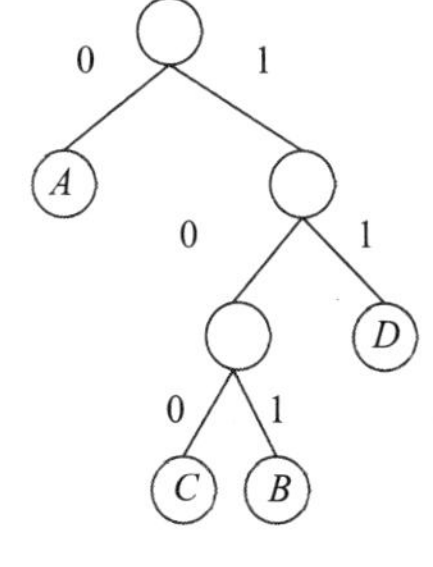

（a）一棵哈夫曼树

字符	下标	bits[0]	bits[1]	bits[2]	bits[3]
A	0				0
B	1		1	0	1
C	2		1	0	0
D	3			1	1

（c）哈夫曼树顺序表存储

bits[0]	bits[1]	…	bits[n−1]

（b）哈夫曼编码顺序表元素结构

图 7-18　哈夫曼编码的存储结构

（2）哈夫曼编码顺序表的类型定义如下：

```
typedef struct {
     int bits[MaxBit];              // 存放编码位串（0、1 的组合）
     int start;                     // 存放编码位串起始位
} HCodeType;
```

4. **构造哈夫曼编码**

算法设计如下。

（1）在给定字符集的哈夫曼树 HT 生成之后，依次从叶节点 HT[i]（$0 \leqslant i \leqslant n-1$）出发，向上回溯至根为止。

（2）当向上回溯时，走左分支生成代码 0，走右分支生成代码 1。

（3）由于回溯生成的编码与哈夫曼编码反序，因此设置临时数组 cd 依次存放回溯生成的代码，并设置一个指针 start 指示编码在数组 cd 中的起始位置（start 初始时是数组 cd 的最后一位，下标为 $n-1$）。

（4）当某个字符编码完成时，将叶节点的编码和编码的起始位保存下来。

（5）从起始位开始，输出叶节点的哈夫曼编码。

算法分析如下。

该算法的执行时间依赖于对 n 个字符构造它们的哈夫曼编码。求解一个字符哈夫曼编码的时间是以叶节点为出发点，向上回溯到根为止，最长路径长度为 $n-1$，其时间复杂度为 $O(n)$；n 个字符的时间复杂度为 $O(n^2)$。

任务工单

任务情境

设用于通信的电文字符集{A,B,C,D,E,F,G,H}由 8 种字符构成，它们在电文中出现频度的百分比分别为{9,25,6,16,7,5,24,8}。

（1）试为这 8 个字符设计哈夫曼编码。

（2）如果采用 3 位二进制数对这 8 位字符进行等长编码，则哈夫曼编码的平均码长是等长编码的百分之几？

（3）哈夫曼编码比等长编码的电文总长平均压缩了多少？

算法分析

1. **构造哈夫曼树**

用 8 个字符作为叶节点，它们在电文中出现频度的百分比作为各个叶节点的权值，构造一棵哈夫曼树。哈夫曼树的构造过程如图 7-19 所示。其中，圆圈表示叶节点，方框表示后的新节点，数字代表节点的权值。

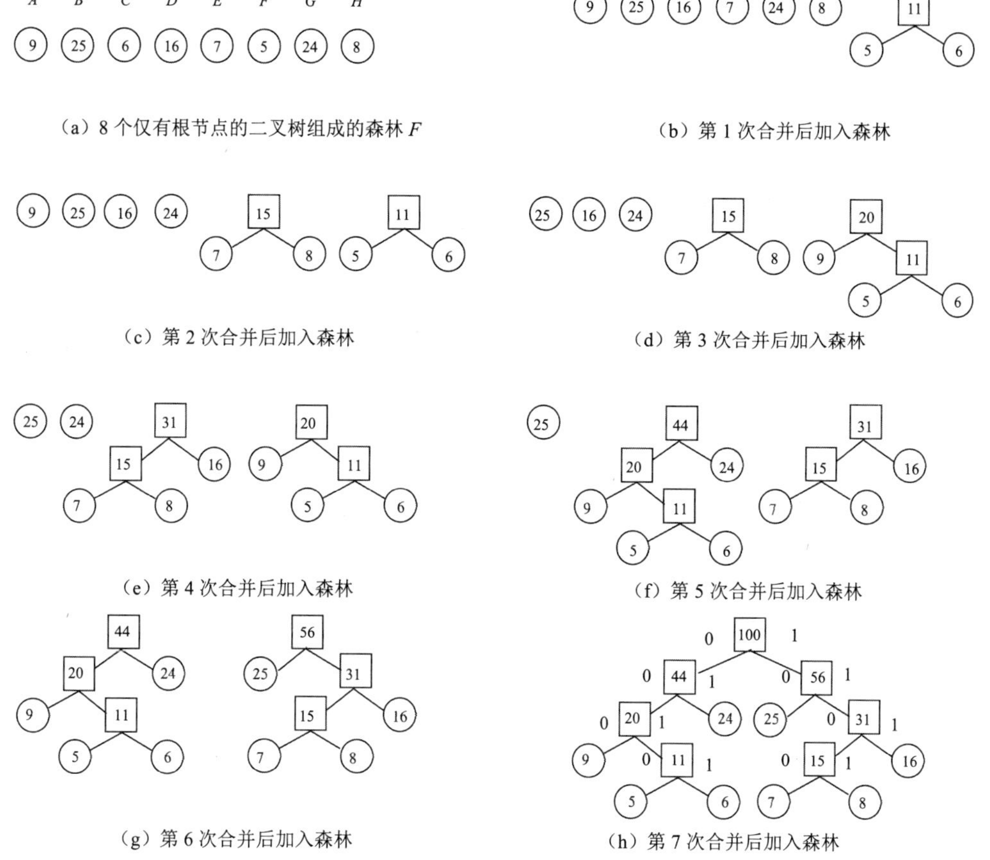

（a）8 个仅有根节点的二叉树组成的森林 *F*　（b）第 1 次合并后加入森林

（c）第 2 次合并后加入森林　（d）第 3 次合并后加入森林

（e）第 4 次合并后加入森林　（f）第 5 次合并后加入森林

（g）第 6 次合并后加入森林　（h）第 7 次合并后加入森林

图 7-19　哈夫曼树的构造过程

2. 哈夫曼编码

将树中左分支和右分支分别标记为 0 和 1，如图 7-19（h）所示。将从根节点出发到叶节点路径分支上的二进制数组成字符串，作为该叶节点所表示字符的编码，如图 7-20 所示。

下标	字符	权值	哈夫曼编码	码长
0	*A*	9	000	3
1	*B*	25	10	2
2	*C*	6	0011	4
3	*D*	16	111	3
4	*E*	7	1100	4
5	*F*	5	0010	4
6	*G*	24	01	2
7	*H*	8	1101	4

图 7-20　哈夫曼编码

3. **编码长度计算**

设每个字符在整个文件中出现的频度为 ω_i，其编码长度为（二进制码位数）l_i，文件中可能出现的字符有 n 种，则整个文件的编码长度为

$$编码长度 = \sum_{i=1}^{n}(\omega_i \times l_i) \tag{7-4}$$

工单任务

<table>
<tr><td>任务名称</td><td>哈夫曼编码</td><td>完成时限</td><td>90min</td></tr>
<tr><td>学生姓名</td><td></td><td>小组成员</td><td></td></tr>
<tr><td>发出任务时间</td><td></td><td>接受任务时间</td><td></td></tr>
<tr><td>任务内容及要求</td><td colspan="3">已知：用于通信的电文字符集{A,B,C,D,E,F,G,H}由 8 种字符构成，它们在电文中出现频度的百分比分别为{9,25,6,16,7,5,24,8}。试为这 8 个字符设计哈夫曼编码，如果采用 3 位二进制数对这 8 位字符进行等长编码，则哈夫曼的平均码长是等长编码的百分之几？哈夫曼编码比等长编码的电文总长平均压缩了多少？
输入要求：用键盘输入叶节点数目 n，输入字符及其权值。
输出要求：（1）输出哈夫曼树顺序表。
（2）输出哈夫曼编码顺序表。
（3）输出哈夫曼编码</td></tr>
<tr><td>任务完成日期</td><td></td><td colspan="2">□提前完成　□按时完成　□延期完成　□未能完成</td></tr>
<tr><td colspan="2">延期或未能完成原因说明</td><td colspan="2"></td></tr>
</table>

资讯

计划与决策

请根据任务要求，确定采用的算法，分析算法的时间复杂度，制定作业流程，并对小组成员进行合理分工。

实操记录

编码和调试中出现的问题记录

算法完整代码和运行结果

算法时间复杂度分析

知识巩固

想一想

1．在什么情况下，二叉树的先序遍历序列和后序遍历序列相同？

2．在什么情况下，二叉树的先序遍历序列和中序遍历序列相同？

3．在什么情况下，二叉树的后序遍历序列和中序遍历序列相同？

练一练

一、填空题

1．深度为 k 的完全二叉树至少有________个节点，至多有________个节点。

2．树的度为5，度为1、2、3、4、5 的节点数为5、4、3、2、1，则叶子节点数为_______。

3．哈夫曼树是带权路径长度最小的树，通常权值越大离根________。

4．二叉链表必须有一个指向________节点的指针，该指针具有标识二叉链表的作用。

二、单选题

1．用顺序存储结构将完全二叉树的节点逐层存储在数组 B[n]中，根节点从 B[0]开始存放，若节点 B[i]有子女，则其左孩子节点应是________。

A．B[2i]　　B．B[2i−1]　　C．B[2i+1]　　D．B[2i/2]

2．下列关于二叉树的算法中正确的是________。

A．一棵二叉树的度可以小于 2

B．二叉树的度一定为 2

C．二叉树中至少有一个节点的度为 2

D．二叉树中任何一个节点的度为 2

3．如果节点 M 是节点 N 的双亲节点，而 N 有 3 个兄弟，则 M 的度是________。

A．2　　B．3　　C．4　　D．5

4．设森林 F 中有 3 棵树，第 1 棵、第 2 棵、第 3 棵树的节点个数分别为 M_1、M_2、M_3，则与森林 F 对应的二叉树的左子树的节点个数为________。

A．M_1-1　　B．M_1+1　　C．M_2-1　　D．M_2+M_3

5．下列说法正确的是________。

A．树的先序遍历序列与其对应的二叉树的先序遍历序列相同

B．树的先序遍历序列与其对应的二叉树的后序遍历序列相同

C．树的后序遍历序列与其对应的二叉树的先序遍历序列相同

D．树的后序遍历序列与其对应的二叉树的后序遍历序列相同

三、判断题

1．二叉树也是树结构。（　　）

2．在节点数大于 1 的哈夫曼树中没有度为 1 的节点。（　　）

3．在完全二叉树中，若一个节点没有左孩子，则它一定是叶子节点。（　　）

4．由树转换成的二叉树的根节点无右子树。（　　）

5．哈夫曼编码是一种能使字符串长度最短的等长前缀编码。（　　）

6．哈夫曼编码是前缀编码。（　　）

7．通过二叉树的先序遍历序列和后序遍历序列可以确定唯一的二叉树。（　　）

8．任何一棵二叉树的叶子节点在前序遍历序列、中序遍历序列、后序遍历序列中的相

对次序会发生变化。（　　）

9．在二叉树的后序遍历序列中，任一节点均处于其孩子的后面。（　　）

10．深度为 K 的二叉树共有 2^k-1 个节点，该树为满二叉树。（　　）

做一做

编写一个递归算法实现以下内容：① 先序遍历二叉树；② 中序遍历二叉树；③ 后序遍历二叉树。请将代码及运行结果填入此栏，或者将截图粘贴于此。

拓展学习

开动脑筋

遍历二叉树就是将非线性结构的二叉树转化成线性结构的线性表，使得每个节点（除去开始节点和终端节点）有且仅有一个前驱和后继。

那么，应该如何保存遍历二叉树过程中所获得的某一节点的前驱和后继信息呢？

方法 1：在二叉链表节点结构中增加两个链域，分别指向节点遍历过程的前驱和后继。图 7-21 所示为二叉树及增加前驱和后继域的存储结构。

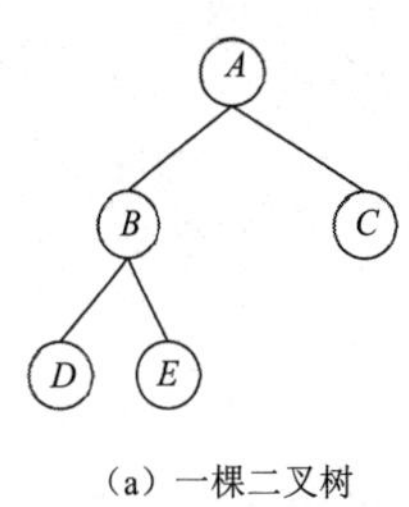

（a）一棵二叉树

下标	llink	Lchild	data	rchild	rlink
0	4	2	*A*	3	3
1	3	3	*B*	4	4
2	0	∧	*C*	∧	∧
3	∧	∧	*D*	∧	1
4	1	∧	*E*	∧	0

（c）增加 llink 和 rlink 域的存储顺序表

llink	lchild	data	rchild	rlink

（b）二叉链表节点结构

图 7-21　二叉树及增加前驱和后继域的存储结构

方法 2：分析图 7-10（c）可知，在 n 个节点的二叉树中，有 n+1 个空链域，可以利用这些空链域来存储二叉树遍历后节点的前驱和后继信息。图 7-22 所示为二叉树利用空链域存储其中序遍历的前驱和后继信息。

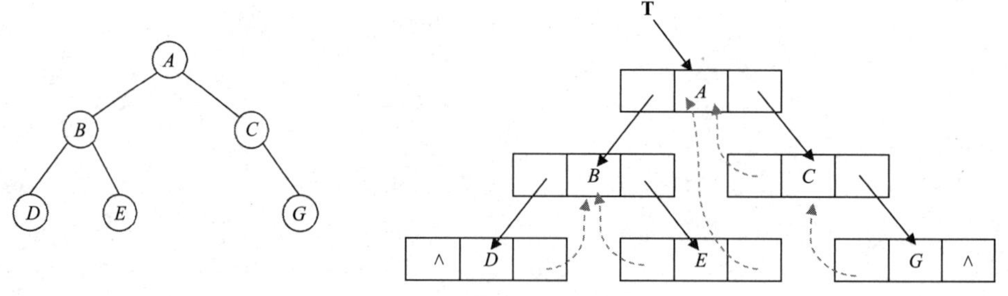

图 7-22　二叉树利用空链域存储其中序遍历的前驱和后继信息

勤于练习

二叉树的层序遍历算法思路如下。

（1）层序遍历是从根节点开始，自上而下逐层遍历，同层次中按从左到右的顺序逐次访问节点。

（2）运用队列的特性：遵循先进先出（First In First Out）原则，首先将根节点入队。

（3）队列出队，访问出队节点，将该节点的左孩子、右孩子依次入队。

（4）重复（3）直到队列为空。

请编码实现该算法，将代码及运行结果填入此栏，或者将截图粘贴于此。

总结考评

单元总结

单元小结

1．二叉树是一种特殊的树，它的度小于或等于 2。

2．树可以转化为二叉树，反过来也可以。

3．森林是若干棵树的集合。森林可以转化为二叉树，同样地，二叉树也可以还原为森林。

4．哈夫曼树是最优二叉树，其带权路径长度最小。

5．哈夫曼编码是最优前缀编码，其压缩效果最佳。

单元任务复盘

1．**目标回顾**

2．**结果评估（一致、不足、超过）**

3．**原因分析（可控的、不可控的）**

4. 经验总结

过程考评

基本信息	姓名		班级		组别	
	学号		日期		成绩	
	序号	项目	任务完成情况		标准分	评分
			完成	未完成		
教师考评内容（50 分+）	1	资讯			5 分	
	2	计划与决策			10 分	
	3	代码编写			10 分	
	4	代码调试			10 分	
	5	想一想			5 分	
	6	练一练			5 分	
	7	做一做			5 分	
	8*	拓展学习			ABCD	
	考评教师签字：				日期：	
小组考评内容（25 分）	1	主动参与			5 分	
	2	积极探究			5 分	
	3	交流协作			5 分	
	4	任务分配			5 分	
	5	计划执行			5 分	
	小组长签字：				日期：	
自我评价内容（25 分）	1	独立思考			5 分	
	2	动手实操			5 分	
	3	团队合作			5 分	
	4	习惯养成			5 分	
	5	能力提升			5 分	
	本人签字：				日期：	

读书笔记

Unit 08

二叉排序树查找

主体教材

任务目标

知识目标

（1）理解和运用数组、树、二叉树等。

（2）认识、理解和运用**二叉排序树查找**、**平衡二叉树构建**等。

（3）运用大 O 表示法分析二叉排序树查找算法的**时间复杂度**。

能力目标

（1）熟练使用一门高级编程语言的能力，如 C、C++、C#、Java 等。

（2）编写和调试二叉排序树查找、平衡二叉树构建算法代码的能力。

（3）具备在小组活动中，运用简洁的专业术语与小组成员有效交流、沟通的能力。

素质目标

（1）养成细致、耐心的习惯。

（2）能够发现代码调试中的逻辑问题，有较强的预测结果能力。

（3）学会倾听小组成员的想法和观点，支持、配合小组成员的工作。

任务导入

某超市会员积分清理活动规则是按照积分区间赠送抵扣券，如 100～199 分赠送 10 元抵扣券，200～299 分赠送 20 元抵扣券，300～399 分赠送 30 元抵扣券，400～499 分赠送 40 元抵扣券，……，以此类推。在计算抵扣券时，需要查找每个会员的积分区间及对应抵扣券面额，面对庞大的会员数量，为了提高查找对应抵扣券面额的效率，请设计适合的数据结构存储积分区间数据。

相关知识

查找表

1. 静态查找表

静态查找表（Static Search Table）是指在查找之前，表结构已经生成且不再发生变化的查找表。如果查找表中存在关键字等于给定值的记录，则查找成功并返回其在查找表中的位置；否则给出相应的信息。静态查找可以采用顺序查找、二分查找和分块查找等技术。

分块查找（Blocking Search）是一种顺序查找的改进方法，称为索引顺序查找技术。

算法设计：按照查找表内记录的某种属性把查找表分成 n（n>1）个块（子表），并建立一个相应的索引表，索引表的每个元素对应一个块，其中包括该块内最大的关键字值和第一个记录的位置；且后一个块中所有记录的关键字值都应该比前一个块中所有记录的关键字值大，块内的关键字值的大小可以无序。图 8-1 所示为分块查找。

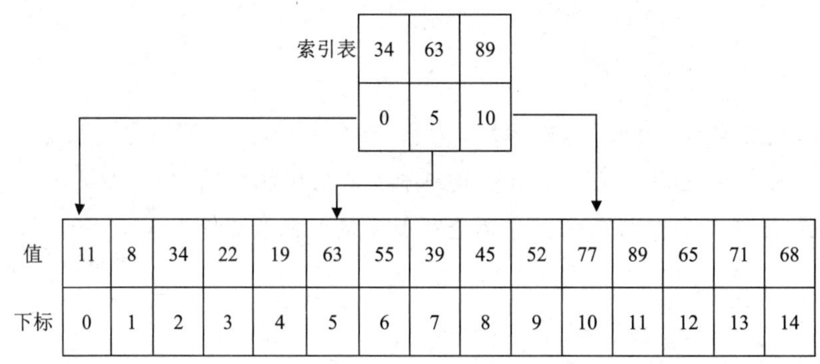

图 8-1　分块查找

2. 动态查找表

动态查找表（Dynamic Search Table）是指在查找过程中，表结构是动态生成的查找表。如果查找表中存在关键字与查找目标一致，则查找成功并返回其在查找表中的位置；否则将查找目标的记录插入查找表中。在静态查找表中，二分查找效率最高，其时间复杂度是 $O(\log_2 n)$，但维护查找表的有序性的时间复杂度为 $O(n)$，这对庞大的查找表来说，效率还是不理想，所以二分查找只适用于静态查找表，而不适用于动态查找表。如果要对动态查找表进行高效率查找，则可以采用以下几种特殊的二叉树作为查找表的组织形式：①二叉排序树；②平衡二叉树；③B 树；④B+树。这里重点介绍前两种。

（1）二叉排序树（Binary Sort Tree）。

二叉排序树又称为二叉查找树，如图 8-2 所示，它是一棵空的二叉树，或者是具有下列性质的二叉树。

- 如果其左子树不空，则左子树上的所有节点的值均小于根节点的值。
- 如果其右子树不空，则右子树上的所有节点的值均大于根节点的值。
- 其左右子树也都是二叉排序树。

图 8-2 二叉排序树

（2）平衡二叉树（Balanced Binary Tree）。

平衡二叉树又称为 AVL 树，如图 8-3（a）所示，它是一棵空的二叉排序树，或者是具有下列性质的二叉排序树。

- 根节点的左子树和右子树的深度最多相差 1。
- 根节点的左子树和右子树也都是平衡二叉排序树。

如果二叉树上任一节点的左右子树深度均相同，如满二叉树，则二叉树是完全平衡的。通常，只要二叉树深度为 $O(\log_2 n)$，就可以看作是平衡树。如果将二叉树节点的平衡因子 BF（Balance Factor）定义为该节点的左子树深度减去其右子树深度，则平衡二叉树上所有节点的平衡因子只可能是 0、1 和−1。因此，只要二叉树上有一个节点的平衡因子的绝对值大于 1，就可以判定该二叉树不是平衡二叉树。

最小不平衡子树（Minimal Unbalance Subtree）是指在平衡二叉树的构造过程中，以距离插入节点最近的且平衡因子的绝对值大于 1 的节点为根的子树，如图 8-3（b） 所示，当插入新节点 33 时，距离它最近的平衡因子绝对值大于 1 的节点是 24，因此以 24 节点为根的子树就是最小不平衡子树（虚线框内）。

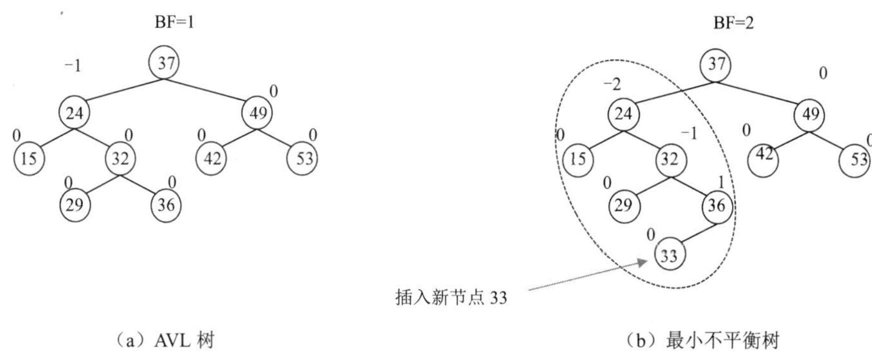

图 8-3 AVL 树及插入新节点后导致的最小不平衡树

平衡二叉树（Balanced Binary Tree）

1. 平衡二叉树的调整

在构造二叉排序树的过程中，每当插入一个节点后，要检查是否因插入而使得平衡被破坏（节点的平衡因子的绝对值大于 1）。如果是，则找出最小不平衡子树，在保持二叉排序树特性的前提下，调整最小不平衡子树中各个节点之间的链接关系，进行相应的旋转，使之成为新的平衡树。

一般情况下，对最小不平衡子树进行平衡调整有下列 4 种情况。

（1）单向右旋平衡处理（又称 LL 型调整）。

如图 8-4 所示，图中圆形代表节点，方形代表子树且子树深度相同，X 为插入的新节点。插入节点 X 在最小不平衡子树 P 的左子树 L 的左边 L_L 上。向右沿顺时针方向旋转，子树的根节点由 P 改为 L，P 成为 L 的右孩子，与 L 原来的右子树 L_R 冲突，将 L_R 改为 P 节点 P 的左子树。

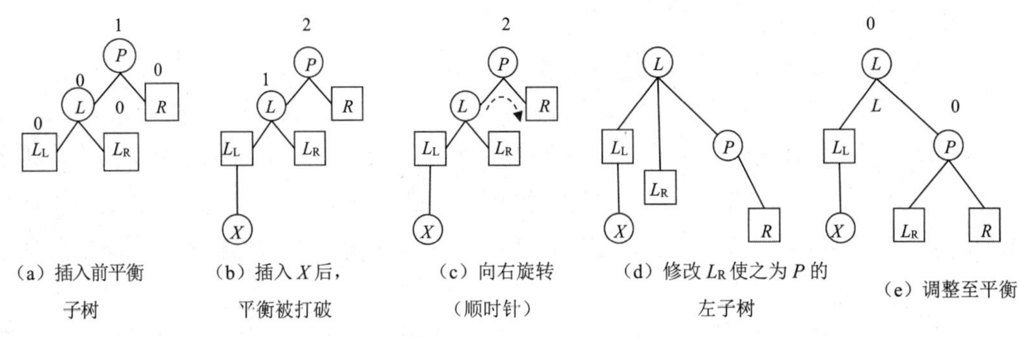

(a) 插入前平衡子树
(b) 插入 X 后，平衡被打破
(c) 向右旋转（顺时针）
(d) 修改 LR 使之为 P 的左子树
(e) 调整至平衡

图 8-4　LL 型平衡调整

（2）单向左旋平衡处理（又称 RR 型调整）。

插入新节点 X 在最小不平衡子树 P 的右子树 R 的右边 R_R 上。向左沿逆时针方向旋转，子树的根节点由 P 改为 R，P 成为 R 的右孩子，与 R 原来的左子树 R_L 冲突，将 R_L 改为 R 节点的右子树，如图 8-5 所示。

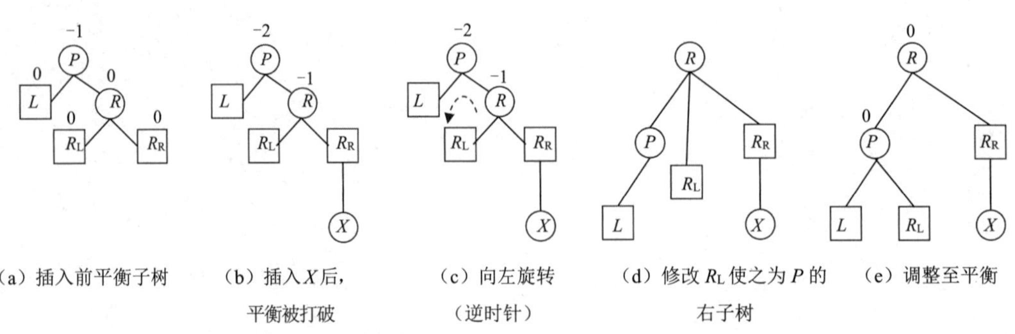

(a) 插入前平衡子树
(b) 插入 X 后，平衡被打破
(c) 向左旋转（逆时针）
(d) 修改 RL 使之为 P 的右子树
(e) 调整至平衡

图 8-5　RR 型平衡调整

（3）双向先左后右平衡处理（又称 LR 型调整）。

插入新节点 X 在最小不平衡子树 P 的左子树 L 的右边 L_R（虚线框）上。第一次旋转，根节点 P 不动，先调整其左子树 L，向左沿逆时针方向旋转子树 L，S 改为 P 的新左子树的根，L 改为 S 的左孩子，S 原来的左子树 S_L 改为 L 的右子树；第二次旋转，调整最小不平衡子树 P，向右沿顺逆时针方向旋转，S 改为子树的根节点，P 改为 S 的右孩子，而 S 原来的右子树 S_R 改为 P 的左子树。如图 8-6 所示，图中圆形代表节点，方形和长方形代表子树，长方形子树的深度比方形子树的深度大 1，虚线框内的子树是等价的。

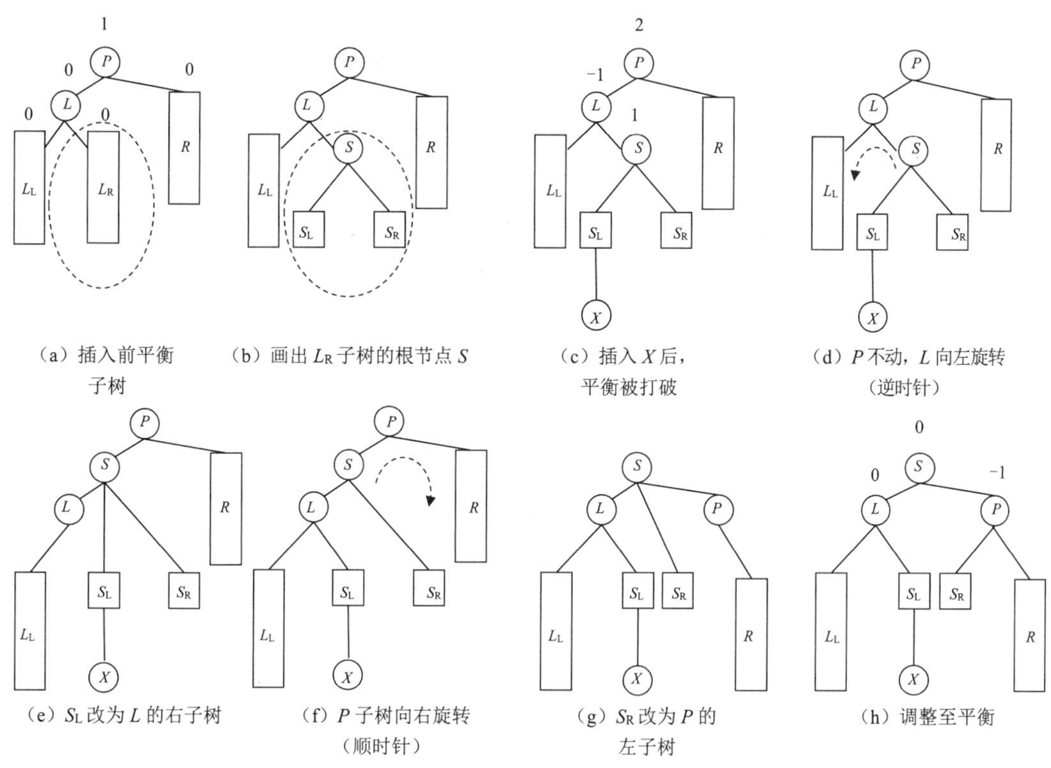

（a）插入前平衡子树
（b）画出 L_R 子树的根节点 S
（c）插入 X 后，平衡被打破
（d）P 不动，L 向左旋转（逆时针）
（e）S_L 改为 L 的右子树
（f）P 子树向右旋转（顺时针）
（g）S_R 改为 P 的左子树
（h）调整至平衡

图 8-6　LR 型平衡调整

（4）双向先右后左平衡处理（又称 RL 型调整）。

插入新节点 X 在最小不平衡子树 P 的右子树 R 的左边 R_L（虚线框）上。第一次旋转，根节点 P 不动，先调整其右子树 R，向右顺时针方向旋转子树 R，S 改为 P 的新右子树的根，R 改为 S 的右孩子，S 原来的右子树 S_R 改为 R 的左子树；第二次旋转，调整最小不平衡子树 P，向左逆逆时针方向旋转，S 改为子树的根节点，P 改为 S 的左孩子，而 S 原来的左子树 S_L 改为 P 的右子树，如图 8-7 所示。

2. 平衡二叉树的插入实现

算法设计：在平衡二叉树 T 上插入一个值为 key 的新节点的步骤如下。

（1）如果 T 是棵空树，则直接插入值为 key 的节点为根节点，树的深度增加 1。

（2）如果树中已经有值为 key 的节点，则不进行插入。

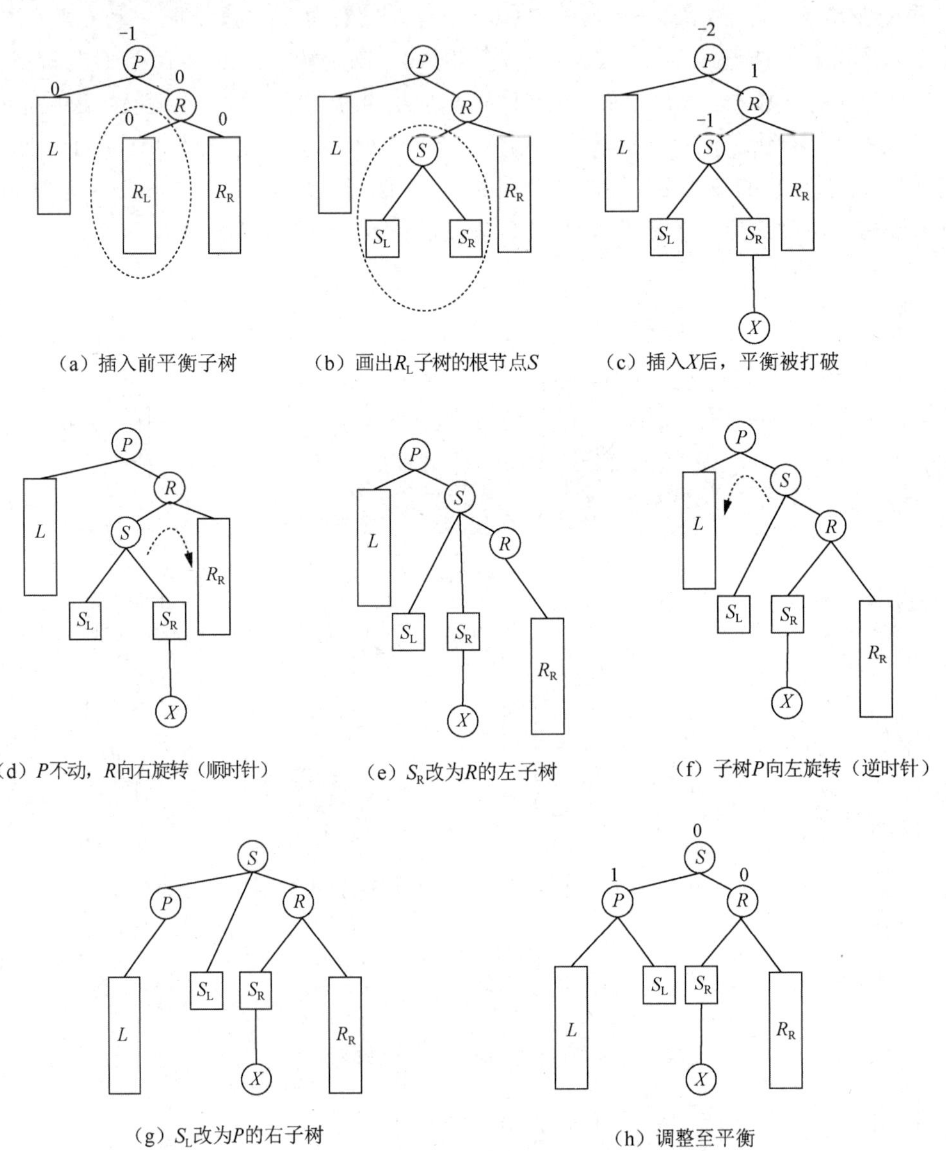

图 8-7　RL 型平衡调整

（3）如果 key 小于节点 T 的数据域，且 T 的左子树中不存在值为 key 的节点，则插入到 T 的左子树上，左子树深度增加 1，此时分以下几种情况进行处理。

①当 T 的根节点的 BF 为−1 时，修改 BF 为 0，T 的深度不变。

②当 T 的根节点的 BF 为 0 时，修改 BF 为 1，T 的深度增加 1。

③当 T 的根节点的 BF 为 1 时，根据以下情况进行判断。

- 如果 T 的左子树的 BF 为 1，则做 LL 型调整（单向右旋），修改旋转后的根节点及其右子树的根节点的 BF 为 0，树的深度不变。

- 如果 T 的左子树的 BF 为-1，则做 LR 型调整（双向先左后右旋转），修改旋转后的根节点及其左右子树的根节点的 BF 为 0，树的深度不变。

（4）如果 key 大于节点 T 的数据域，且 T 的右子树中不存在值为 key 的节点，则插入 T 的右子树，右子树深度增加 1，此时根据情况进行处理，与步骤（3）中所列对称。

例题 08-01　已知一组关键字序列为 {62,45,36,18,29,83,91,77,74}的节点，依次把节点插入初始状态为空的平衡二叉树，使得每一次插入后依然保持该树是平衡二叉树。图 8-8 所示为平衡二叉树的构建过程，图中椭圆虚线框为最小不平衡子树。

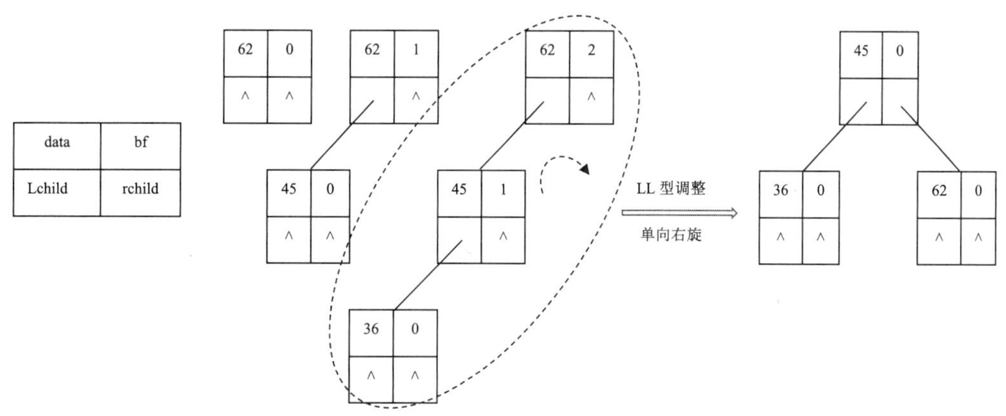

（a）平衡二叉树节点结构　（b）依次插入节点 62、45、36　（c）以 45 为支点单向右旋

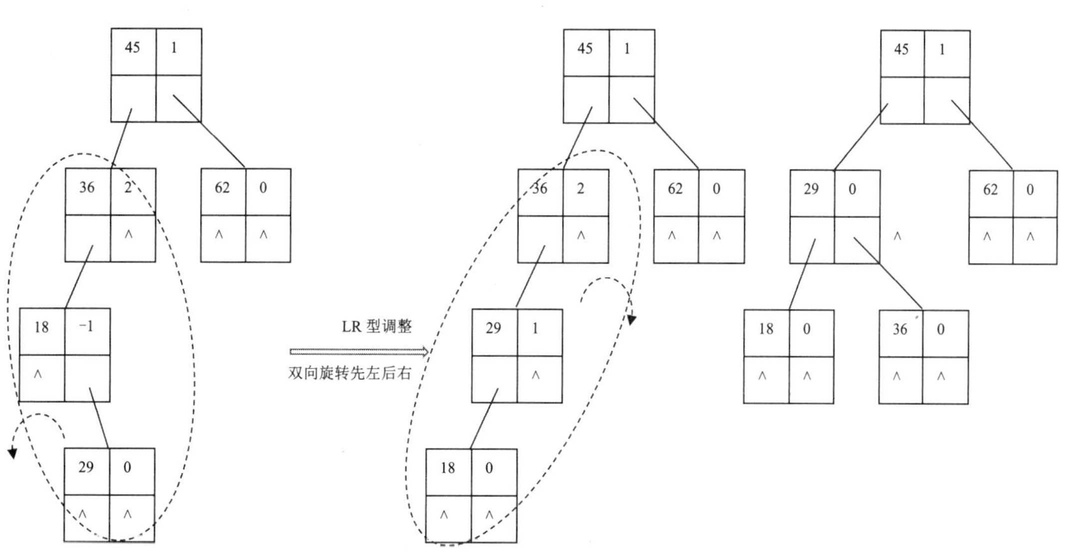

（d）继续插入节点 18、29　（e）以 18 为根的子树左旋，再以 36 为根的子树右旋

图 8-8　平衡二叉树的构建过程

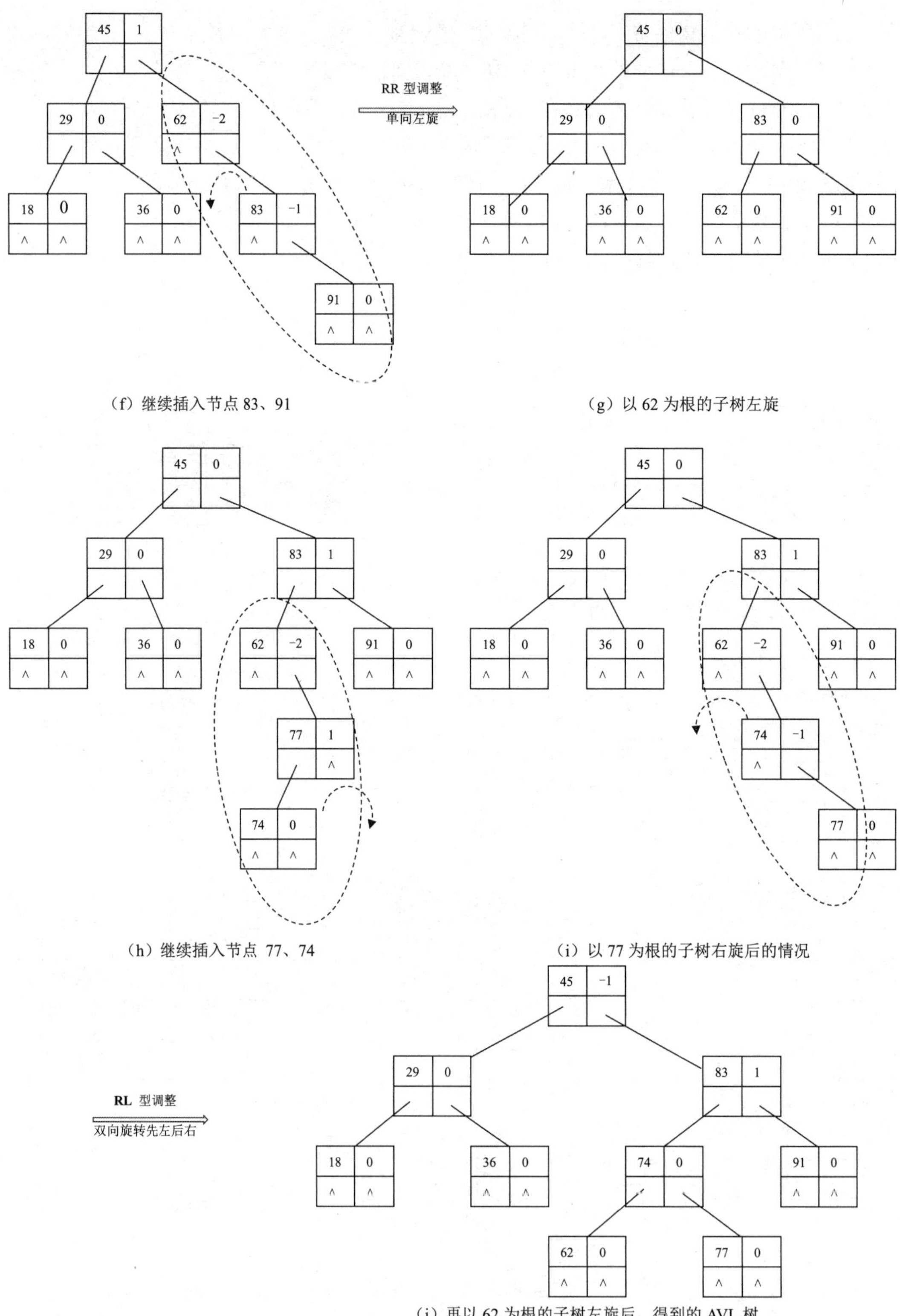

（f）继续插入节点 83、91

（g）以 62 为根的子树左旋

（h）继续插入节点 77、74

（i）以 77 为根的子树右旋后的情况

（j）再以 62 为根的子树左旋后，得到的 AVL 树

图 8-8 平衡二叉树的构建过程（续）

算法 08-01

```
#include <stdio.h>
#include <stdlib.h>
#define LH +1                           // 左高
#define EH  0                           // 等高
#define RH -1                           // 右高
typedef struct BSTNode {                // 平衡二叉排序树节点结构
     int data;
     int BF;                            // 平衡因子
    struct BSTNode *lchild, *rchild;
} BSTNode,*BitTree;
BitTree lc,rc,ld,rd;
void R_Rotate(BitTree* p){              //  LL 型平衡调整——单向右旋
    lc = (*p)->lchild;                  //  lc 指向 P 子树的左子树的根
    (*p)->lchild = lc->rchild;
    lc->rchild = *p;
    *p = lc;
}
void L_Rotate(BitTree* p){              // RR 型平衡调整——单向左旋
    rc = (*p)->rchild;                  // rc 指向 P 子树的右子树的根
    (*p)->rchild = rc->lchild;
    rc->lchild = *p;
    *p = rc;
}
void LeftBalance(BitTree* T){           //  LR 型平衡调整——双向先左后右旋转
    lc = (*T)->lchild;                  //  lc 指向 T 的左子树的根
    switch (lc->BF) {// 根据 lc 的平衡因子的值分情形处理，并修改相应的节点的平滑因子 BF
        case LH:                        // 插入新节点在 T 的左孩子左子树 ，作 LL 型处理
            (*T)->BF = lc->BF = EH; // 修改 T 的根节点及左孩子的平衡因子
            R_Rotate(T);                 // 调用单向右旋函数
            break;
        case RH:                        // 插入新节点在 T 的左孩子右子树 ，做 LR 型处理
            rd = lc->rchild;            //  rd 指向 T 的左孩子的右子树根节点
            switch (rd->BF)  {          // 根据 rd 的平衡因子的值分别处理并修改 BF
                case LH:
                    (*T)->BF = RH;
                    lc->BF = EH;
                    break;
                case EH:
                    (*T)->BF = lc->BF = EH;
                    break;
                case RH:
                    (*T)->BF = EH;
                    lc->BF = LH;
                    break;
            rd->BF = EH;
            L_Rotate(&(*T)->lchild); // 第一次旋转，对 T 的左子树进行 RR 型处理（先左）
            R_Rotate(T);                // 第二次旋转，对 T 进行 LL 型处理 （后右）
            break;
            }
```

```
    }
}
void RightBalance(BitTree* T){  //  RL 型平衡调整——双向旋转先右后左
    rc = (*T)->rchild;
    switch (rc->BF) {
        case RH:
            (*T)->BF = rc->BF = EH;
            L_Rotate(T);
            break;
        case LH:
        ld = rc->lchild;
        switch (rd->BF) {
            case LH:
                (*T)->BF - EH;
                rc->BF = RH;
                break;
            case EH:
                (*T)->BF = rc->BF = EH;
                break;
            case RH:
                (*T)->BF = EH;
                rc->BF = LH;
                break;
        }
        ld->BF = EH;
        R_Rotate(&(*T)->rchild);
        L_Rotate(T);
        break;
    }
}
bool Insert_AVL(BitTree* T, int key, bool* taller){  // 平衡二叉树的插入实现
    //（1）T 是空树，直接插入值为 key 的节点为根,树的深度增高了，*taller 为真
    if ((*T) == NULL){
        (*T) = (BitTree)malloc(sizeof(BSTNode));
        (*T)->BF = EH;
        (*T)->data = key;
        (*T)->lchild = NULL;
        (*T)->rchild = NULL;
        *taller = true;
    }
    //（2）若树中已经有值为 key 的节点，则不进行插入， *taller 为假
    else if ((*T)->data==key){
            *taller = false;
            return 0;
        }
        //（3） 若 key 小于节点 T 的数据域，则插入 T 的左子树
        else if ((*T)->data>key){
            // 若插入不影响树本身的平衡，则直接结束
            if (!Insert_AVL(&(*T)->lchild, key, taller))
                return 0;
```

```
            else if (*taller){           // 若插入后左子树的深度增加，则分情形处理
                switch ((*T)->BF){
                    // ①当 T 的根的 BF 为 -1 时，修改 BF=0，T 的深度不变，*taller 为假
                    case RH:
                        (*T)->BF = EH;
                        *taller = false;
                        break;
                    // ②当 T 的根节点的 BF= 0 时，修改 BF= 1，T 的深度增高，*taller 为真
                    case  EH:
                        (*T)->BF = LH;
                        *taller = true;
                        break;
                    // ③当 T 的根节点的 BF 为 1 时（左高）
                    case LH:
                        LeftBalance(T);   //  LR 型平衡调整
                            *taller = false;
                            break;
                    }
                }
            }
            else{  //（4） 若 key 大于节点 T 的数据域，则插入 T 的右子树
            if (!Insert_AVL(&(*T)->rchild, key, taller))
                return 0;
              else if (*taller){
                    switch ((*T)->BF){
                        case LH:
                            (*T)->BF = EH;
                            *taller = false;
                            break;
                        case EH:
                            (*T)->BF = RH;
                            *taller = true;
                            break;
                        case  RH:
                            RightBalance(T);
                            *taller = false;
                            break;
                    }
                }
            }
    return 1;
}
void InoderBitTree(BitTree bst){    // 中序遍历平衡二叉树
    if (bst != NULL){
        InoderBitTree(bst->lchild);
        printf("%d  ", bst->data);
        InoderBitTree(bst->rchild);
    }
```

```
}
void PreorderBitTree(BitTree bst){    // 前序遍历平衡二叉树
    if (bst != NULL){
        printf("%d  ", bst->data);
        PreorderBitTree(bst->lchild);
        PreorderBitTree(bst->rchild);
    }
}
int main(){
    int i,n, a[] = {62,45,36,18,29,83,91,77,74};
    BitTree root = NULL;
    bool taller;
    puts("---二叉平衡树建立算法---\n\n");
    // 依次将数组 a 中的数据元素插入平衡二叉树中，且保证每次插入后依然保持平衡
    for (i = 0;i < 7;i++){
        Insert_AVL(&root, a[i], &taller);
     }
    printf("前序遍历： ");
    PreorderBitTree(root);
    printf("\n");
    printf("中序遍历 :");
    InoderBitTree(root);
    printf("\n");
    return 0;
}
```

任务工单

任务情境

设一组关键字序列为{62,45,36,18,39,83,91,77,74}，对其进行以下操作。

（1）试设计一棵空二叉排序树，将这 9 个节点依次插入二叉排序树。

（2）查找关键字为 key 的节点是否在二叉排序树中。

（3）插入关键字为 key 的节点到二叉排序树中。

（4）删除二叉排序树中关键字是 key 的节点。

（5）分别输出二叉排序树建立、插入、删除后的层序和中序遍历结果。

算法分析

1. 二叉排序树的构造

从空树开始，经过一系列查找、插入节点后，生成一棵二叉排序树。对于关键字为{62,45,36,18,39,83,91,77,74}的 9 个节点，第一个节点（62）作为二叉树排序树的根，其他

节点按照二叉排序树的定义依次插入二叉排序树，如图 8-9 所示。

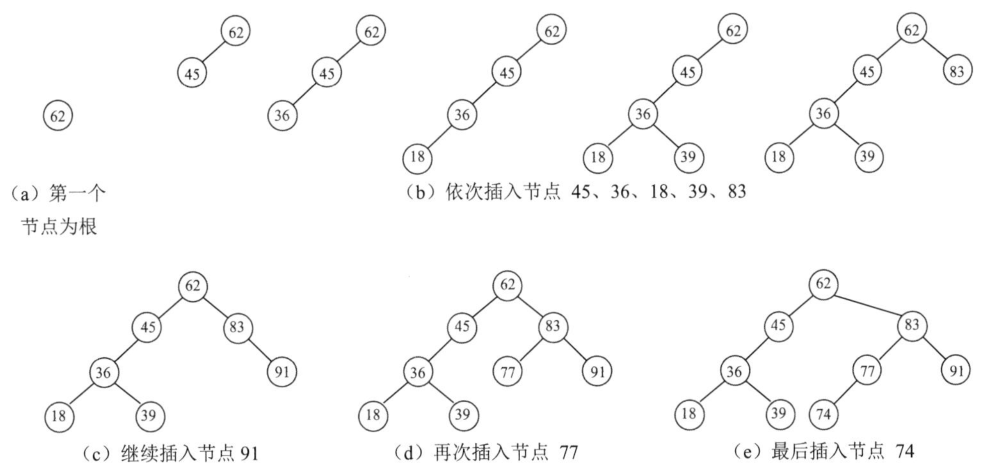

图 8-9　二叉排序树的构造

2、二叉排序树的查找

在二叉排序树中查找关键字等于 key 的节点，从树的根节点开始，如果根节点的关键字等于 key，则查找成功。如果根节点的关键字大于 key，则在其左子树中继续查找；如果根节点的关键字小于 key，则在其右子树中继续查找。若直到整棵树都查找完，依然没有找到关键字等于 key 的节点，则查找失败。

3. 二叉排序树的删除

在二叉排序树中删除关键字等于 key 的节点 *P*（目标节点），且仍然要保持二叉排序树的特性，这就需要根据目标节点的不同情况分别进行处理。

（1）*P* 的左子树为空。

如果目标节点的左子树为空，则关键字等于 77、36、49、79、91 的节点都没有左子树，删除此类节点只需要用其右子树替代它的位置即可，如图 8-10（b）所示。

（2）*P* 的左子树不空，但右子树为空。

如果目标节点的左子树不空，但是右子树为空，如图 8-10（c）所示，那么节点 58 有左子树，但没有右子树，直接用它的左子树替代原来的位置即可。

（3）*P* 的左子树不空，右子树也不空。

如果目标节点的左右子树都不为空，那么关键字等于 45、62、83 的节点都有左右子树，删除此类节点需要先找到目标节点的左子树的根和最大值节点，左子树的根替代删除目标节点 *P* 的位置，然后用目标节点 *P* 的右子树作为找到的最大值节点的右子树。如图 8-10（d）（e）（f）（g）所示为删除目标 *P* 节点左右子树均不空，且 *P* 还是根节点。

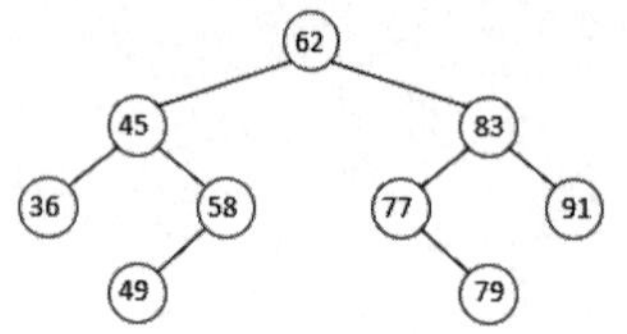

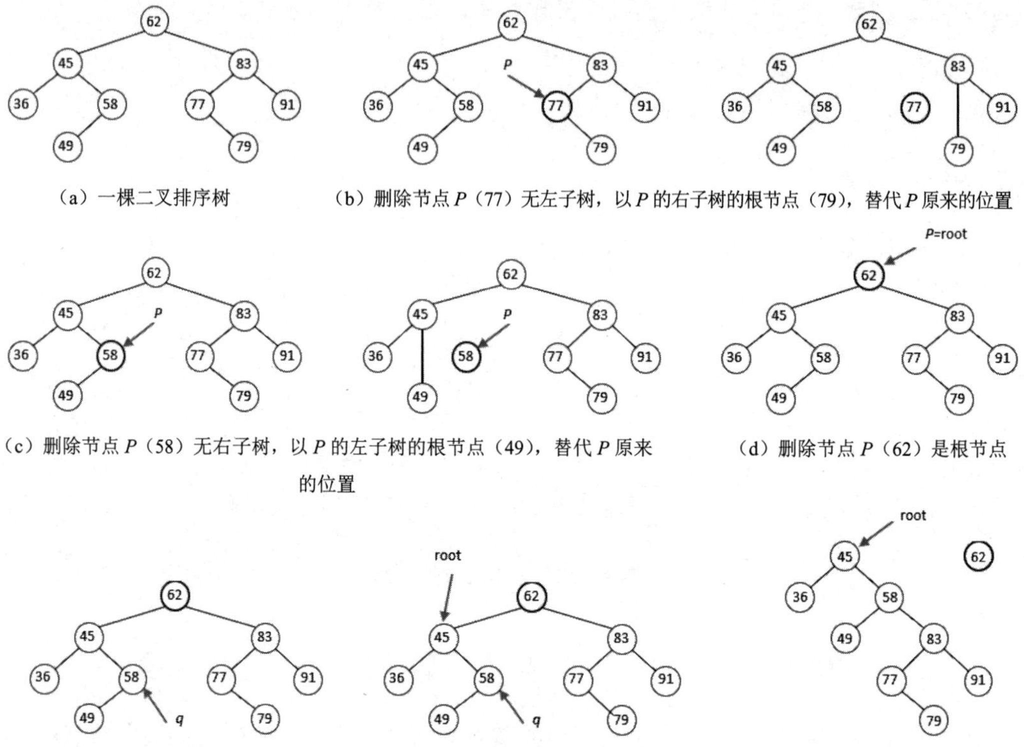

（a）一棵二叉排序树

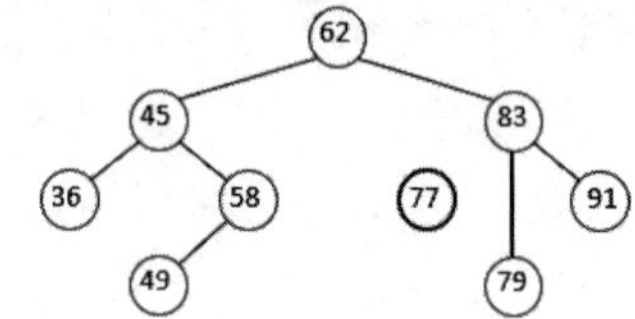

（b）删除节点 P（77）无左子树，以 P 的右子树的根节点（79），替代 P 原来的位置

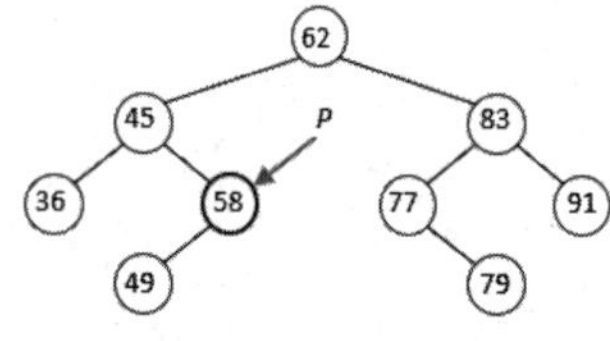

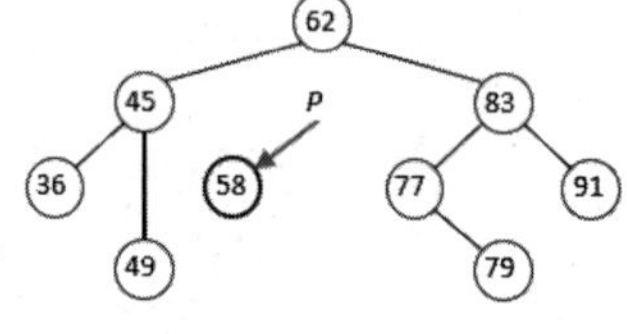

（c）删除节点 P（58）无右子树，以 P 的左子树的根节点（49），替代 P 原来的位置

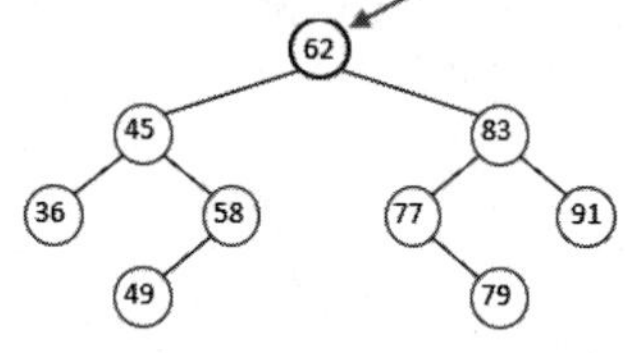

（d）删除节点 P（62）是根节点

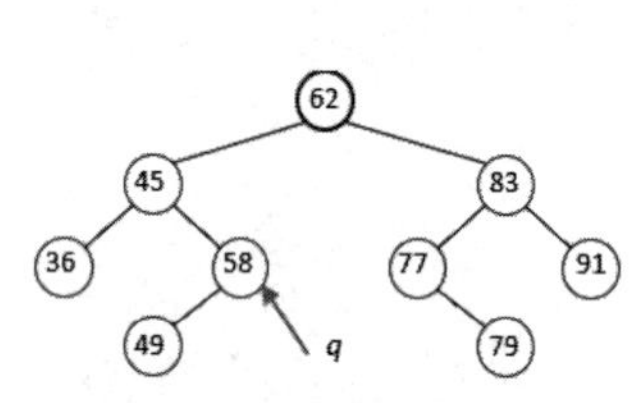

（e）找到目标节点的左子树中最大值节点 q（58）

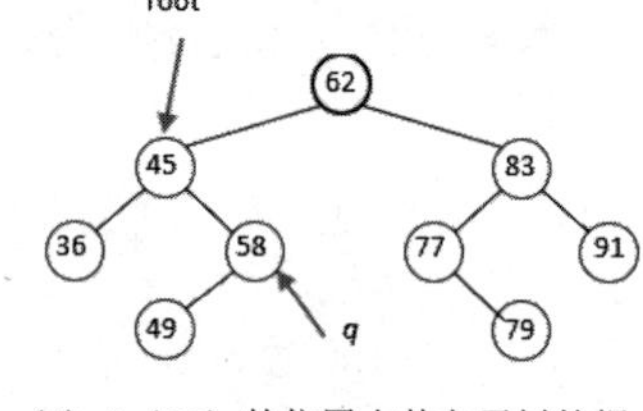

（f）P（62）的位置由其左子树的根节点（45）替代

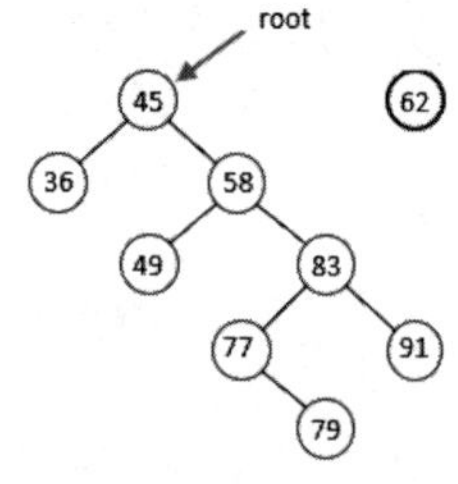

（g）P 的右子树作为 q 的右子树

图 8-10 二叉排序树中节点的删除

工单任务

任务名称	二叉排序树	完成时限	90min
学生姓名		小组成员	
发出任务时间		接受任务时间	
任务内容及要求	已知：一组关键字序列为{62,45,36,18,39,83,91,77,74}，运用插入方法构造一棵二叉排序树，并实现查找、插入、删除节点等功能。 输入要求：用键盘输入节点数 n 及各个节点的关键字。 输出要求：（1）构建二叉树后，输出层序和中序遍历结果。 （2）在插入节点后，输出二叉排序树的层序、中序遍历结果。 （3）在删除节点后，输出变化后的层序、中序遍历结果		
任务完成日期		□提前完成 □按时完成 □延期完成 □未能完成	
延期或未能完成原因说明			

资讯

计划与决策

请根据任务要求，确定采用的算法，分析算法的时间复杂度，制定作业流程，并对小组成员进行合理分工。

 实操记录

编码和调试中出现的问题记录

算法完整代码和运行结果

算法时间复杂度分析

知识巩固

想一想

试分析完全二叉树是否是平衡二叉树。

练一练

一、填空题

1. 对于二叉排序树的查找，若根节点的关键字值小于要查找的关键字值，则在该二叉排序树的________上继续查找。

2. 二叉排序树的查找效率与树的形态有关。当其是单枝树时，其查找的时间复杂度退化为________。

3. 平衡二叉树查找的时间复杂度是________。

4. 深度为 6 的平衡二叉树的节点数至少有________个节点，至多有________个节点。

二、单选题

1．静态查找与动态查找的根本区别是________。

A．逻辑结构不同　　B．数据元素类型不同

C．施加的操作不同　　D．存储实现不同

2．按照是________遍历二叉排序树可以得到一个有序序列。

A．先序　　B．中序　　C．后序　　D．层序

3．二叉排序树中，关键字最大的节点一定满足________。

A．左指针为空　　B．右指针为空

C．左、右指针均空　　D．左、右指针均不空

4．在平衡二叉树中插入节点后破坏了平衡，设最小不平衡子树的根节点为 A，并已知 A 节点的左孩子的 BF 为 0，右孩子的 BF 为-1，则应该做满足________型调整后使其保持平衡。

A．LL　　B．LR　　C．RR　　D．RL

5．下列关于动态查找表二叉排序树查找的说法中正确的是________。

A．如果查找成功，则该节点一定是叶节点

B．如果查找失败，则该节点一定是叶节点

C．如果查找成功，则该节点一定是根节点

D．如果查找失败，则该节点一定是根节点

三、判断题

1．平衡二叉树中每个节点的平衡因子 BF 都是相等的。（　）

2．通过中序遍历和层序遍历序列可以确定唯一的二叉树。（　）

3．完全二叉树肯定是平衡二叉树。（　）

4．对于二叉排序树的查找失败，查找指针一定指向最后一个节点。（　）

5．二叉排序树的平均查找长度取决于树的高度。（　）

6．在平衡二叉树中插入节点，一定会引起不平衡。（　）

7．在二叉排序树中删除节点，需要根据节点的不同情况分别进行处理。（　）

8．二叉排序树的形态取决于节点的插入次序。（　）

9．如果二叉排序树的形态是平衡的，则其查找的时间复杂度与折半查找近似。（　）

10．二叉排序树最糟糕的形态是单枝树，则其时间复杂度与顺序查找相同。（　）

做一做

按照工单中的任务，增加一个求出给定关键字在二叉排序树中的层数的功能，请编码实现。

拓展学习

开动脑筋

在二叉排序树上查找与二分查找类似，平均时间复杂度为 $O(\log_2 n)$。我们知道，在表长为 n 的有序表上二分查找的判断树是唯一的，那么含有 n 个结点的二叉排序树是不是也是唯一的呢？

勤于练习

请验证例题 08-01 二叉平衡树建立算法，将代码及运行结果填入此栏，或者将截图粘贴于此。

总结考评

单元总结

单元小结

1. 二叉树是一种特殊的树，它的度小于或等于 2。
2. 树可以转化为二叉树，二叉树也可以还原为树。
3. 森林是若干棵树的集合。森林可以转化为二叉树，同样地，二叉树也可以还原为森林。
4. 哈夫曼树是最优二叉树，其带权路径长度最小。
5. 哈夫曼编码是最优前缀编码，其压缩效果最佳。

单元任务复盘

1. **目标回顾**

2. **结果评估（一致、不足、超过）**

3. **原因分析（可控的、不可控的）**

4. 经验总结

过程考评

<table>
<tr><td rowspan="3">基本信息</td><td>姓名</td><td></td><td>班级</td><td></td><td>组别</td><td></td></tr>
<tr><td>学号</td><td></td><td>日期</td><td></td><td>成绩</td><td></td></tr>
<tr><td>序号</td><td>项目</td><td colspan="2">任务完成情况
完成 / 未完成</td><td>标准分</td><td>评分</td></tr>
<tr><td rowspan="9">教师考评内容（50 分+）</td><td>1</td><td>资讯</td><td></td><td></td><td>5 分</td><td></td></tr>
<tr><td>2</td><td>计划与决策</td><td></td><td></td><td>10 分</td><td></td></tr>
<tr><td>3</td><td>代码编写</td><td></td><td></td><td>10 分</td><td></td></tr>
<tr><td>4</td><td>代码调试</td><td></td><td></td><td>10 分</td><td></td></tr>
<tr><td>5</td><td>想一想</td><td></td><td></td><td>5 分</td><td></td></tr>
<tr><td>6</td><td>练一练</td><td></td><td></td><td>5 分</td><td></td></tr>
<tr><td>7</td><td>做一做</td><td></td><td></td><td>5 分</td><td></td></tr>
<tr><td>8*</td><td>拓展学习</td><td></td><td></td><td>ABCD</td><td></td></tr>
<tr><td colspan="6">考评教师签字： 日期：</td></tr>
<tr><td rowspan="6">小组考评内容（25 分）</td><td>1</td><td>主动参与</td><td></td><td></td><td>5 分</td><td></td></tr>
<tr><td>2</td><td>积极探究</td><td></td><td></td><td>5 分</td><td></td></tr>
<tr><td>3</td><td>交流协作</td><td></td><td></td><td>5 分</td><td></td></tr>
<tr><td>4</td><td>任务分配</td><td></td><td></td><td>5 分</td><td></td></tr>
<tr><td>5</td><td>计划执行</td><td></td><td></td><td>5 分</td><td></td></tr>
<tr><td colspan="6">小组长签字： 日期：</td></tr>
<tr><td rowspan="6">自我评价内容（25 分）</td><td>1</td><td>独立思考</td><td></td><td></td><td>5 分</td><td></td></tr>
<tr><td>2</td><td>动手实操</td><td></td><td></td><td>5 分</td><td></td></tr>
<tr><td>3</td><td>团队合作</td><td></td><td></td><td>5 分</td><td></td></tr>
<tr><td>4</td><td>习惯养成</td><td></td><td></td><td>5 分</td><td></td></tr>
<tr><td>5</td><td>能力提升</td><td></td><td></td><td>5 分</td><td></td></tr>
<tr><td colspan="6">本人签字： 日期：</td></tr>
</table>

撷英拾萃

书籍推荐

《在自己的树下》

这是诺贝尔文学奖得主、日本作家大江健三郎的自传性随笔集，收文章16篇，介绍了自己的学习和成长经历，是作者在“漫长的作家生涯中”第一次为孩子们写的书。

年幼时奇特的生命经历，母亲关于再生的讲述，祖母口中“自己的树”的故事，对战争创伤的亲身体验与深刻反省，在树上的小屋中再等待一段时间的信念，森林中的小海豹，一百年的孩子，连接过去和未来……孩子为什么要上学?树为什么会笔直地向上生长?从森林环绕的山村走出来的文学巨匠，以他特有的笔触，为年轻人展现自己的成长道路与生活体验，宽容中的犀利，温厚中的锋芒，一切，都在提醒读者正视自己，正视人类自身。作者说：当他渐入老境，总期望能在“自己的树”下与过去的自己相逢。相信翻开《在自己的树下》，你也会在这里与一位智者、一位朋友相逢，从中找到自己的影子……

读书笔记

Unit 09

图的遍历

主体教材

任务目标

知识目标

（1）理解和运用数组、栈、队列和图等。

（2）认识、理解和运用**深度优先搜索算法**与**广度优先搜索算法**遍历图。

（3）运用大 O 表示法分析遍历图的**时间复杂度**。

能力目标

（1）熟练使用一门高级编程语言的能力，如 C、C++、C#、Java 等。

（2）编写和调试深度优先搜索算法与广度优先搜索算法代码的能力。

（3）在小组活动中，具备一定的组织能力和协调能力。

素质目标

（1）培养自己的兴趣爱好，养成时间管理的好习惯。

（2）培养独立思考、大胆推测和细心求证的思考问题、解决问题的能力。

（3）积极尝试和适应在学习、生活中不同的角色。

任务导入

学校放假，某同学回家看望奶奶，奶奶很高兴，准备带孙子一块出门去公园，却忘记钥匙放在了哪个房间，为了不让老人着急，请帮助这位同学设计一个高效找钥匙的策略。奶奶家的房屋结构是两室两厅一厨一卫一阳台，可用图 9-1 表示。

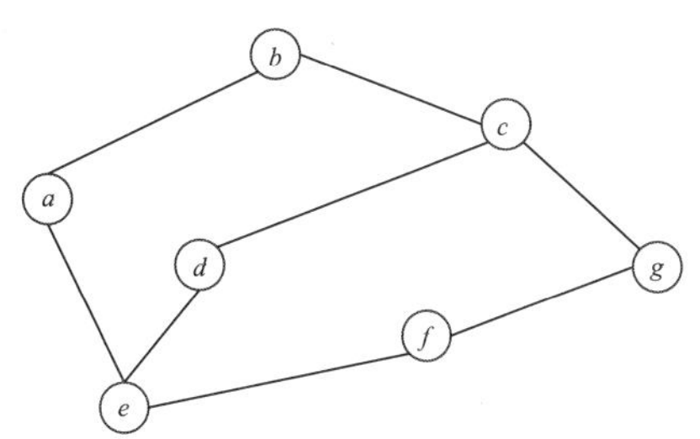

图 9-1 房屋结构各房间连通示意图

相关知识

队列

队列（Queue）又称先进先出线性表，它只允许在表的前端（队头 front）进行删除操作，而在表的后端（队尾 rear）进行插入操作，所以队列和栈一样，是一种操作受限制的线性表，如图 9-2 所示。不含任何数据元素的队列称为空队列（Empty Queue）。

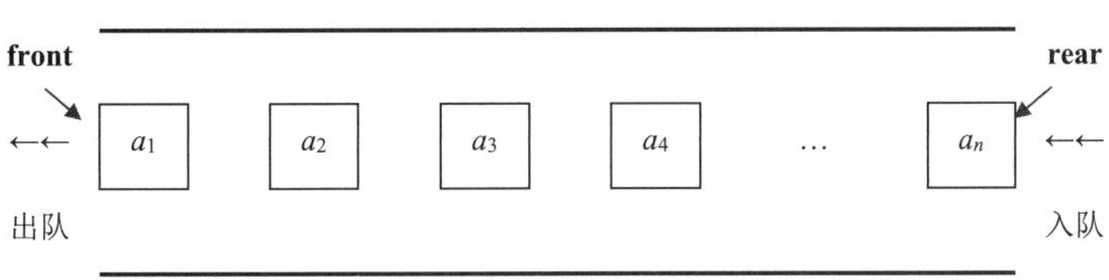

图 9-2 队列的示意图

1. 顺序队列

队列的顺序存储结构是把队列中数据元素按照其逻辑次序依次存放在一组地址连续的存储单元（数组）里的结构，采用这种存储结构的队列称为顺序队列（Sequential Queue）。

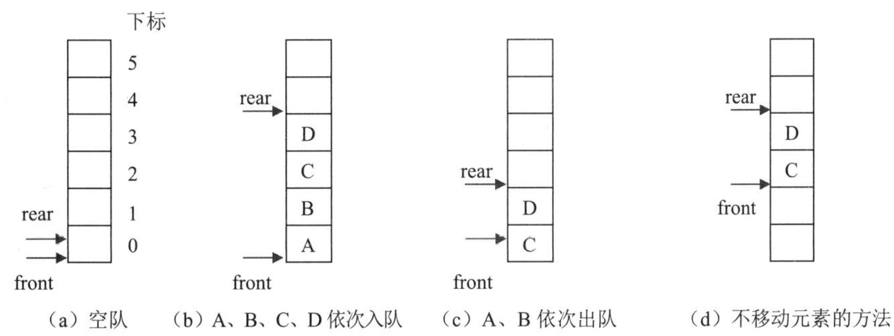

图 9-3 顺序队列中的头、尾指针和队列中数据元素之间的关系

图 9-3（a）所示的队列为空，rear=front。图 9-3（b）所示的入队操作相当于追加元素，

不需要移动元素。但是在进行出队操作时，为了保证队列能充分利用空间，就必须通过移动数据元素，把队列中数据元素依次移动一位，如图 9-3（c）所示。当然也可以不移动元素，在出队时，移动 front 队头指针，如图 9-3（d）所示。但这样又会带来由于不断出队，front 指针不断增加，造成数组低端存在大量空闲空间，而入队到达数组中最大的位置后，出现队列空间被耗尽的“假溢出”现象。为了解决这个问题，可以通过数学上的取模操作实现这种逻辑上的首尾相连的循环结构，这种顺序存储结构称为循环队列（Circular Queue）。

设存储循环队列的数组长度为 QueueSize，队列的长度公式为

$$Queuelength=(rear-front + QueueSize)\%QueueSize \tag{9-1}$$

入队操作时，队尾指针公式为

$$rear=(rear + 1)\%QueueSize \tag{9-2}$$

出队操作时，队头指针公式为

$$front =(front + 1)\%QueueSize \tag{9-3}$$

由图 9-4（b）可以得到队空的判定条件：

$$rear=front \tag{9-4}$$

由图 9-4（d）、（f）不难看出队满的判定条件也是 rear = front，为了区分，把图 9-4（c）、（e）作为队满的判定条件：

$$(rear + 1)\%QueueSize = front \tag{9-5}$$

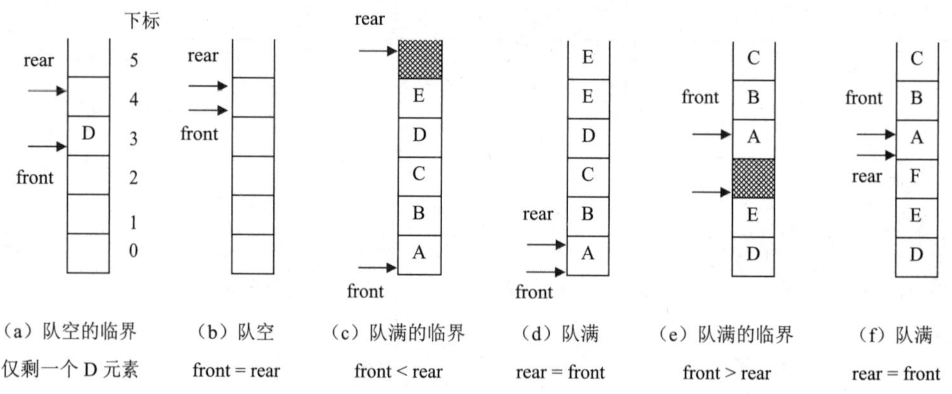

图 9-4 循环队列队空、队满的判定示意图

2. 链队列

队列的链式存储结构是把队列中各个数据元素独立存储，依靠指针链接建立相邻的逻辑次序的结构，称为队列的链式存储结构，此队列简称链队列（Linked Queue）。一般链队列采用单链表实现，为了操作上的方便，通常使用带表头的单链表，设置链队列头指针指向表头节点，表头节点的指针域指针指向队列第一个数据元素，尾指针指向最后一个节点，如图 9-5 所示。

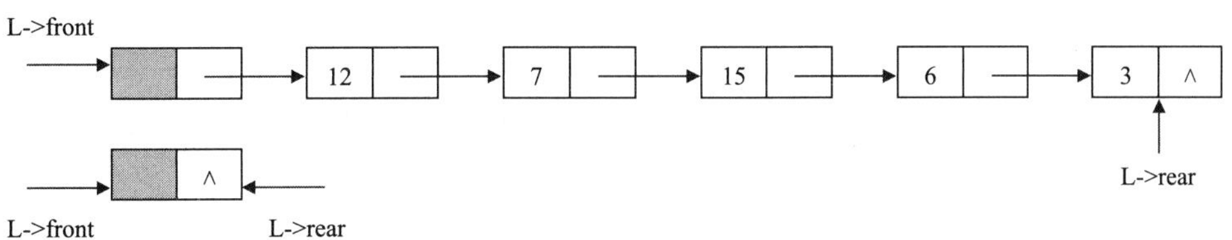

图 9-5　带表头的单链表队列和空队列

不难看出，当头指针和尾指针均指向表头节点时，该链队列为空队。由于采用链式存储，因此该链队列没有队满的问题。

图

图（Graph）是一种复杂的非线性结构，它的二元组定义：图 G 是一个有序二元组，表示为 $G(V,E)$，其中 V 称为顶集（Vertices Set），E 称为边集（Edges Set），E 与 V 不相交。它们也可以写成 $V(G)$和 $E(G)$。其中，顶集的元素被称为顶点（Vertex），边集的元素被称为边（Edge），E 的元素都是二元组，用(x,y)表示，其中 $x,y\in V$。

1. 基本概念

顶点之间的边是没有方向的，或者是双向的，则称该边为无向边，用无序偶对(v_i,v_j)表示，其中，v_i,v_j 属于顶点的集合，该图称为**无向图**（Undirected Graph），如图 9-6（a）所示。

顶点之间的边有方向，则称该边为有向边，或称弧，用有序偶对 $<v_i,v_j>$ 表示，v_i 称为弧尾，v_j 称为弧头，该图称为**有向图**（Directed Graph），如图 9-6（b）所示。

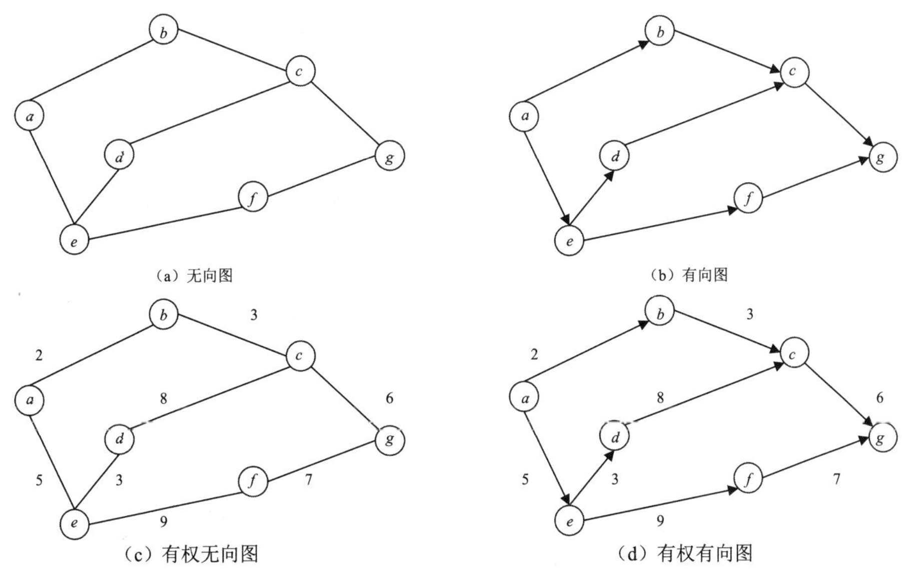

图 9-6　图的基本类型

顶点之间的边赋予了权值（Weight），则该图称为**有权图**，或者称**网**（Network）。图 9-6（c）所示为一个有权无向网，图 9-6（d）所示为一个有权有向网。

在无向图中，顶点 v 的**度**（Degree）指的是依附于该顶点的边的个数。

在有向图中，顶点 v 的度为入度（In-Degree）和出度（Out-Degree）之和，入度指的是以该顶点为弧头的弧的个数，出度指的是以该顶点为弧尾的弧的个数。

在图 $G(V,E)$中，顶点 v_i 到 v_j（$i \neq j$）的顶点序列称为**路径**（Path），路径上边（或弧）的个数称为路径长度（Path Length）。显然，路径可能不唯一。如果路径最终回到了起点，即第一个顶点和最后一个顶点相同，则该路径为**环**（Ring）或**回路**（Circuit），如果在路径序列中，顶点不重复出现的路径称为**简单路径**（Simple Path）。除去第一个和最后一个顶点，其他顶点不重复出现的回路称为**简单回路**（Simple Circuit）。

在无向图中，两顶点之间存在路径，说明是连通的，若任意两顶点 v_i 和 v_j（$i \neq j$）之间存在路径，则称该图为**连通图**（Connected Graph）；在有向图中，这种图称为**强连通图**（Strongly Connected Graph）。

2. 图的存储结构

（1）图的邻接矩阵存储，也称为数组表示法。用一个一维数组存储图中顶点的信息，一个二维数组存储图中的边（或弧）的信息（各顶点之间的邻接关系），该二维数组称为图的邻接矩阵（Adjacency Matrix），如图 9-7、图 9-8、图 9-9（b）所示。

如果图 $G(V,E)$有 n 个顶点，则邻接矩阵是一个 n 阶方阵，定义为

$$A[i][j]=\begin{cases}1 & (v_i,v_j)\in V\text{或}\langle v_i,v_j\rangle\in E\\ 0 & \text{其他情况}\end{cases} \tag{9-6}$$

如果是网，则上述公式定义为

$$A[i][j]=\begin{cases}\omega_{ij} & (v_i,v_j)\in V\text{或}\langle v_i,v_j\rangle\in E\\ 0 & i=j\\ \infty & \text{其他情况}\end{cases} \tag{9-7}$$

（2）图的邻接表存储。对于图中每个顶点建立一个链表，用一个一维数组存储链表的表头节点，链表中的表节点表示依附于该顶点的边（或弧）。采用这种存储结构的图称为邻接表（Adjacency List），其中表头节点由两个域组成：顶点域（Vex），存储图中顶点的信息；指针域（Firstedge），指向第一条依附于该顶点的边（或弧）。表节点由两个域组成：邻接点域（Adjvex），指示与表头节点相邻接的顶点在图中的位置；链域（Nextedge），指向与表头节点相邻接的下一条边（或弧）。如果图是有权图（或网），还需要加一个权值域（Weight）用于存储有权图中边（或弧）的权值，如图 9-7、图 9-8、图 9-9（c）所示。

3. 图的遍历

通常图的遍历（Traversal of Graph）有两种方式：广度优先搜索（Breadth First Search）算法和深度优先搜索（Depth First Search）算法。广度优先搜索算法是以层次方式进行的，需要队列保存已经访问的顶点；而深度优先搜索算法是以递归方式进行的，所以需要栈记

录访问的路线。为了区分顶点是否被访问，都需要设置一个标志数组来记录顶点的访问情况。

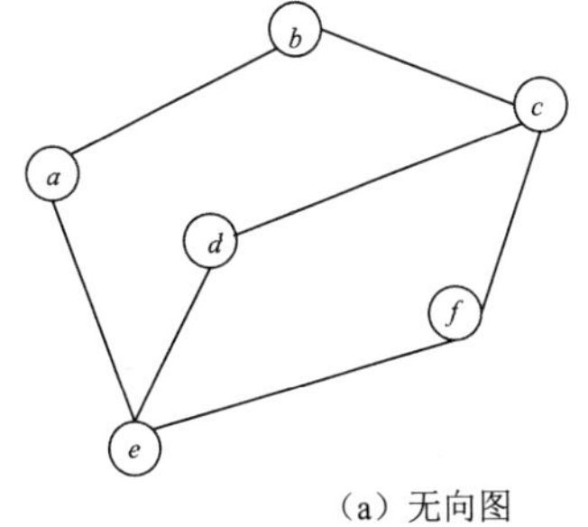

（a）无向图

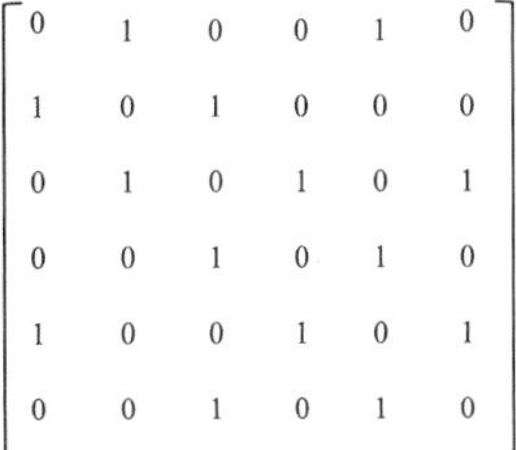

（b）无向图的邻接矩阵

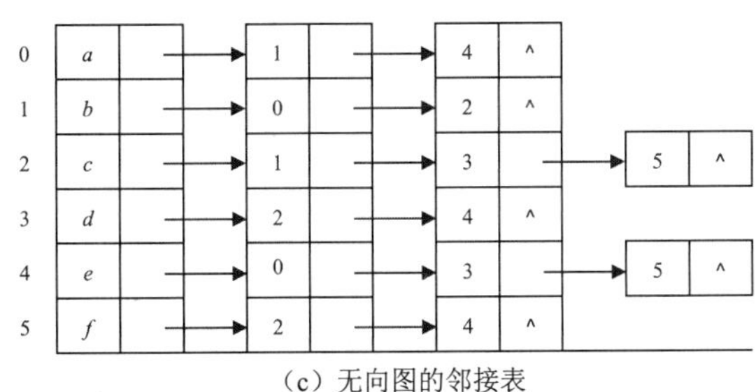

（c）无向图的邻接表

图 9-7　无向图的存储结构

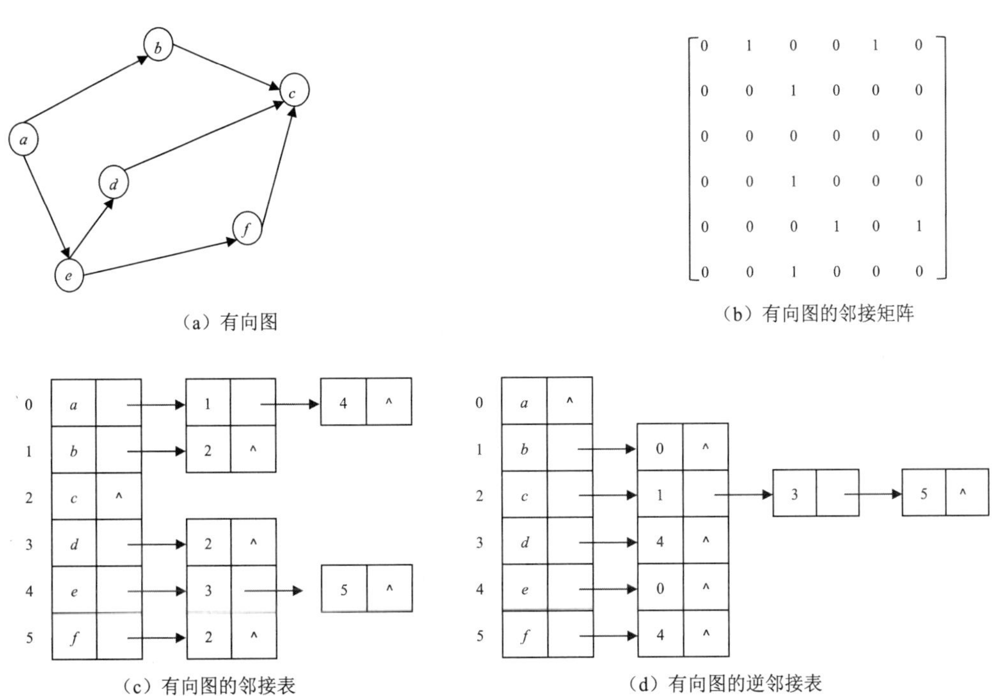

（a）有向图

（b）有向图的邻接矩阵

（c）有向图的邻接表

（d）有向图的逆邻接表

图 9-8　有向图的存储结构

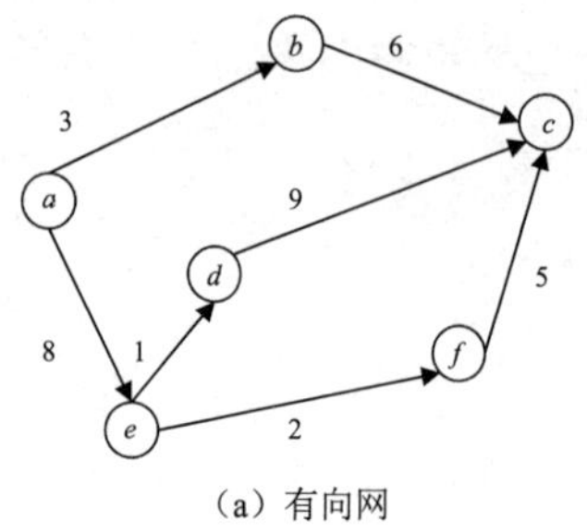

（a）有向网

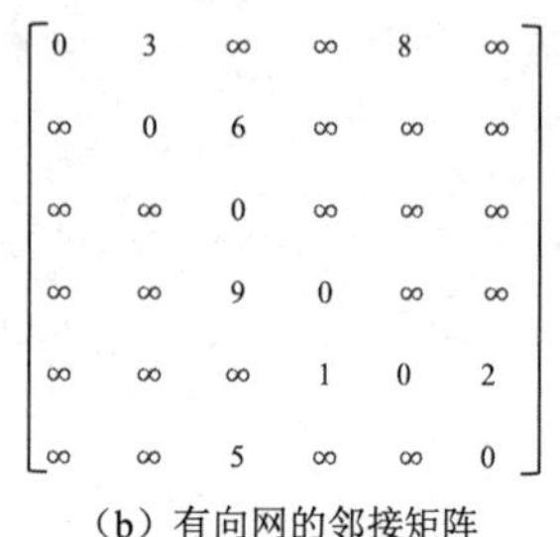

（b）有向网的邻接矩阵

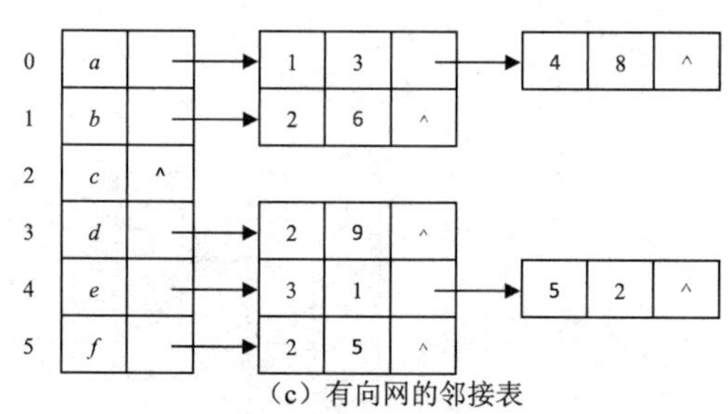

（c）有向网的邻接表

图 9-9　有向网的存储结构

1）广度优先搜索算法

广度优先搜索算法又称宽度优先搜索算法，是图的搜索算法之一，又称 BFS 算法，属于一种盲目搜寻方法，它并不考虑结果的可能位置，而是通过系统地展开并检查图中的所有顶点，彻底地搜索整张图，从而解决以下问题。

（1）图中两顶点之间是否有路径相连。

（2）如果有路径，哪条路径是最短的。

广度优先搜索算法设计如下。

（1）访问标志数组 closed[ ]赋初值 0（0 表示没有访问过，1 表示已经访问过）。

（2）初始化循环队列 open（记录访问的顶点）。

（3）从指定的顶点开始，访问入队并置访问标志为 1。

（4）出队，访问出队顶点，将该顶点的邻居顶点（即与之有边或弧连接的顶点）依次入队，并置访问标志为 1；重复第（4）步操作，直到队列为空，完成整张图的搜索。

2）深度优先搜索算法

深度优先搜索算法也是一种盲目搜索方法，用于图的遍历，又称 DFS 算法。沿着图中某一顶点 v（也被称为源顶点）出发，尽可能深地搜索 v 的分支。当该 v 所在边都已被访问过，搜索将回溯到发现顶点 v 的那条边的起始顶点。这一过程一直进行到发现从源顶点可达的所有顶点为止。如果还存在未被发现的顶点，则选择其中一个作为源顶点并重复以上过程，整个进程反复进行直到所有节点都被访问为止。早期的爬虫程序多采用这种方法，当然也被用于解决走迷宫问题。

深度优先搜索算法设计如下。

（1）访问顶点 v（源顶点）。

（2）依次从 v 未被访问的邻居顶点出发，对图进行深度优先搜索；直至图中和 v 有路径相通的顶点都被访问。

（3）若此时图中尚有顶点未被访问，则从一个未被访问的顶点出发，重新进行深度优先搜索，直到图中所有顶点均被访问为止。

递归条件（Recursive Case）：只要邻居顶点未被访问，调用 DFS。

基线条件（Base Case）：图中顶点均被访问（标记数组 closed 的值都为 1）。

例题 09-01　对图 9-10 所示的五岳三山无向图 $G(V,E)$，采用邻接矩阵存储，请用深度优先搜索算法编写代码实现从任意指定起始顶点出发游历三山五岳的路径。在图 9-11 中，*a*—西岳华山，*b*—北岳恒山，*c*—东岳泰山，*d*—中岳嵩山，*e*—南岳衡山，*f*—黄山，*g*—庐山，*h*—雁荡山。

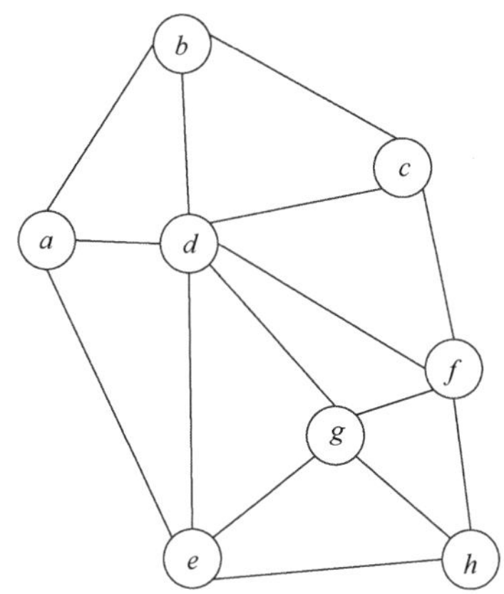

图 9-10　五岳三山无向图

算法 09-01

```
#include <stdio.h>
#include <stdlib.h>
#define MaxVertex 100          // 最大顶点数
int closed[MaxVertex]; // 定义“标记”数组为全局变量 —标记已经访问过的顶点元素
typedef struct{                // 邻接矩阵存储图的结构体
    char Vertex[MaxVertex];          // 存储顶点元素的一维数组
    int AdjMatrix[MaxVertex][MaxVertex];      // 邻接矩阵二维数组
    int vexnum,edgenum;              // 图的顶点数和边数
}MGraph;
// 查找顶点元素 v 在一维数组 Vertex[] 中的下标，并返回下标
int LocateVex(MGraph *G,char v){
    int i;
    for(i=0;i<G->vexnum;i++)
        if(v==G->Vertex[i])
            return i;
    printf("没有这个顶点!\n");
    return -1;
}
void CreateUDG(MGraph *G){              // 建立无向图 — 邻接矩阵
    int i,j,n,m;
```

```
    char v1,v2;
    printf("输入顶点个数和边数：\n");
    printf("顶点数 n=");
    scanf("%d",&G->vexnum);
    printf("边  数 e=");
    scanf("%d",&G->edgenum);
    printf("\n\n");
    printf("输入顶点元素(无须空格隔开)：");
    scanf("%s",G->Vertex);
    printf("\n");
    for(i=0;i<G->vexnum;i++)
     for(j=0;j<G->vexnum;j++)
        G->AdjMatrix[i][j]=0;
    printf("请输入边的信息：\n");
    for(i=0;i<G->edgenum;i++){
        printf("输入第%d条边信息：",i+1);
        scanf(" %c%c",&v1,&v2);
        n=LocateVex(G,v1);
        m=LocateVex(G,v2);
        if(n==-1||m==-1){
            printf("没有这个顶点!\n");
            return;
          }
       G->AdjMatrix[n][m]=1;
       G->AdjMatrix[m][n]=1;
     }
}
void Output(MGraph G){                              // 输出邻接矩阵
    int i,j;
    printf("\n------------------------------");
    printf("\n 邻接矩阵：\n\n");
    printf("\t ");
    for(i=0;i<G.vexnum;i++)
        printf("  %c",G.Vertex[i]);
    printf("\n");
    for(i=0;i<G.vexnum;i++){
        printf("\t%c",G.Vertex[i]);
        for(j=0;j<G.vexnum;j++)
           printf("  %d",G.AdjMatrix[i][j]);
       printf("\n");
    }
}
void DFS(MGraph *G, int v){                         // 深度优先搜索 BFS
 int i;
    closed[v] = 1;
 printf("%c ", G->Vertex[v]);
    for(i=0;i<G->vexnum;++i)
        if(G->AdjMatrix[v][i] == 1 & !closed[i])
        DFS(G, i);
}
void DFSTraverse(MGraph *G,int m) {                 // 深度优先搜索法遍历图，指定顶点 m
```

```
    int i;
    for(i=0;i<G->vexnum;i++)
        closed[i]=0;                                    // 标记数组初始化为全 0
    if(!closed[m])
            DFS(G,m);                                   // 调用深度优先搜索函数
}
int main() {
    char v;
    MGraph G;
    puts("---深度优先搜索算法---\n\n");
    CreateUDG(&G);
    Output(G);
    printf("\n\n 深度优先遍历：");
    printf("\n 输入指定起始顶点：");
    scanf(" %c",&v);
    DFSTraverse(&G,LocateVex(&G, v));
    return 0;
}
```

任务工单

任务情境

对图 9-10 所示的五岳三山无向图 $G(V,E)$，采用邻接矩阵存储，并用广度优先搜索算法编写代码实现从任意指定起始顶点出发游历三山五岳的路径。

算法分析

广度优先搜索算法以一种系统的方式从图 $G(V,E)$中指定顶点出发，探寻它所能到达的所有顶点，并计算出该顶点到所有顶点的距离（最少边数）。

显然，所有顶点都要被访问一次，那么怎样确定从指定顶点出发，依次访问其余顶点呢？这就需要注意以下关键的两点（open-closed）。

（1）顶点的访问次序。通过被称为 open 的容器（循环队列）来存储尚未被访问的邻居顶点。从指定顶点开始，访问该顶点，将其加入 open 队列，再出队，然后依次访问出队顶点的未被访问的邻居顶点，逐一加入队列。重复上述过程，直到队列空为止，出队的序列就是顶点的访问次序。

（2）顶点不重复访问。为了保证访问的顶点是没有被访问过的，通过使用一个被称为 closed 的容器（标记数组）存储顶点是否被访问的信息。

以下是使用黑、白、灰三种颜色着色顶点的方法来模拟整个搜索过程。

为每个顶点着色（白色、灰色或黑色），白色代表没有被访问的顶点，黑色代表已经访问过的顶点，灰色代表已访问和未访问顶点之间的边界。广度优先搜索算法过程及循环队列 open 和标记数组 close 的变化情况如图 9-11 所示。

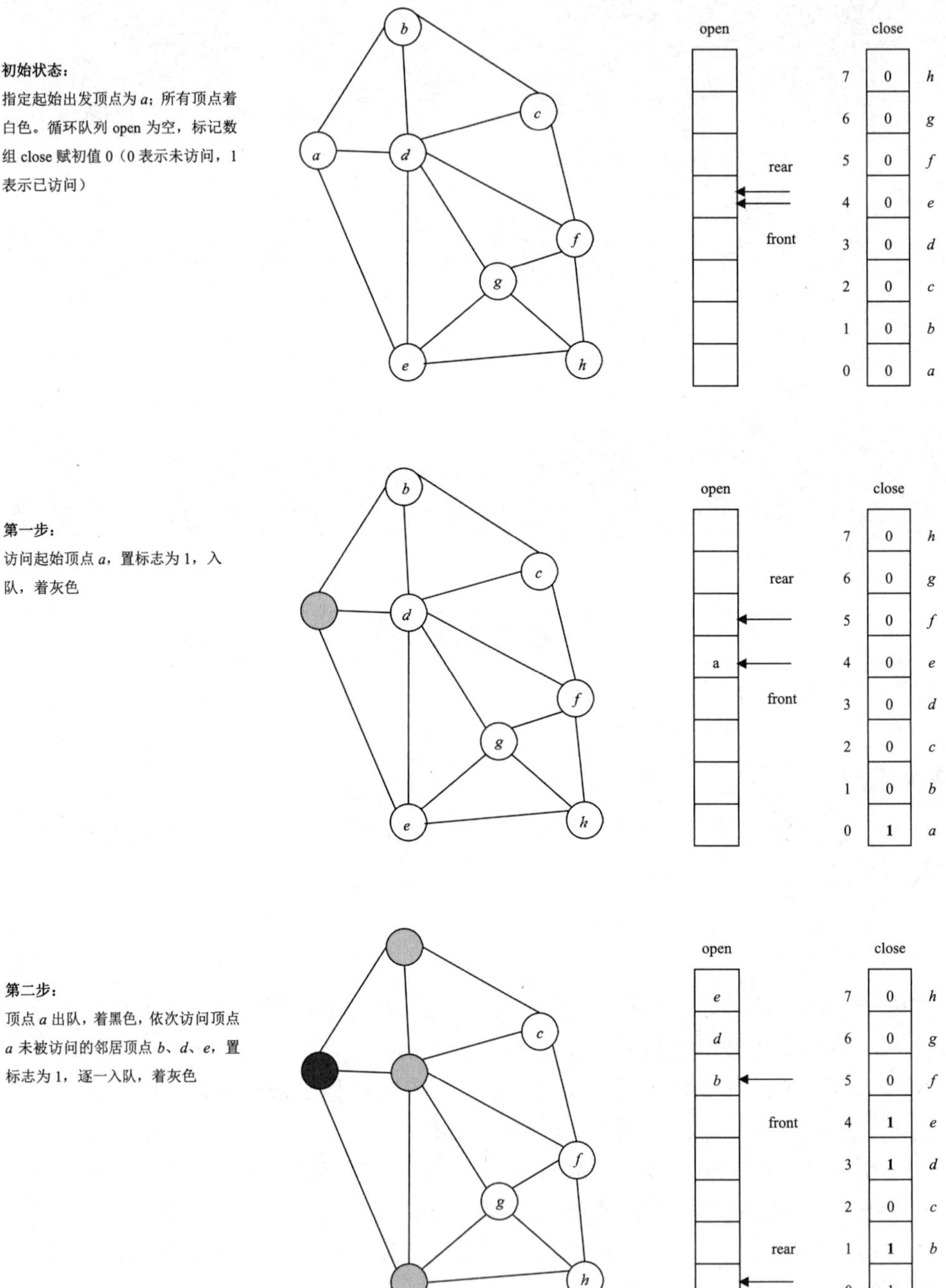

初始状态：
指定起始出发顶点为 *a*；所有顶点着白色。循环队列 open 为空，标记数组 close 赋初值 0（0 表示未访问，1 表示已访问）
open
close
rear
front
第一步：
访问起始顶点 *a*，置标志为 1，入队，着灰色
第二步：
顶点 *a* 出队，着黑色，依次访问顶点 *a* 未被访问的邻居顶点 *b*、*d*、*e*，置标志为 1，逐一入队，着灰色

图 9-11　广度优先搜索算法过程及循环队列 open 和标记数组 close 的变化情况

重复第二步：

顶点 *b* 出队，着黑色，访问顶点 *b* 未被访问的邻居顶点 *c*(*a* 和 *d* 已访问)，置标志为 1，入队，着灰色

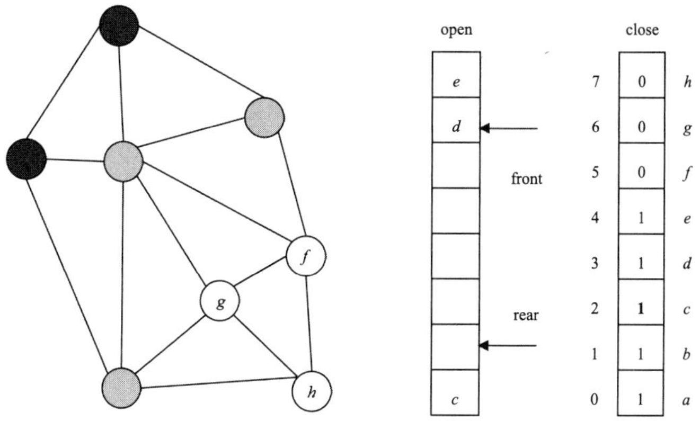

重复第二步：

顶点 *d* 出队，着黑色，访问顶点 *d* 未被访问的邻居顶点 *f*、*g*（*a*、*b*、*e* 和 *c* 已访问），置标志为 1，依次入队，着灰色

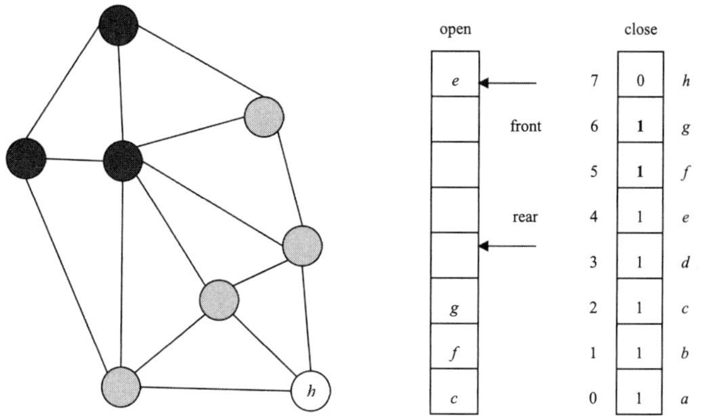

重复第二步：

顶点 *e* 出队，着黑色，访问顶点 *e* 未被访问的邻居顶点 *h*（*a*、*d* 和 *g* 已访问），置标志为 1，顶点 *h* 入队，着灰色

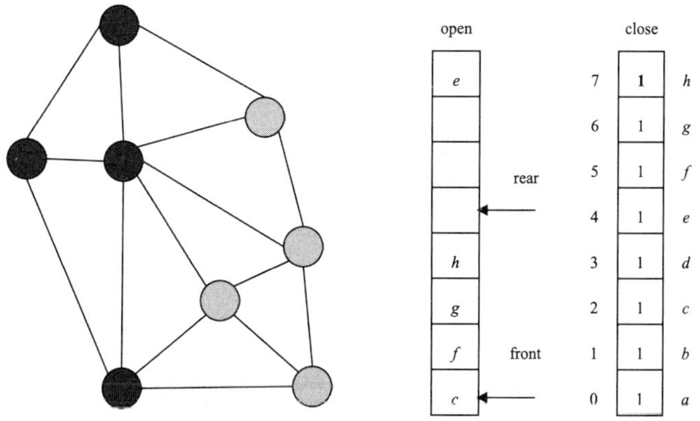

图 9-11 广度优先搜索算法过程及循环队列 open 和标记数组 close 的变化情况（续）

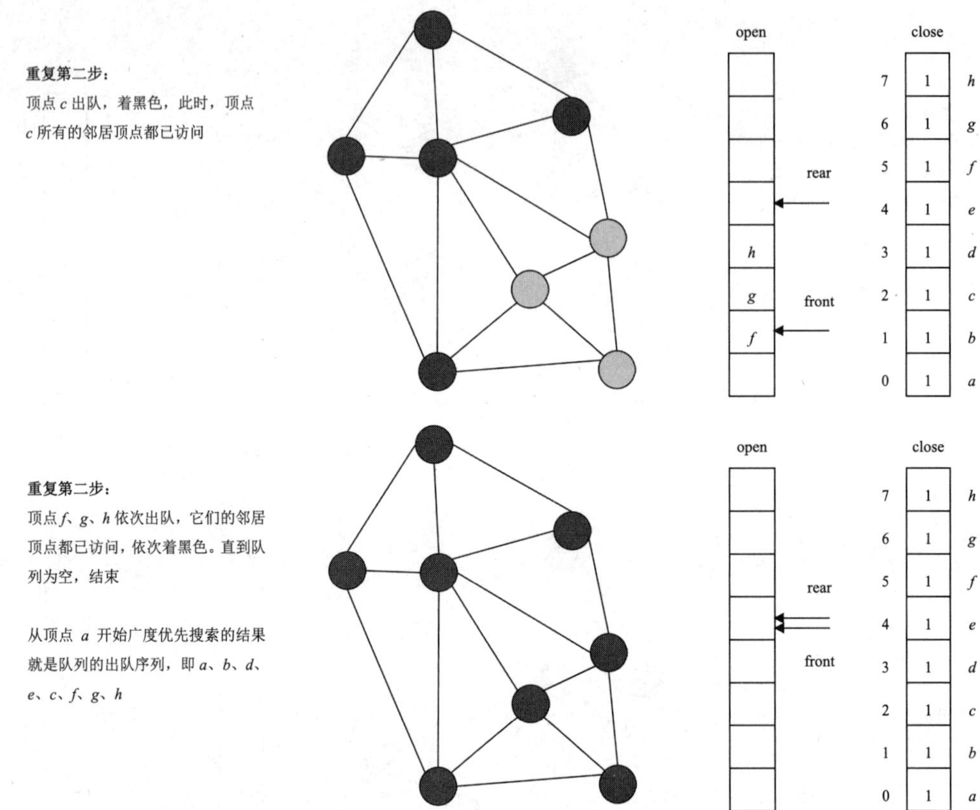
重复第二步：
顶点 c 出队，着黑色，此时，顶点 c 所有的邻居顶点都已访问
open
close
rear
front
h
g
f
7 6 5 4 3 2 1 0
1 1 1 1 1 1 1 1
h g f e d c b a
重复第二步：
顶点 f、g、h 依次出队，它们的邻居顶点都已访问，依次着黑色。直到队列为空，结束
从顶点 a 开始广度优先搜索的结果就是队列的出队序列，即 a、b、d、e、c、f、g、h

图 9-11 广度优先搜索算法过程及循环队列 open 和标记数组 close 的变化情况（续）

工单任务

<table>
<tr><td>任务名称</td><td>广度优先搜索算法</td><td>完成时限</td><td>90min</td></tr>
<tr><td>学生姓名</td><td></td><td>小组成员</td><td></td></tr>
<tr><td>发出任务时间</td><td></td><td>接受任务时间</td><td></td></tr>
<tr><td>任务内容及要求</td><td colspan="3">已知：三山五岳无向图 G 如图 9-10 所示。请编码实现邻接表存储图，并且运用广度优先搜索算法，找出从任意指定的大山出发，游历整个三山五岳的路径。
输入要求：
（1）用键盘输入顶点和边的个数。
（2）用键盘输入各个顶点元素（字符型）。
（3）用键盘输入各个边。
（4）用键盘输入搜索起始顶点。
输出要求：
（1）输出图的邻接表。
（2）输出从该顶点出发的广度优先搜索结果</td></tr>
</table>

续表

任务完成日期		□提前完成 □按时完成 □延期完成 □未能完成
延期或未能完成原因说明		

资讯

计划与决策

请根据任务要求，确定采用的算法，分析算法的时间复杂度，制定作业流程，并对小组成员进行合理分工。

实操记录

编码和调试中出现的问题记录

算法完整代码和运行结果

算法时间复杂度分析

知识巩固

想一想

怎样实现二叉树的层序遍历？

练一练

一、填空题

1．有 n 个顶点的无向图最多有________条边。

2．图的遍历有________和________等方法。

3．设有 n 个顶点 e 条边（或弧）的无向图和有向图采用了邻接矩阵存储，则邻接矩阵的边节点个数和弧节点个数分别是________和________。

二、单选题

1．一个 n 顶点的连通无向图，其边的条数至少是________。

A．n−1　　B．n　　C．n+1　　D．2×n

2．有 n 个顶点 e 条边的无向图 G，其深度优先搜索算法的时间复杂度为________。

A．$O(n)$　　B．$O(n^e)$　　C．$O(n+e)$　　D．$O(e \times n)$

3．在一个无向图中，所有顶点的度之和是边的数量的________倍。

A．$\frac{1}{2}$　　B．1　　C．2　　D．3

4．若带权有向图 G 用邻接矩阵存储，则对于顶点 V_i 的入度等于矩阵中________。

A．第 i 行非∞的元素之和

B．第 i 列非∞的元素之和

C．第 i 行非∞的且非 0 元素个数

D．第 i 列非∞的且非 0 元素个数

5．采用邻接表存储的图的深度优先搜索遍历算法与二叉树的________算法类似。

A．先序遍历　　B．中序遍历　　C．后序遍历　　D．层序遍历

三、判断题

1．强连通图的各个顶点间均有路径连通。（　　）

2．在无向图 G 中，顶点有 n 个，如果边的数目大于 n−1，则 G 是连通图。（　　）

3．广度优先搜索算法在理想状态下的时间复杂度为 $O(e \times n)$。（　　）

4．有向图遍历不可以采用广度优先搜索算法。（　　）

5．最短路径一定是简单路径。（　　）

6．如果邻接矩阵是对称的，则该图一定是无向的。（　　）

7．广度优先搜索可以求得从起始点到其余各个顶点的最短路径。（　　）

8．无向图邻接矩阵存储，矩阵一定是对称的。（　　）

9．在有向图中，顶点的出度之和等于入度之和。（　　）

10．图 G 是非连通图，有 n 个顶点和 28 条边，则该图顶点 n 不小于 9。（　　）

做一做

1．二叉树的层序遍历算法思路如下。

（1）层序遍历是从根节点开始，自上而下逐层遍历，同层次中从左到右顺序逐次访问节点。

（2）运用队列的特性：先进先出，首先将根节点入队。

（3）队列出队，访问出队节点，将该节点的左孩子、右孩子依次入队。

（4）重复步骤（3）直到队列为空。

请编码实现该算法，将代码及运行结果填入此栏，或者将截图粘贴于此。

2．验证深度优先搜索算法，并将代码及运行结果请填入此栏，或者将截图粘贴于此。

拓展学习

开动脑筋

1．存储无向图的另一种方法，称为邻接多重表（Adjacency Multilist），对应于无向图的每条边有一个节点，对应于每个顶点也有一个节点，如图 9-12 所示，其中表头节点由 2 个域组成：存放顶点信息的顶点域（vex）和指向第一条依附于该顶点的边的指针域（firstedge）；表节点由 6 个域组成：标记是否被搜索过的标志域（mark），分别指向该边所依附的两个顶点的位置域（ivex 和 jvex），分别指向下一条依附于 ivex 和 jvex 的边的链域（ilink 和 jlink），以及存储网（图中无此域）中边的权值域（weight）。请写出邻接多重表的类型定义。

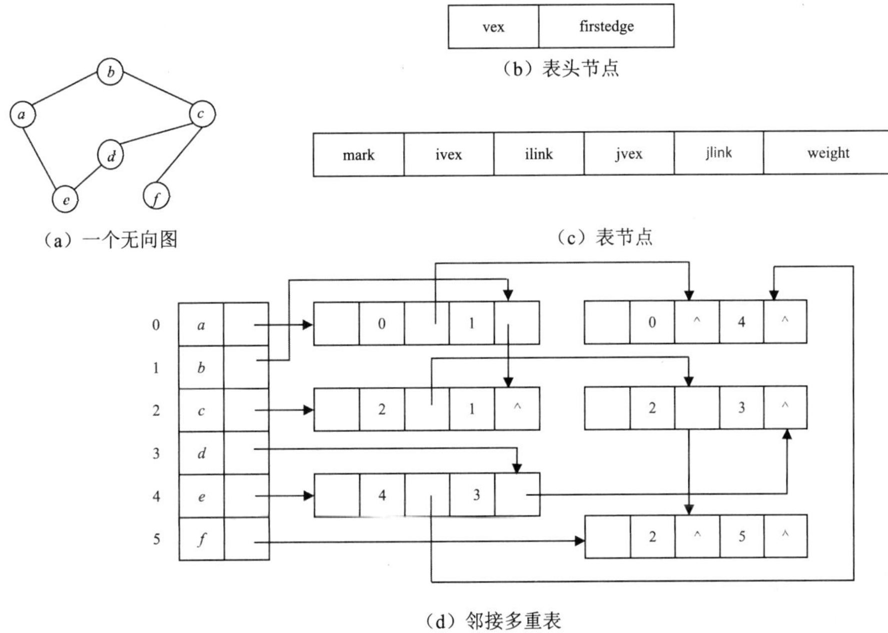

图 9-12　无向图及其邻接多重表存储结构

2．存储有向图也有另一种方法，称为十字链表（Orthogonal List），对应于有向图的每条弧有一个节点，对应于每个顶点也有一个节点，如图 9-13 所示，其中表头节点由 3 个域组成：存放顶点信息的顶点域（vex）和分别指向以顶点为弧头与弧尾的第一条弧的指针域（firstin 和 firstout）；表节点由 5 个域组成：分别指示弧头和弧尾这两个顶点在图中位置的头域（headvex）和尾域（tailvex），分别指向弧头和弧尾相同的下一条弧的链域（hlink 和 tlink），以及存放网（图中无此域）中弧的权值域（weight）。请写出十字链表的类型定义。

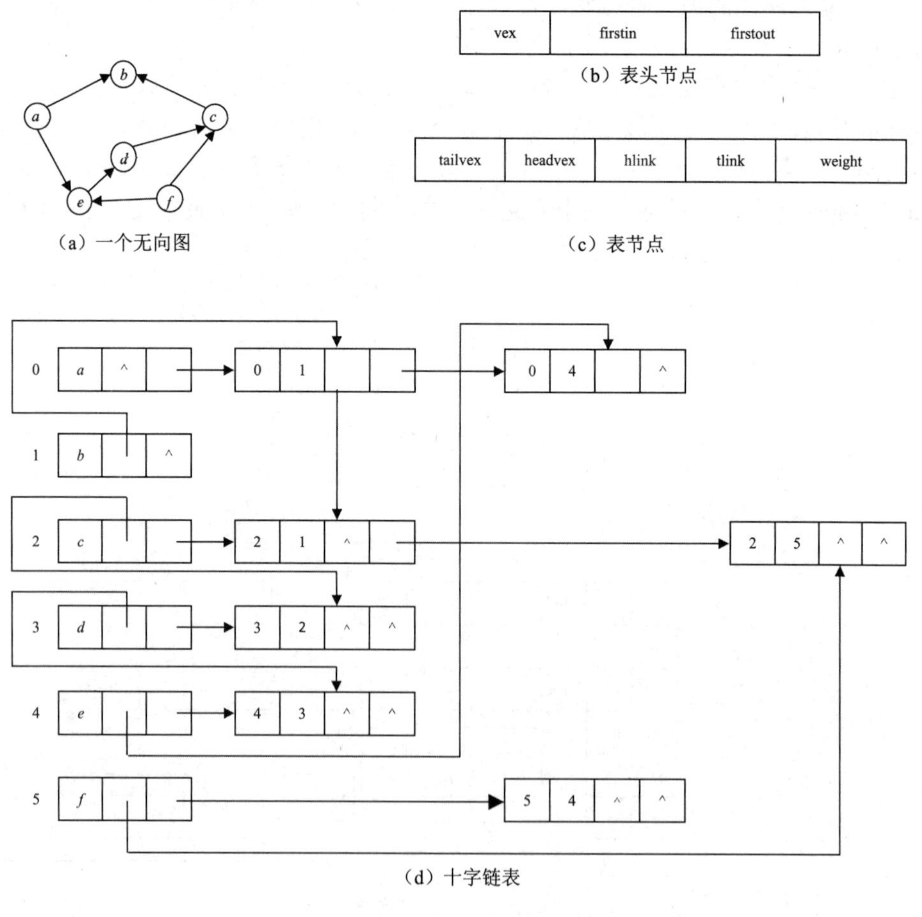

（a）一个无向图　（b）表头节点　（c）表节点　（d）十字链表

图 9-13　有向图及其十字链表结构

勤于练习

X 星球的流行宠物是青蛙，一般有两种颜色：绿色和黑色。X 星球的居民喜欢把它们放在一排茶杯里，这样可以观察它们跳来跳去。如图 9-14 所示，有一排杯子，左边的一个是空的，右边的每个杯子里边有一只青蛙，可以用*GBBBGG 表示，其中 G 表示绿色青蛙，B 表示黑色青蛙，*表示空杯子。X 星的青蛙有些癖好，它们一次只做以下 3 个动作中的一个。

（1）跳到相邻的空杯子里。

（2）隔着 1 只青蛙（随便什么颜色）跳到空杯子里。

（3）隔着 2 只青蛙（随便什么颜色）跳到空杯子里。

请设计程序，计算出由 *GBBBGG 变成 GBGBGB*至少需要多少次青蛙跳？

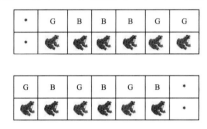

*	G	B	B	B	G	G
*						

G	B	G	B	G	B	*
						*

图 9-14 青蛙跳杯子

总结考评

单元总结

单元小结

1. 广度优先搜索指出是否有从顶点 *A* 到顶点 *B* 的路径。如果有，那么广度优先搜索将找出最短路径。

2．类似寻找最短路径的问题，可尝试先使用图来建立模型，再使用广度优先搜索来解决。

3．有向图中的边是带箭头的，箭头方向指定了关系的方向。无向图中的边不带箭头，其中关系是双向的。

4．队列是先进先出（FIFO）的线性表，栈是后进先出（LIFO）的线性表。

5．对于队列 open，需要按加入顺序检查搜索列表中的顶点，否则不能保证找到的是最短路径。

单元任务复盘

1. 目标回顾

2. 结果评估（一致、不足、超过）

3. 原因分析（可控的、不可控的）

4. 经验总结

过程考评

基本信息	姓名		班级		组别	
	学号		日期		成绩	
	序号	项目	任务完成情况		标准分	评分
			完成	未完成		
教师考评内容（50 分+）	1	资讯			5 分	
	2	计划与决策			10 分	
	3	代码编写			10 分	
	4	代码调试			10 分	
	5	想一想			5 分	
	6	练一练			5 分	
	7	做一做			5 分	
	8*	拓展学习			ABCD	
	考评教师签字：				日期：	
小组考评内容（25 分）	1	主动参与			5 分	
	2	积极探究			5 分	
	3	交流协作			5 分	
	4	任务分配			5 分	
	5	计划执行			5 分	
	小组长签字：				日期：	
自我评价内容（25 分）	1	独立思考			5 分	
	2	动手实操			5 分	
	3	团队合作			5 分	
	4	习惯养成			5 分	
	5	能力提升			5 分	
	本人签字：				日期：	

撷英拾萃

图的存储结构及适用范围

存储结构	邻接矩阵	邻接表	十字链表	邻接多重表
存储方式	顺序存储	链式存储	链式存储	链式存储
适用范围	无向图/有向图/网	无向图/有向图/网	有向图（网）	无向图（网）
实现思想	一维数组存储顶点 二维数组存储边	①对每个顶点建立一个单链表； ②顶点信息和依附于顶点的边（弧）节点构成的单链表存储在一个一维数组中	使用两个指针数组分别存储邻接表和逆邻接表的顶点表；把邻接表的出度节点和逆邻接表的入度节点结合在一起	顶点的表头节点与邻接表的相同，表节点由 4 个域组成，分别存储边所依附的两个顶点域，以及分别指向该边所依附两顶点的下一条边节点

读书笔记

Unit 10

迪杰斯特拉算法

主体教材

任务目标

知识目标

（1）理解和运用数组、栈、队列和图等。

（2）认识、理解和运用**迪杰斯特拉算法**求最短路径。

（3）运用大 O 表示法分析迪杰斯特拉算法的**时间复杂度**。

能力目标

（1）熟练使用一门高级编程语言的能力，如 C、C++、C#、Java 等。

（2）编写和调试迪杰斯特拉算法代码的能力。

（3）在小组活动中，具备一定的组织能力和协调能力。

素质目标

（1）培养自己的兴趣爱好，养成时间管理的好习惯。

（2）培养独立思考、大胆推测和细心求证的思考问题、解决问题的能力。

（3）积极尝试和适应在学习、生活中不同的角色。

任务导入

几个乡镇之间的交通图可以用有向网来表示，如图 10-1 所示，图中的边表示乡镇间的道路及长度。现在要从这些镇中选择一个建立一所医院，问这所医院建在哪个乡镇，才能使所有的乡镇离医院都比较近呢？

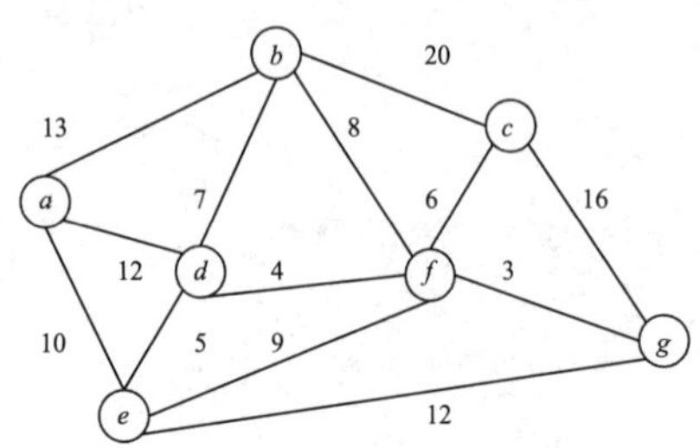

图 10-1　乡镇间交通连接图

相关知识

图的连通性

在图的应用中，通常需要判定给定的无向图是否是一个连通图。

1. 无向图的连通分量

对于连通图，仅需要从图中任意顶点出发，运用深度优先搜索算法或广度优先搜索算法，便可以访问到图中所有的顶点。但对于非连通图，需要从多个顶点出发进行搜索，每次从一个新的顶点出发进行搜索的过程中得到的顶点访问序列恰好是一个连通分量中的顶点集。

2. 生成树和生成森林

从连通图 $G(V,E)$中任一顶点出发进行遍历，必定将边的集合 E 分成两部分，一部分是经历了遍历的边的集合 TE(G)，另一部分是没有经过遍历的边的集合 BE(G)。集合 TE(G)和图 G 中所有的顶点构成了图 G 的极小连通子图，它是 G 的一棵生成树。由深度优先搜索算法得到的生成树为深度优先生成树，由广度优先搜索算法得到的生成树为广度优先生成树。一个连通图的生成树不是唯一的，只要能够连通所有顶点而又不产生回路的子图都是该连通图的生成树。

对于非连通图，每个连通分量中的顶点集和搜索时走过的边共同构成了若干棵生成树，这些连通分量的生成树组成了非连通图的生成森林。由深度优先搜索算法得到的生成森林为深度优先生成森林。由广度优先搜索算法得到的生成森林为广度优先生成森林。

3. 最小生成树

设 $G=(V,E)$是一个连通网，生成树上的各个边权值之和称为该生成树代价：

$$w(T)=\Sigma\omega(u,v) \quad (u,v)\in \mathrm{TE} \tag{10-1}$$

其中，TE 表示生成树的边的集合；$\omega(u,v)$ 表示边 (u,v) 的权值。在图 G 的所有生成树中，代价最小的生成树称为最小代价生成树（Minimal Cost Tree），简称最小生成树。

最小生成树的性质（MST）：图 G 中 U 是顶点集合 V 的一个非空子集，如果 (u,v) 是图 G 中所有一个顶点在 $U(u \in U)$ 里、另一个顶点在 $V(v \in V-U)$ 里的边中最小权值的一条边，则必定存在一棵包含边 (u,v) 的最小生成树。

4. 普利姆算法构造最小生成树

普利姆（Prim）算法设计如下。

设 T=(U,TE)是连通网 G(V,E)的最小生成树，TE 是 V 上最小生成树边的集合。T 的初始状态为 U={u_0}（$u_0 \in V$），TE={}。执行操作：在所有 $u \in U$，$v \in V-U$ 的边 $(u,v) \in E$ 中将寻找到的一条最小权值的边 (u_0,v_0) 并入集合 TE，同时将 v_0 并入 U，直到 U=V 为止。此时 TE 中必有 n−1 条边，T=(U,TE)为 G 的最小生成树。普利姆算法适用于边稠密的网。

例题 10-01　对于图 10-2（a）所示的连通网，图 10-2（b）至（f）给出了从顶点 a 出发，使用普利姆算法构造的最小生成树的过程。其中，虚线框内顶点属于集合 U，粗线边属于集合 TE，cost 为最小候选边的集合。

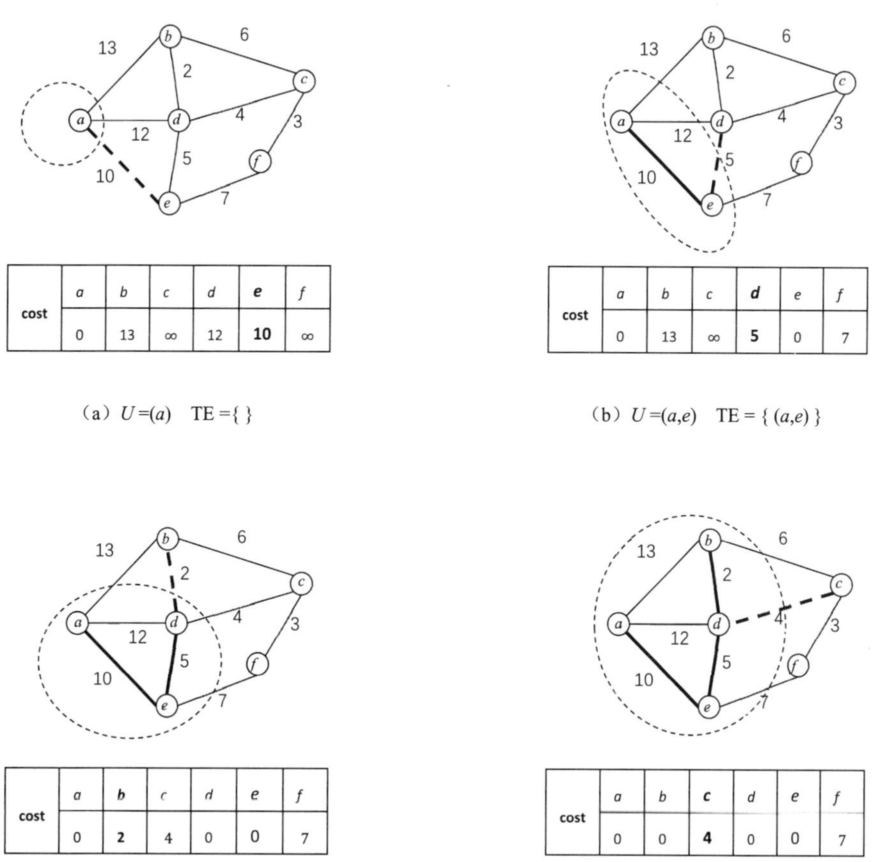

cost	a	b	c	d	**e**	f
	0	13	∞	12	**10**	∞

（a）U=(a)　TE={ }

cost	a	b	c	**d**	e	f
	0	13	∞	**5**	0	7

（b）U=(a,e)　TE = { (a,e) }

cost	a	**b**	c	d	e	f
	0	**2**	4	0	0	7

（c）U=(a,e,d)　TE = { (a,e)　(e,d) }

cost	a	b	**c**	d	e	f
	0	0	**4**	0	0	7

（d）U=(a,e,d,b)　TE = { (a,e)　(e,d)　(d,b) }

图 10-2　普利姆算法构造最小生成树的过程

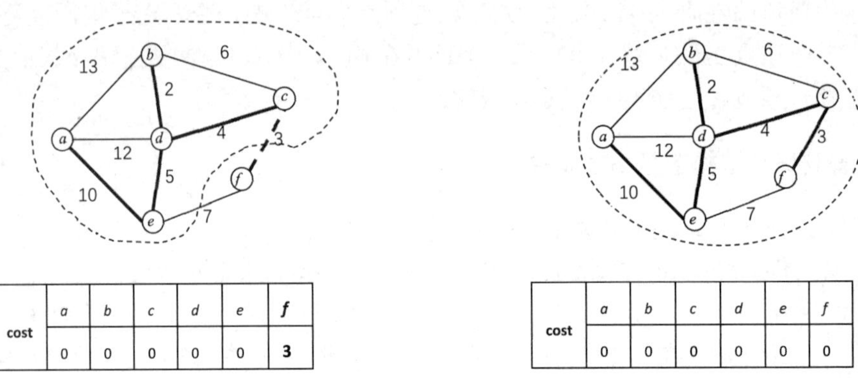

cost	a	b	c	d	e	f
	0	0	0	0	0	**3**

cost	a	b	c	d	e	f
	0	0	0	0	0	0

（e）U=(*a*,*e*,*d*,*b*,*c*)　TE = { (*a*,*e*)　(*e*,*d*)　(*d*,*b*)　(*d*,*c*) }　　（f）U=(*a*,*e*,*d*,*b*,*c*,*f*)　TE = { (*a*,*e*)　(*e*,*d*)　(*d*,*b*)　(*d*,*c*)　(*c*,*f*) }

图 10-2　普利姆算法构造最小生成树的过程（续）

5. 克鲁斯卡尔算法构造最小生成树

克鲁斯卡尔（Kruskal）算法设计如下。

设 T=(U,TE)是连通网 G(V,E)的最小生成树，TE 是 V 上最小生成树边的集合。T 的初始状态为 U=V，TE={}。执行操作：按照边权值由小到大的顺序，依次考察边集 E 中的各条边。如果被考察的边的两个顶点属于 T 的两个不同连通分量，则将此边加入 TE 中，同时将两个连通分量连接为一个连通分量；如果被考察边的两个顶点属于同一个连通分量，则舍去此边。依次类推，直到 T 中连通分量的个数为 1，此连通分量为 G 的一棵最小生成树。克鲁斯卡尔算法适用于边稀疏的网。

例题 10-02　对于图 10-3（a）所示的连通网，图 10-2（b）至（f）给出了用克鲁斯卡尔算法构造最小生成树的过程。其中，粗线边属于集合 TE。

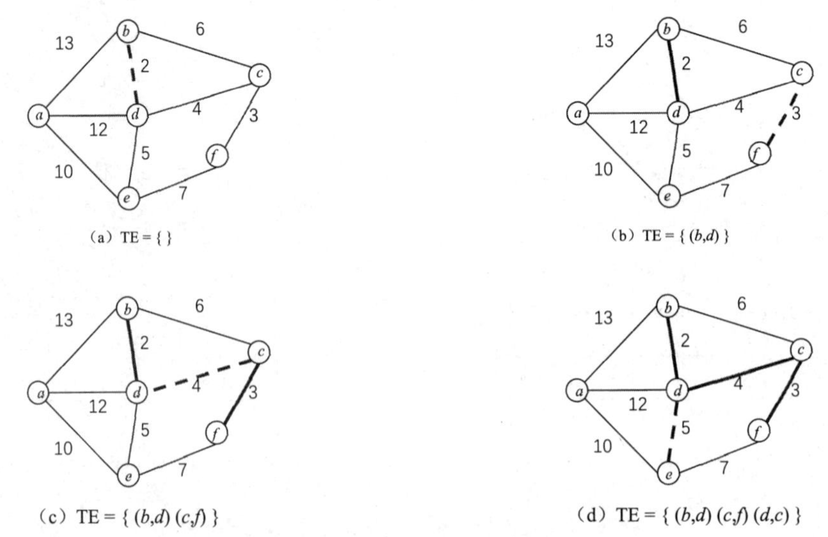

（a）TE = { }　（b）TE = { (*b*,*d*) }　（c）TE = { (*b*,*d*) (*c*,*f*) }　（d）TE = { (*b*,*d*) (*c*,*f*) (*d*,*c*) }

图 10-3　克鲁斯卡尔算法构造最小生成树的过程

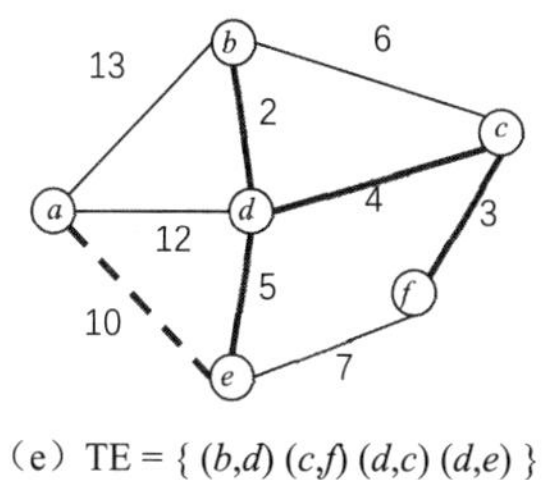

(e) TE = { (b,d) (c,f) (d,c) (d,e) }

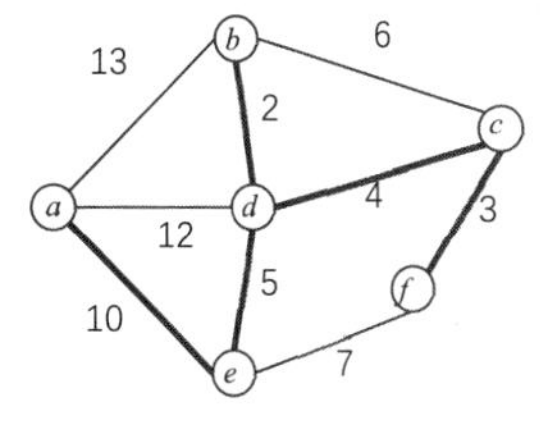

(f) TE = { (b,d) (c,f) (d,c) (d,e) (a,e) }

图 10-3 克鲁斯卡尔算法构造最小生成树的过程（续）

有向无环图

一个无环的有向图称为有向无环图（Directed Acyclic Graph），简称 DAG 图，是一类特殊有向图。图 10-4 所示为有向树、DAG 图和有向有环图。DAG 图是描述公共关系表达式的有效工具。

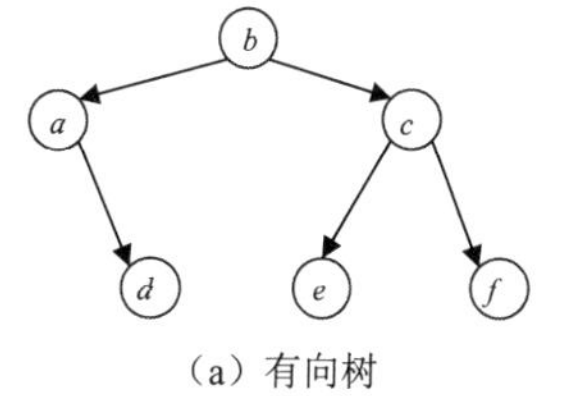
（a）有向树

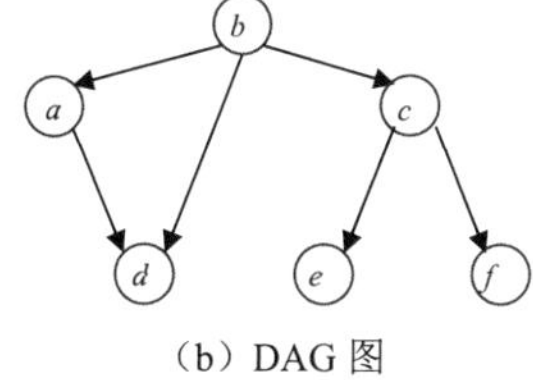
（b）DAG 图

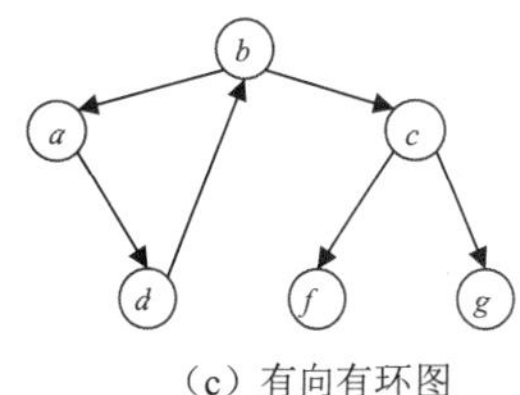
（c）有向有环图

图 10-4 有向树、DAG 图和有向有环图

例题 10-03 表达式 $(a\times(b-c))+((b-c)\div d)$，既可以用二叉树表示，也可以用有向无环图表示，如图 10-5 所示。

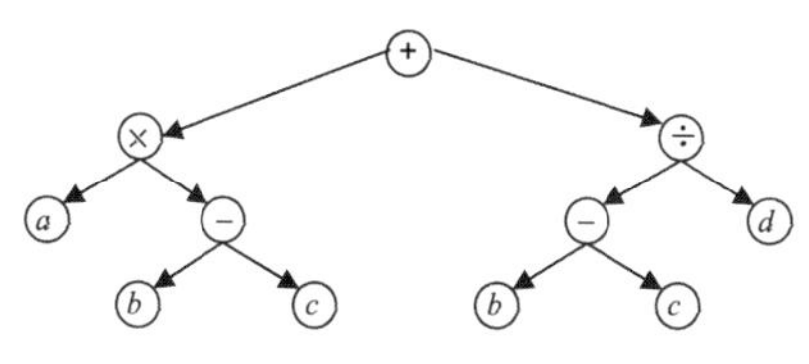
（a）二叉树描述表达式

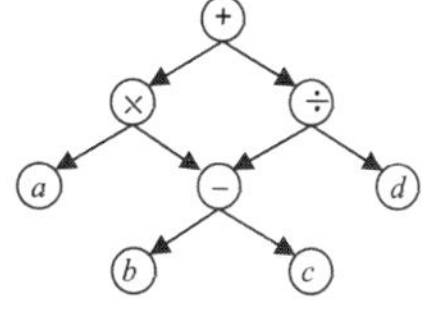
（b）DAG 图描述表达式

图 10-5 用二叉树和 DAG 图描述表达式

1. 拓扑排序

在一个表示工程的有向图中，用顶点表示活动，用弧表示活动间的优先关系，该有向图称为顶点表示活动的网，简称 AOV 网（Activity On Vertex Network）。

定义：设图 $G(V,E)$ 是一个具有 n 个顶点的有向图，V 中顶点序列（$v_1,v_2,\cdots,v_n$）称为拓扑序列（Topological Order），当且仅当满足下列条件时：如果从顶点 v_i 到顶点 v_j 有一条路径，则在顶点序列中 v_i 必在 v_j 之前，对一个有向图构造拓扑序列的过程称为拓扑排序（Topological Sort）。

对一个 AOV 网进行拓扑排序的基本思想如下。

（1）从 AOV 网中选择一个没有前驱的顶点，并且输出。

（2）删除该顶点及由它发出的弧。

（3）重复步骤（1）（2），直到全部顶点都被输出，或者 AOV 网中不存在没有前驱的顶点。

拓扑排序的结果有以下两种。

（1）AOV 网中全部顶点都被输出，说明 AOV 网中不存在回路。

（2）AOV 网中顶点未被全部输出，剩余的顶点均不存在没有前驱的顶点，说明网中存在回路。

例题 10-04 对图 10-6（a）所示的 AOV 网进行拓扑排序，图 10-6（b）至（f）所示为拓扑排序过程，得到的拓扑排序序列为{ e,b,c,d,a }。

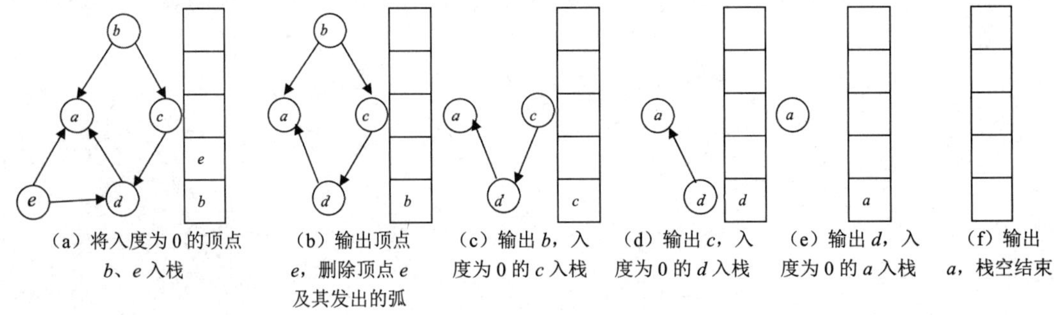

（a）将入度为 0 的顶点 b、e 入栈　（b）输出顶点 e，删除顶点 e 及其发出的弧　（c）输出 b，入度为 0 的 c 入栈　（d）输出 c，入度为 0 的 d 入栈　（e）输出 d，入度为 0 的 a 入栈　（f）输出 a，栈空结束

图 10-6　拓扑排序过程

2. **关键路径**

在一个表示工程的有向图中，用顶点表示事件（Event），用弧表示活动，弧上的权值表示活动持续时间，该有向网称为边表示活动的网，简称 AOE 网（Activity on Edge Network）。AOE 网中正常情况下（无环），只有一个入度为 0 的开始顶点（源点）和一个出度为 0 的完成顶点（汇点）。AOE 网可以判断工程能否顺利进行，可以估算整个工程的工期。

1）性质

（1）只有在某顶点所代表的事件发生后，从该顶点出发的各活动才能开始。

（2）只有在进入某顶点的各活动都已经结束，该顶点代表的事件才能发生。

2）定义

在 AOE 网中，路径长度是指路径上各活动持续时间之和。具有最大路径长度的路径称为关键路径（Critical Path），关键路径上的活动称为关键活动（Critical Activity）。关键路径的长度就是整个工程所需的最短时间。

3）操作实现

（1）输入 AOE 网的弧，建立邻接表存储网。

（2）从源点出发，按照拓扑排序求解所有顶点的最早发生时间，存入数组 ve[i]（1≤i

$\leqslant n-1$）中。

（3）从汇点出发，按照逆拓扑排序求解所有顶点的最迟发生时间，存入数组 vl[i]（$n-2 \geqslant i \geqslant 0$）中。

（4）根据各顶点事件的 ve 和 vl 值，求解所有活动的最早开始时间 ee(s)和最迟开始时间 el(s)。

如果某活动满足条件 ee(s)=el(s)，则为关键活动。

最短路径

在交通图中，如果用顶点表示城市，边表示城市之间的交通路线，边上的权值表示交通路线的长度（或所需时间或交通费用等），那么通常关注的问题如下。

（1）城市之间是否有道路可通。

（2）在两个城市之间有多条通路的情况下，哪一条最短，或者哪一条最省时，又或者哪一条最省钱。

这就是求最短路径（Shortest Path）的问题，显然，此时的路径长度不是路径上边的数目，而是路径上边的权值的总和，需要在众多路径中求出边的权值总和的最小值。

1. 单源最短路径

给定有向网 $G=(V,E)$，E 中每条边都有非负的权。指定 V 中的一个顶点为源点，寻找从源点出发到网中所有顶点的最短路径。这就是单源路径问题（Single-Source Shortest-Paths Problem）。

为了求得最短路径，迪杰斯特拉（Dijkstra）提出了按照路径长度递增的次序产生最短路径的方法。

（1）找出开销“最便宜”的顶点，即求出第一条长度最短的路径（贪婪策略）。

（2）更新经过该顶点的邻居顶点的开销（保证当下开销最便宜）。

（3）重复步骤（1）（2），直到对图中的每个顶点都这样做了。

（4）计算最终路径。

2. 其他最短路径

（1）单目标最短路径问题（Single-Destination Shortest-Paths Problem）。

（2）单顶点对间最短路径问题（Single-Pair Shortest-Paths Problem）。

（3）所有顶点对间最短路径问题（All-Pairs Shortest-Paths Problem）。

任务工单

任务情境

CBA 的一支冲冠球队，在休赛期准备补强队伍，以争取来年的总冠军。球队根据团队上赛季的情况，准备补强 5 号位置的防守能力。在自由市场上，本队可以拿出的资源是进攻型 1 号位的球员，各个球队参与交易的球员、交换意愿和价值信息如图 10-7 所示，请帮助球队用最少的代价完成补强球队的任务。

球队名	球员姓名	功能位置
A（起点）	余一	进攻型 1 号位
B	滕二	攻守均衡锋卫摇摆人
C	廖三	防守尖兵 1、2、3 位
D	杨四	组织型 1 号位
E	郝五	进攻型 3 号位
F（终点）	陈七	防守型 5 号位

（a）球员信息

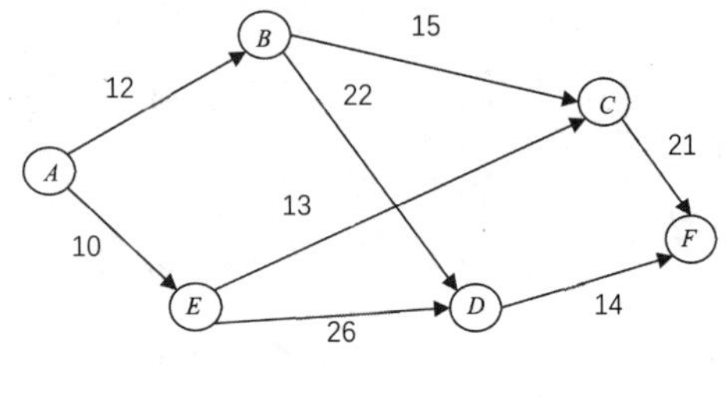

（b）交易意愿和价值信息

图 10-7　各个球队参与交易的球员、交换意愿和价值信息

算法分析

在图 10-7 中，从 $G(V,E)$中顶点 *A* 出发，探寻它到达顶点 *F* 的最短路径。这是一个求单源最短路径的问题，按照迪杰斯特拉算法分为以下 4 个步骤。

（1）找出开销“最便宜”的顶点，即求出第一条长度最短的路径。

（2）更新经过顶点的邻居顶点的开销。

（3）重复步骤（1）（2），直到对图中的每个节点都这样做了。

（4）计算最终路径。

根据迪杰斯特拉算法的思路，我们需要随时进行以下操作。

（1）记录下开销。

（2）记录下路径（前驱顶点或称父顶点）。

（3）标记顶点是否被访问过。

上述可以分别用数组 cost[]、path[]和 vis[]来存储。

图 10-8 所示为迪杰斯特拉算法的过程分析。

如图 10-8 所示，cost[ ]中的数据就是顶点 *A* 到其他各个顶点的最少花销，path[ ]中记录当前最短路径的前驱顶点，隐含着顶点 *A* 到各个顶点的最短路径，*A* 到各个顶点的最小花销和路径：

A→*A*，花销为 0，路径为 *A*→*A*；

A→*B*，花销为 12，路径为 *A*→*B*；

A→*C*，花销为 23，路径为 *A*→*E*→*C*（*C* 的前驱是 *E*，*E* 的前驱是 *A*）；

A→*D*，花销为 34，路径为 *A*→*B*→*D*（*D* 的前驱是 *B*，*B* 的前驱是 *A*）；

A→*E*，花销为 10，路径为 *A*→*E*；

A→*F*，花销为 44，路径为 *A*→*E*→*C*→*F*（*F* 的前驱是 *C*，*C* 的前驱是 *E*，*E* 的前驱是 *A*）。

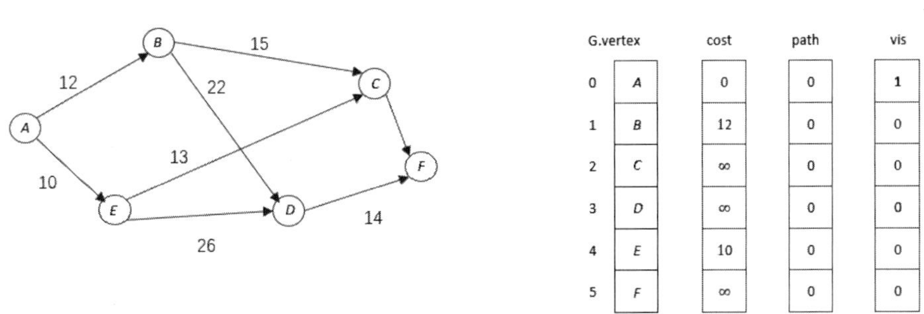

初始状态：指定起始出发顶点为 *A*，目的顶点为 *F*；G.vertex 存储的是图中各个顶点；cost[ ]记录 *A* 到各个顶点的当前最短距离，初值为 *A* 到各个顶点的距离；path[ ]数组记录当前最短距离必经过的前驱顶点信息，初值为 0；vis[ ]标记数组（0 表示未访问，1 表示已访问），初值为 0

第 1 步：

（1）cost[ ]中选择访问标记为 0 的最小值 10 的顶点 *E*；置顶点 *E* 访问标志为 1（已经访问）；

（2）通过 *E* 到各个顶点的花销，计算出经过 *E* 点到各个顶点的花销，与 cost 中对应数据比较，小的留下，更新 cost 数组（图中虚线圈部分）；

（3）更新 path 数组中对应位置为 4（*E* 顶点下标）

第 2 步：

（1）cost[ ]中选择访问标记为 0 的最小值 12 的顶点 *B*；置顶点 *B* 访问标志为 1（已经访问）；

（2）通过 *B* 到各个顶点的花销，计算出经过 *B* 点到各个顶点的花销，与 cost 中对应数据比较，小的留下，更新 cost 数组（图中虚线圈部分）；

（3）更新 path 数组中对应位置为 1（*B* 顶点下标）

第 3 步：

（1）cost[ ]中选择访问标记为 0 的最小值 23 的顶点 *C*；置顶点 *C* 访问标志为 1（已经访问）；

（2）通过 *C* 到各个顶点的花销，计算出经过 *C* 点到各个顶点的花销，与 cost 中对应数据比较，小的留下，更新 cost 数组（图中虚线圈部分）；

（3）更新 path 数组中对应位置为 2（*C* 顶点下标）

第 4 步：

（1）cost[ ]中选择访问标记为 0 的最小值 34 的顶点 *D*；置顶点 *D* 访问标志为 1（已经访问）；

（2）通过 *D* 到各个顶点的花销，计算出经过 *D* 点到各个顶点花销，与 cost 中对应数据比较，小的留下

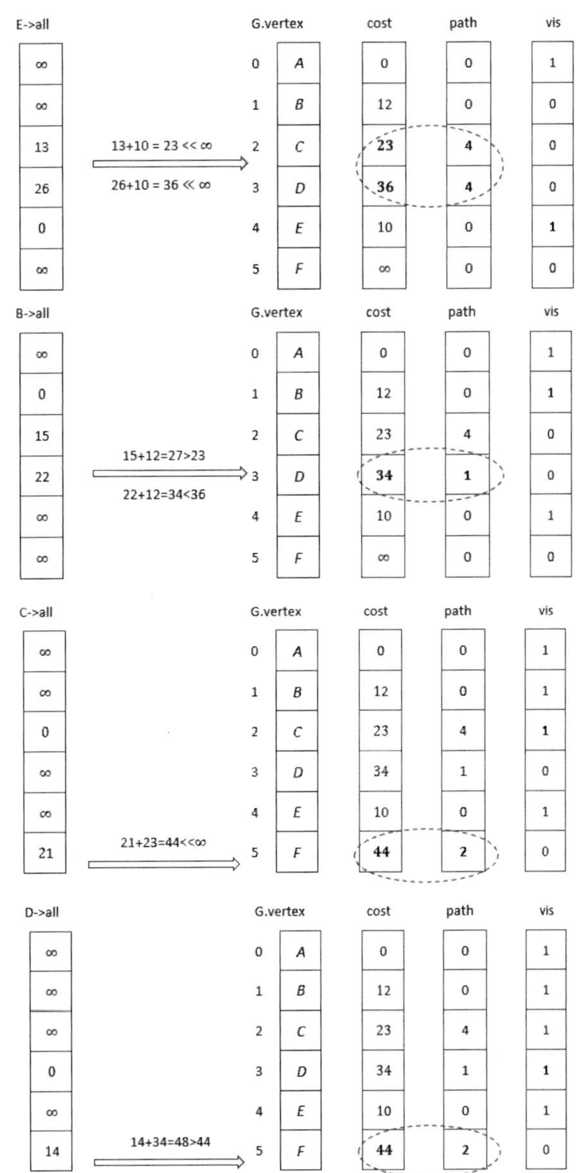

图 10-8 迪杰斯特拉算法的过程分析

第 5 步：

（1）cost[ ]中选择访问标记为 0 的最小值 44 的顶点 F；置顶点 F 访问标志为 1（已经访问）。至此所以顶点都被访问，vis 数组值都为 1；

（2）通过 F 到各个顶点的花销；计算出经过 F 点到各个顶点的花销，与 cost 中对应数据比较，小的留下

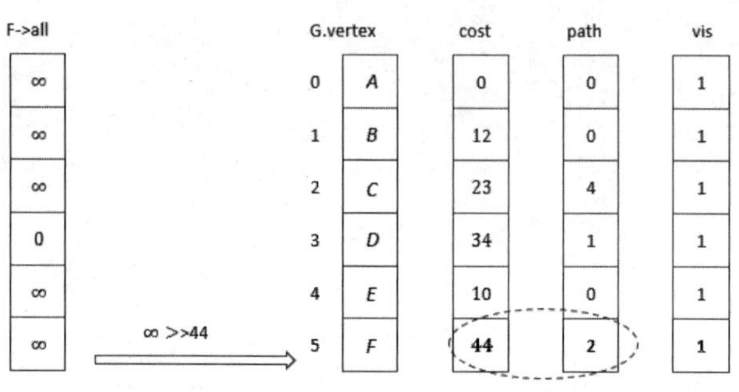

图 10-8　迪杰斯特拉算法的过程分析（续）

工单任务

<table>
<tr><td>任务名称</td><td>迪杰斯特拉算法</td><td>完成时限</td><td>90min</td></tr>
<tr><td>学生姓名</td><td></td><td>小组成员</td><td></td></tr>
<tr><td>发出任务时间</td><td></td><td>接受任务时间</td><td></td></tr>
<tr><td>任务内容及要求</td><td colspan="3">已知：CBA 各个球队参与交易的球员、交换意愿和价值如图 10-7 所示，请编码实现用最少的代价完成补强球队 5 号位的任务。
输入要求：
（1）用键盘输入顶点的个数和边的条数。
（2）用键盘输入各个顶点元素。
（3）用键盘输入各个边。
（4）用键盘输入各个边的权值。
输出要求：
（1）输出图的邻接矩阵。
（2）输出从该顶点 A 出发到各个顶点最小花销</td></tr>
<tr><td>任务完成日期</td><td></td><td colspan="2">□提前完成　□按时完成　□延期完成
□未能完成</td></tr>
<tr><td colspan="2">延期或未能完成原因说明</td><td colspan="2"></td></tr>
</table>

资讯

计划与决策

请根据任务要求，确定采用的算法，分析算法的时间复杂度，制定作业流程，并对小组成员进行合理分工。

实操记录

编码和调试中出现的问题记录

算法完整代码和运行结果

算法时间复杂度分析

知识巩固

想一想

克鲁斯卡尔算法是通过不断地增加当前最小权值边，最后得到最小生成树的算法。反过来，从原图中权值最大的边开始，逐一删除当前权值最大的边，并且在各个顶点保持连通的前提下进行，直到不能删除边为止，那么剩下的是最小生成树吗？

练一练

一、填空题

1．迪杰斯特拉算法求某顶点到其余顶点之间的最短路径是按照路径长度_________的次序得到的。

2．普利姆算法适用于求__________________的网的最小生成树，而克鲁斯卡尔算法适用于求______________的网的最小生成树。

3．图的逆邻接表存储只适用于________。

4．可以进行拓扑排序的有向图一定是________。

二、单选题

1．在 AOE 网中，路径长度是指路径上各活动持续时间之和。具有最大路径长度的路径称为________。

A．最长路径　　B．关键路径

C．最短路径　　D．一般路径

2．迪杰斯特拉算法的时间复杂度 O 为________。

A．$O(n)$　　B．$O(n^2)$　　C．$O(n+e)$　　D．$O(e\times n)$

3．在一个无向图中，有 6 个顶点至少需要________条边才能确保是一个连通图。

A．7　　B．6　　C．5　　D．4

4．带权连通图有 n 个顶点，它的最小生成树是指图中任意一个由________。

A．n-1 条边权值最小的边构成的子图

B．n 个顶点构成的边的权值之和最小的连通子图

C．n 条边权值最小的边构成的子图

D．n-1 个顶点构成的边的权值之和最小的连通子图

5．任何一个无向连通图的最小生成树________。

A．有一棵或者多棵　　B．有且仅有一棵

C．一定有多棵　　D．可能不存在

三、判断题

1．一个有向图的邻接表和逆邻接表中节点的个数一定相等。（　　）

2．最小生成树指的是边数最少的生成树。（　　）

3．强连通图不能进行拓扑排序。（　　）

4．有向图中所有顶点的入度之和与出度之和相等。（　　）

5．最短路径一定是关键路径。（　　）

6．在 AOV 网中，关键路径上的任意一个关键活动发生改变，一定会产生新的关键路径。（　　）

7．普利姆算法和克鲁斯卡尔算法的相同点是都采用贪婪策略。（　　）

8．图的深度优先搜索类似于树的先序遍历，运用的数据结构是栈。（　　）

9．图的广度优先搜索类似于树的中序遍历，运用的数据结构是队列。（　　）

10．如果有向图存在拓扑排序，则该图一定是有向无环图。（　　）

做一做

编码实现图 10-1 中新建医院的选址问题，并将代码及运行结果请填入此栏，或者将截图粘贴于此。

拓展学习

开动脑筋

求无向连通网最小生成树的其他方法。

勤于练习

对于图 10-1 所示的带权无向图，图解说明以下过程。

（1）运用普利姆算法从图中顶点 *a* 出发构造最小生成树。

（2）运用克鲁斯卡尔算法构造最小生成树。

总结考评

单元总结

单元小结

1. 在图的应用中，通常需要判定给定的无向图是否是一个连通图。
2. 迪杰斯特拉算法是有向图求最短路径的方法之一。
3. 普利姆和克鲁斯卡尔算法是求解图最小生成树的方法。
4. 对于一个有拓扑排序的有向图一定是无环的。
5. 在 AOE 网中，关键路径的长度就是整个工程所需的最短时间。

单元任务复盘

1. 目标回顾

2. 结果评估（一致、不足、超过）

3. 原因分析（可控的、不可控的）

4. 经验总结

过程考评

<table>
<tr><td rowspan="3">基本信息</td><td>姓名</td><td></td><td>班级</td><td colspan="2"></td><td>组别</td><td></td></tr>
<tr><td>学号</td><td></td><td>日期</td><td colspan="2"></td><td>成绩</td><td></td></tr>
<tr><td>序号</td><td>项目</td><td colspan="3">任务完成情况
完成 | 未完成</td><td>标准分</td><td>评分</td></tr>
<tr><td rowspan="9">教师考评内容（50分+）</td><td>1</td><td>资讯</td><td></td><td colspan="2"></td><td>5分</td><td></td></tr>
<tr><td>2</td><td>计划与决策</td><td></td><td colspan="2"></td><td>10分</td><td></td></tr>
<tr><td>3</td><td>代码编写</td><td></td><td colspan="2"></td><td>10分</td><td></td></tr>
<tr><td>4</td><td>代码调试</td><td></td><td colspan="2"></td><td>10分</td><td></td></tr>
<tr><td>5</td><td>想一想</td><td></td><td colspan="2"></td><td>5分</td><td></td></tr>
<tr><td>6</td><td>练一练</td><td></td><td colspan="2"></td><td>5分</td><td></td></tr>
<tr><td>7</td><td>做一做</td><td></td><td colspan="2"></td><td>5分</td><td></td></tr>
<tr><td>8*</td><td>拓展学习</td><td></td><td colspan="2"></td><td>ABCD</td><td></td></tr>
<tr><td colspan="7">考评教师签字：　　　　　　　　　　　　　　　　日期：</td></tr>
<tr><td rowspan="6">小组考评内容（25分）</td><td>1</td><td>主动参与</td><td></td><td colspan="2"></td><td>5分</td><td></td></tr>
<tr><td>2</td><td>积极探究</td><td></td><td colspan="2"></td><td>5分</td><td></td></tr>
<tr><td>3</td><td>交流协作</td><td></td><td colspan="2"></td><td>5分</td><td></td></tr>
<tr><td>4</td><td>任务分配</td><td></td><td colspan="2"></td><td>5分</td><td></td></tr>
<tr><td>5</td><td>计划执行</td><td></td><td colspan="2"></td><td>5分</td><td></td></tr>
<tr><td colspan="7">小组长签字：　　　　　　　　　　　　　　　　日期：</td></tr>
<tr><td rowspan="6">自我评价内容（25分）</td><td>1</td><td>独立思考</td><td></td><td colspan="2"></td><td>5分</td><td></td></tr>
<tr><td>2</td><td>动手实操</td><td></td><td colspan="2"></td><td>5分</td><td></td></tr>
<tr><td>3</td><td>团队合作</td><td></td><td colspan="2"></td><td>5分</td><td></td></tr>
<tr><td>4</td><td>习惯养成</td><td></td><td colspan="2"></td><td>5分</td><td></td></tr>
<tr><td>5</td><td>能力提升</td><td></td><td colspan="2"></td><td>5分</td><td></td></tr>
<tr><td colspan="7">本人签字：　　　　　　　　　　　　　　　　日期：</td></tr>
</table>

撷英拾萃

AOV 网与 AOE 网的比较

	AOV 网	AOE 网
性质	（1）AOV 网中的弧表示了活动之间存在的某种制约关系。 （2）AOV 网中不能出现回路	（1）只有在某顶点所代表的事件发生后，从该顶点出发各项活动才能开始。 （2）只有在进入某顶点的各活动都已经结束后，该顶点所代表的事件才能发生。 （3）AOE 网中正常情况下也是无环的
区别	（1）都是对工程建模。 （2）AOV 网是顶点表示活动的网，只说明了活动之间的制约关系。 （3）AOE 网是边表示活动的网，边的权值表示活动持续的时间	

读书笔记

Unit 11

动态规划

主体教材

任务目标

知识目标

（1）理解和运用数组、栈、队列和图等。

（2）认识、理解和运用**动态规划算法**。

（3）运用大 O 表示法分析动态规划的**时间复杂度**。

能力目标

（1）熟练使用一门高级编程语言的能力，如 C、C++、C#、Java 等。

（2）设计并画出动态规划表格，编写和调试动态规划算法代码的能力。

（3）在小组活动中，具备一定的组织能力和协调能力。

素质目标

（1）培养自己的兴趣爱好，养成时间管理的好习惯。

（2）培养独立思考、大胆推测和细心求证的思考问题、解决问题的能力。

（3）积极尝试和适应在学习、生活中不同的角色。

任务导入

某大学生到边远地区支教。一次，他有机会带领班上的学生到成都参观学习。学生们想去的地方很多，但是时间只有三天，按照学生们的意愿评分和所需花费的时间列出清单，如图 11-1 所示，请帮助这位大学生规划行程，保证行程最优。

序号	地名	时间（单位：天）	评分
1	四川博物馆	0.5	8
2	金沙遗址	0.5	6
3	成都大熊猫繁育研究基地	1	9
4	宽窄巷子	0.5	7
5	成都欢乐谷	1	8
6	武侯祠	0.5	5
7	锦里古街	0.5	6
8	春熙路	1	6

图 11-1 地名评分及需要花费的时间

 **相关知识**

多阶段决策问题

如果一个活动过程可以分为若干个互相联系的阶段，而且每个阶段都需要做出决策（采取措施），在一个阶段的决策确定以后，常常影响到下一个阶段的决策，从而完全确定一个过程的活动路线，则称这一类问题为多阶段决策（Multi-stage decision）问题。

各个阶段的决策构成一个决策序列，称为一个策略。每个阶段都有若干个决策可供选择，因此有许多策略供人们选取，对应一个策略可以确定活动的效果，这个效果可以用数量来确定。策略不同，效果也不同。多阶段决策问题就是在可以选择的那些策略中，选取一个最优策略，使在预定的标准下达到最好的效果。例如，使用快速排序算法、广度优先搜索算法、迪杰斯特拉算法、普利姆算法和克鲁斯卡尔算法构造最小生成树等都采用了贪婪策略。

动态规划

动态规划（Dynamic Programming，DP）是运筹学的一个分支，是求解决策过程最优化的数学方法。20 世纪 50 年代初，美国数学家贝尔曼（Richard Bellman）等人在研究多阶段决策过程的优化问题时，提出了著名的最优化原理（Principle of Optimality），从而创立了动态规划。动态规划的应用极其广泛，包括工程技术、经济、工业生产、军事及自动化控制等领域，并在背包问题、生产经营问题、资金管理问题、资源分配问题、最短路径问题和复杂系统可靠性问题等中取得了显著的效果。

1. 基本概念

1）算法思想

动态规划算法与分治策略类似，其基本思想是将待求解问题分解成若干个子问题，先求解子问题，再从这些子问题的解中得到原问题的解。与分治策略不同的是，适合用动态规划求解的问题，经分解得到的子问题往往不是互相独立的。若用分治策略来解决这类问题，则分解得到的子问题数目太多，有些子问题被重复计算了很多次。动态规划算法将子问题的求解结果存储起来，需要时再找出来，这样就避免了大量的重复计算，节省时间。

2）基本术语

（1）阶段：把求解问题的过程分成若干个相互联系的**阶段**，以便于求解，过程不同，阶段数就可能不同。描述阶段的变量称为阶段变量。

（2）状态：表示每个阶段开始面临的自然状况或客观条件，它不以人们的主观意志为转移，也称为不可控因素。

（3）决策：一个阶段的状态给定后，从该状态演变到下一个阶段某个状态的一种选择称为**决策**。

3）适用条件

（1）最优化原理：一个最优策略具有这样的性质，无论过去状态和决策如何，就前面的决策所形成的状态而言，余下的诸多决策必须构成最优策略。简而言之，一个最优策略的子策略总是最优的。一个问题满足**最优化原理**，又称其具有最优子结构性质。

（2）无后效性：将各个阶段按照一定的次序排列好之后，对于某个给定的阶段状态，它以前各阶段的状态无法直接影响它未来的决策，只能通过当前的这个状态。换句话说，每个状态都是过去历史的一个完整总结。这就是无后向性，又称为**无后效性**（Without Aftereffect）。

（3）子问题的重叠性：动态规划算法的关键在于解决冗余，这是动态规划算法的根本目的。动态规划算法实际上是一种以空间换时间的技术，它在实现的过程中，不得不存储产生过程中的各种状态，所以它的空间复杂度要大于其他算法。选择动态规划算法是因为动态规划算法在空间上可以承受，而搜索算法在时间上无法承受，所以我们舍空间而取时间。

4）局限性

（1）动态规划算法没有统一的处理方法，必须根据问题的各种性质并结合一定的技巧来处理。

（2）当变量的维数增大时，总的计算量和存贮量急剧增大。因此，受计算机的存贮量和计算速度的限制，如今的计算机仍不能用动态规划算法来解决较大规模的问题，这就是“维数障碍”。

例题 11-01 运用动态规划算法求解图 10-7 中从顶点 A 到顶点 F 的最短路径。

（1）判断该问题是否能用 DP 解决。

① 最优子结构。如果从顶点 A 到顶点 X 的路径是 $A \rightarrow M \rightarrow N \rightarrow X$，那么必须有以顶点 A 到顶点 N 的最优路径 $A \rightarrow M \rightarrow N$。对一条最优的路径而言，从顶点 A 到沿途上所有的顶点（子问题）的最优路径都是这条最优路径上的一部分，即从起点到终点的最短路径包含了该路径上各点到终点的最短路径。

② 无后效性。对于顶点 X，一旦 $f(X)$确定，以后就只与 f 的值有关，与怎么从顶点 A 到顶点 X 无关。从图 11-2 不难看出，从顶点 A 到顶点 F 要么经过顶点 C，要么经过顶点 D，从而 $f(F)= \mathrm{Min}\ (f(C) + 21, f(D) + 14)$。其中，$f(x)$表示顶点 A 到顶点 X 的最少花销。

Min(a,b)函数表示 a,b 两值取其小。

结论：可以使用 DP 求解，但是必须保证无后效性和最优子结构。为此，把图划分为几个阶段，如图 11-2 所示，按照阶段将顶点和边的信息依次存储在邻接矩阵中。

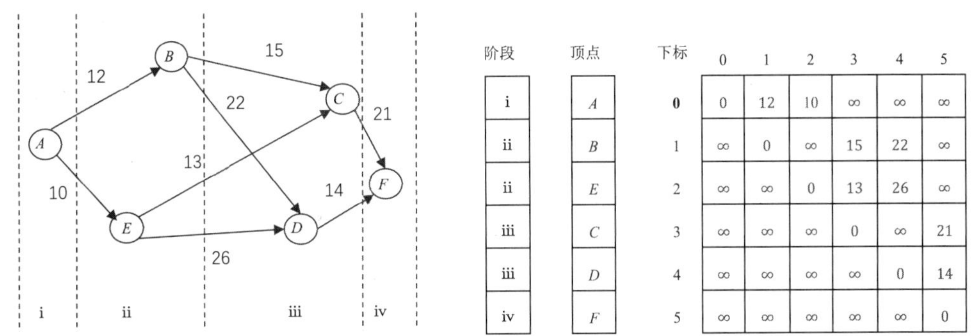

阶段	顶点	下标	0	1	2	3	4	5
i	*A*	**0**	0	12	10	∞	∞	∞
ii	*B*	1	∞	0	∞	15	22	∞
ii	*E*	2	∞	∞	0	13	26	∞
iii	*C*	3	∞	∞	∞	0	∞	21
iii	*D*	4	∞	∞	∞	∞	0	14
iv	*F*	5	∞	∞	∞	∞	∞	0

图 11-2　球员交易阶段划分及邻接矩阵存储

（2）图示动态规划过程。

图 11-3 所示为动态规划求解最短路径的过程示意图。

顶点	path	下标	0	1	2	3	4	5
A	0	0	∞	∞	∞	∞	∞	∞
B	0	1	∞	∞	∞	∞	∞	∞
E	0	2	∞	∞	∞	∞	∞	∞
C	0	3	∞	∞	∞	∞	∞	∞
D	0	4	∞	∞	∞	∞	∞	∞
F	0	5	∞	∞	∞	∞	∞	∞

（a）DP 表格（初始状态）

顶点	path	下标	0	1	2	3	4	5
A	0	0	0	12	**10**	∞	∞	∞
B	0	1	∞	∞	∞	∞	∞	∞
E	0	2	∞	∞	∞	∞	∞	∞
C	0	3	∞	∞	∞	∞	∞	∞
D	0	4	∞	∞	∞	∞	∞	∞
F	0	5	∞	∞	∞	∞	∞	∞

（b）过顶点 *A* 的 DP 及 path 变换情况

顶点	path	下标	0	1	2	3	4	5
A	0	0	0	12	10	∞	∞	∞
B	0	1	0	12	10	**27**	**34**	∞
E	0	2	∞	∞	∞	∞	∞	∞
C	**1**	3	∞	∞	∞	∞	∞	∞
D	**1**	4	∞	∞	∞	∞	∞	∞
F	0	5	∞	∞	∞	∞	∞	∞

（c）过顶点 *B* 的 DP 及 path 变换情况

顶点	path	下标	0	1	2	3	4	5
A	0	0	0	12	10	∞	∞	∞
B	0	1	0	12	10	27	34	∞
E	0	2	0	12	10	**23**	34	∞
C	**2**	3	∞	∞	∞	∞	∞	∞
D	1	4	∞	∞	∞	∞	∞	∞
F	0	5	∞	∞	∞	∞	∞	∞

（d）过顶点 *E* 的 DP 及 path 变换情况

图 11-3　动态规划求解最短路径的过程示意图

顶点	path
A	0
B	0
E	0
C	2
D	1
F	**3**

下标	0	1	2	3	4	5
0	0	12	10	∞	∞	∞
1	0	12	10	27	34	∞
2	0	12	10	23	34	∞
3	0	12	10	23	34	**44**
4	∞	∞	∞	∞	∞	∞
5	∞	∞	∞	∞	∞	∞

（e）过顶点 *C* 的 DP 及 path 变换情况

顶点	path
A	0
B	0
E	0
C	**2**
D	1
F	3

下标	0	1	2	3	4	5
0	0	12	10	∞	∞	∞
1	0	12	10	27	34	∞
2	0	12	10	23	34	∞
3	0	12	10	23	34	44
4	0	12	10	23	34	44
5	∞	∞	∞	∞	∞	∞

（f）过顶点 *D* 的 DP 及 path 变换情况

顶点	path
A	0
B	0
E	0
C	2
D	1
F	3

下标	0	1	2	3	4	5
0	0	12	10	∞	∞	∞
1	0	12	10	27	34	∞
2	0	12	10	23	34	∞
3	0	12	10	23	34	44
4	0	12	10	23	34	44
5	0	12	10	23	34	44

（g）过顶点 *F* 的 DP 及 path 变换情况

DP 表格最后一行就是顶点 A 到其他各个顶点的最少花销：
顶点 *A* 到顶点 *A* 的花销是 0，最短路径是 A←A
顶点 *A* 到顶点 *B* 的花销是 12，最短路径是 B←A
顶点 *A* 到顶点 *E* 的花销是 10，最短路径是 E←A
顶点 *A* 到顶点 *C* 的花销是 23，最短路径是 C←E←A
顶点 *A* 到顶点 *D* 的花销是 34，最短路径是 D←B←A
顶点 *A* 到顶点 *F* 的花销是 44，最短路径是 F←C←E←A

（h）最终结果

图 11-3　动态规划求解最短路径的过程示意图（续）

算法 11-01

```
#include <stdio.h>
#include <stdlib.h>
#define VertexMax 100                    // 最大顶点数为100
const int inf=197653;                    // 明显的大数表示 ∞
typedef char VertexType;                 // 每个顶点数据类型为字符型
typedef struct{
        VertexType Vertex[VertexMax];                // 存储顶点元素的一维数组
        int AdjMatrix[VertexMax][VertexMax];         // 邻接矩阵二维数组
        int vexnum,arcnum;                      // 图的顶点数和边数
}MGraph;
// 查找顶点元素 v 在一维数组 Vertex[] 中的下标，并返回下标
int LocateVex(MGraph *G,VertexType v){
    int i;
    for(i=0;i<G->vexnum;i++){
        if(v==G->Vertex[i])
            return i; }
    printf("没有这个顶点!\n");
    return -1;
}
void CreateUDG(MGraph *G){                      // 建立有向带权图 —— 邻接矩阵
        int i,j,n,m,w;
        VertexType v1,v2;
```

```
        printf("输入顶点个数和边数: \n");
        printf("顶点数 n=");
        scanf("%d",&G->vexnum);
        printf("边  数 e=");
        scanf("%d",&G->arcnum);
        printf("\n");
        printf("输入顶点元素(无须空格隔开): ");
        scanf("%s",G->Vertex);
        printf("\n");
        for(i=0;i<G->vexnum;i++)
            for(j=0;j<G->vexnum;j++)
              if(i==j)  G->AdjMatrix[i][j]=0;
               else  G->AdjMatrix[i][j]=inf;
        printf("请输入边的信息: \n");
        for(i=0;i<G->arcnum;i++) {
          printf("输入第%d 条边信息: ",i+1);
          scanf(" %c%c",&v1,&v2);
          printf("输入第%d 条边的权值: ",i+1);
          scanf(" %d",&w);
          n=LocateVex(G,v1);
          m=LocateVex(G,v2);
          if(n==-1||m==-1){
            printf("NO This Vertex!\n");
            return;
          }
          G->AdjMatrix[n][m]=w;
      }
}
void printMG(MGraph G){                    // 输出邻接矩阵
    int i,j;
    printf("\n-------------------------------");
    printf("\n 邻接矩阵: \n\n");
    printf("\t ");
    for(i=0;i<G.vexnum;i++)
    printf("\t%c",G.Vertex[i]);
    printf("\n");
    for(i=0;i<G.vexnum;i++){
     printf("\t%c ",G.Vertex[i]);
     for(j=0;j<G.vexnum;j++) {
        if (G.AdjMatrix[i][j]==inf)
            printf("\t∞");
        else printf("\t%d",G.AdjMatrix[i][j]);
     }
     printf("\n");
    }
}
void DPpath(MGraph G){                     // 动态规划求解最短路径
    int i, j,k;
```

```
    int DP[VertexMax][VertexMax];
    int path[VertexMax];
    for(i = 0; i <= G.vexnum; i++){// DP 表格初始化和 path 数组
        path[i]=0;                 // 从出发顶点开始，所以初值为 0（出发顶点的下标）
        for (j=0;j<= G.vexnum; j++){
            dp[i][j]=inf;              // DP 表格初始化都为无穷大 ∞
        }
    }
    // DP 赋初值 ,即经过顶点 A 到各顶点的距离 ,取邻接矩阵第 1 行数据
    for(i=0;i<G.vexnum;i++)
        DP[0][i]=G.AdjMatrix[0][i];
    for(i = 1; i <G.vexnum; i++){
        for(j = 0; j<G.vexnum; j++){
         if(G.AdjMatrix[i][j]+DP[i-1][i]<DP[i-1][j]){
            DP[i][j]=G.AdjMatrix[i][j]+DP[i-1][i];
            path[j]=i;
            }
         else        DP[i][j]=DP[i-1][j];    }
    }
    printf("\n-------------------------------"); // 输出 DP 表格和 path 数组值
    printf("\n DP 表格: \n\n");
    printf("\t#");
    for(i=0;i<G.vexnum;i++)      printf("\t%c",G.Vertex[i]);      // 表头
    printf("\n");
    for(i=0;i<G.vexnum;i++){
        printf("\t%c ",G.Vertex[i]);                // 表左第 1 列
        for(j=0;j<G.vexnum;j++) {                   // DP 表格数据
            if (DP[i][j]==inf)
               printf("\t∞");
             else printf("\t%d",DP[i][j]);
        }
       printf("\n");
    }
    printf("\n path 数组状态: \n\n");
    printf("\tpath");
    for(i=0;i<G.vexnum;i++)      printf("\t%d",path[i]);
    printf("\n-------------------------------\n");
   printf("\n 顶点 A 到其他各点的最短路径: \n\n");        // 输出最短路径
    k=0;
    for(int i=0;i<G.vexnum;i++){
        printf("顶点  %c  到顶点  %c  的花销是: %d  ",G.Vertex[0],G.Vertex[i],
DP[G.vexnum-1][i]);
        printf("路径是: %c " ,G.Vertex[i]);
        if (path[i]==0)
            printf(" ←%c ",G.Vertex[path[i]]);
        else {
            k=i;
            while(k>0){
```

```
            printf(" ←%c ",G.Vertex[path[k]]);
            k=path[k];
           }
        }
       printf("\n");
    }
}
int main() {
MGraph G;
puts("---动态规划求解最短路径---\n\n");
CreateUDG(&G);
PrintMG (G);
DPpath(G);
    return 0;
}
```

任务工单

任务情境

这是一位背包客（Backpacker），要去森林野营，他的背包容量为 6 个质量单位，需要选择携带如图 11-4 所示的物品，其中每样物品都有相应的价值和质量，价值越大意味着越重要，那么，该携带哪些物品才能使得价值最高呢？

序号	物品名 a[ ]	质量 weight[ ]	价值 value[ ]	备注
1	医疗包（Medical Pack）	1	8	急救药品
2	冲锋衣（Jackets）	2	5	防寒衣物等
3	书籍（Book）	1	3	
4	工具包（Tool Bag）	3	6	帐篷、睡袋、防潮垫、铁锹等
5	手电筒（Flash Light）	1	4	打火机、防潮火柴、望远镜等
6	食物（Food）	2	9	野餐罐头、面包、压缩饼干等
7	饮用水（Drinking Water）	1	10	水壶或水袋等
8	相机（Camera）	1	6	相机及镜头等

图 11-4　物品质量及价值

算法分析

背包问题（Knapsack Problem）是一种组合优化问题，可以描述为给定一组物品，每种物品都有自己的质量和价值，在限定的总质量内，如何选择才能使得物品的总价值最高。

1. 分析该问题是否满足下列性质

（1）无后效性：对某一件物品的选择不会影响到其前一件物品的选择。

（2）最优子原理：对子结构性质来说，可以从最后的状态反推验证问题是否具有最优子结构。即选择最后一件物品的前一步，是选择倒数第二件物品，此时，保证倒数第二件物品已经是当前最好的结果，依此类推。显然，对前面的决策所形成的状态而言，余下的系列决策必须构成最优策略。

（3）子问题的重叠性：选择第 i 件物品与选择第 i-1 件物品的问题是相关的，如果把每个子问题都看成是一种状态，那么这种状态是可相互转移的。

2. 算法设计

（1）定义物品结构体 WP，包含物品名称（字符型）、质量及价值（整型）。

（2）定义一个二维数组 DP，其中数组的各行表示选择的物品，各列表示背包的容量。

单元格 DP[i][j]（状态）的数据需要其上一行的值（DP[i−1][j]）与上一行第 j−a[i−1].weight 列和加入物品的价值之和（DP[i−1][j−a[i−1].weight]+a[i−1].value）比较取其大者填入。当然，如果当前加入物品的质量（a[i−1].weight）大于 j（物品质量大于包的容量），则只需要继承上一行的数据。

状态转移公式如下：

$$\mathrm{DP}[i][j]=\mathrm{Max}\begin{cases}\mathrm{DP}[i-1][j-\mathrm{a}[i-1].\mathrm{weight}]+\mathrm{a}[i-1].\mathrm{value}\\ \mathrm{DP}[i-1][j]\end{cases} \tag{11-1}$$

（3）为了记录下选择的物品，定义与 DP 表格对应的标记二维表格 path，记录下当前单元格（状态）加入的最后一件物品（a[ ]数组的下标），隐含该状态加入的物品组合。

$$\mathrm{path}[i][j]=\begin{cases}i-1 & （当前加入物品改变了路径）\\ \mathrm{DP}[i-1][j] & （反之，继承上一行的数据）\end{cases} \tag{11-2}$$

（4）依次逐行加入物品，将最佳选择填入对应格子（状态）内，直到 DP 表格填完，表格最后一个单元格的数据即为所求。图 11-5 所示为动态规划求解背包问题过程图。

初始状态：

物品数组 a[ ]中包含字符型品名，整型的质量和价值

DP 表格 DP[ ][ ]和标记 path[ ][ ]是对应的二维数组

注意：

（1）DP 表格的第 0 行第 0 列不填入数据，但递推公式需要其初值

（2）将 DP 表格与 path 表格同一位置数据放在一起，用“/”分隔

下标	物品名称 a[]	质量 weight[]	价值 value[]
0	医疗包（M）	1	8
1	冲锋衣（J）	2	5
2	书籍（B）	1	3
3	工具包（T）	3	6
4	手电筒（L）	1	4
5	食物（F）	2	9
6	饮用水（W）	1	10
7	相机（C）	1	6

下标	0	1	2	3	4	5	6
0	0	0	0	0	0	0	0
1	0	0	0	0	0	0	0
2	0	0	0	0	0	0	0
3	0	0	0	0	0	0	0
4	0	0	0	0	0	0	0
5	0	0	0	0	0	0	0
6	0	0	0	0	0	0	0
7	0	0	0	0	0	0	0
8	0	0	0	0	0	0	0

图 11-5　动态规划求解背包问题过程图

第一步：

放入第 1 件物品医疗包（M）后，在第 1 行依次填入从 1 到 6 质量单位的背包的最优值

物品名称 a[]	质量 weight[]	价值 value[]	1	2	3	4	5	6
医疗包（M）	1	8	**8/0**	**8/0**	**8/0**	**8/0**	**8/0**	**8/0**
冲锋衣（J）	2	5	0	0	0	0	0	0
书籍（B）	1	3	0	0	0	0	0	0
工具包（T）	3	6	0	0	0	0	0	0
手电筒（L）	1	4	0	0	0	0	0	0
食物（F）	2	9	0	0	0	0	0	0
饮用水（W）	1	10	0	0	0	0	0	0
相机（C）	1	6	0	0	0	0	0	0

第二步：

放入第 2 件物品后，在第 2 行依次填入从 1 到 6 质量单位的背包的最优值

物品名称 a[]	质量 weight[]	价值 value[]	1	2	3	4	5	6
医疗包（M）	1	8	8/0	8/0	8/0	8/0	8/0	8/0
冲锋衣（J）	2	5	**8/0**	**8/0**	**13/1**	**13/1**	**13/1**	**13/1**
书籍（B）	1	3	0	0	0	0	0	0
工具包（T）	3	6	0	0	0	0	0	0
手电筒（L）	1	4	0	0	0	0	0	0
食物（F）	2	9	0	0	0	0	0	0
饮用水（W）	1	10	0	0	0	0	0	0
相机（C）	1	6	0	0	0	0	0	0

第三步：

放入第 3 件物品后，在第 3 行依次填入从 1 到 6 质量单位的背包的最优值

物品名称 a[]	质量 weight[]	价值 value[]	1	2	3	4	5	6
医疗包（M）	1	8	8/0	8/0	8/0	8/0	8/0	8/0
冲锋衣（J）	2	5	8/0	8/0	13/1	13/1	13/1	13/1
书籍（B）	1	3	**8/0**	**11/2**	**13/1**	**16/2**	**16/2**	**16/2**
工具包（T）	3	6	0	0	0	0	0	0
手电筒（L）	1	4	0	0	0	0	0	0
食物（F）	2	9	0	0	0	0	0	0
饮用水（W）	1	10	0	0	0	0	0	0
相机（C）	1	6	0	0	0	0	0	0

第四步：

放入第 4 件物品后，在第 4 行依次填入从 1 到 6 质量单位的背包的最优值

物品名称 a[]	质量 weight[]	价值 value[]	1	2	3	4	5	6
医疗包（M）	1	8	8/0	8/0	8/0	8/0	8/0	8/0
冲锋衣（J）	2	5	8/0	8/0	13/1	13/1	13/1	13/1
书籍（B）	1	3	8/0	11/2	13/1	16/2	16/2	16/2
工具包（T）	3	6	**8/0**	**11/2**	**13/1**	**16/2**	**17/3**	**19/3**
手电筒（L）	1	4	0	0	0	0	0	0
食物（F）	2	9	0	0	0	0	0	0
饮用水（W）	1	10	0	0	0	0	0	0
相机（C）	1	6	0	0	0	0	0	0

图 11-5 动态规划求解背包问题过程图（续）

第五步：

放入第 5 件物品后，在第 5 行依次填入从 1 到 6 质量单位的背包的最优值

物品名称 a[]	质量 weight[]	价值 value[]	1	2	3	4	5	6
医疗包（M）	1	8	8/0	8/0	8/0	8/0	8/0	8/0
冲锋衣（J）	2	5	8/0	8/0	13/1	13/1	13/1	13/1
书籍（B）	1	3	8/0	11/2	13/1	16/2	16/2	16/2
工具包（T）	3	6	8/0	11/2	13/1	16/2	17/3	19/3
手电筒（L）	1	4	**8/0**	**12/4**	**15/4**	**17/4**	**20/4**	**21/4**
食物（F）	2	9	0	0	0	0	0	0
饮用水（W）	1	10	0	0	0	0	0	0
相机（C）	1	6	0	0	0	0	0	0

第六步：

加入第 6 件物品后，在第 6 行依次填入从 1 到 6 质量单位的背包的最大价值

物品名称 a[]	质量 weight[]	价值 value[]	1	2	3	4	5	6
医疗包（M）	1	8	8/0	8/0	8/0	8/0	8/0	8/0
冲锋衣（J）	2	5	8/0	8/0	13/1	13/1	13/1	13/1
书籍（B）	1	3	8/0	11/2	13/1	16/2	16/2	16/2
工具包（T）	3	6	8/0	11/2	13/1	16/2	17/3	19/3
手电筒（L）	1	4	8/0	12/4	15/4	17/4	20/4	21/4
食物（F）	2	9	**8/0**	**12/4**	**17/5**	**21/5**	**24/5**	**26/5**
饮用水（W）	1	10	0	0	0	0	0	0
相机（C）	1	6	0	0	0	0	0	0

第七步：

放入第 7 件物品后，在第 7 行依次填入从 1 到 6 质量单位的背包的最优值

物品名称 a[]	质量 weight[]	价值 value[]	1	2	3	4	5	6
医疗包（M）	1	8	8/0	8/0	8/0	8/0	8/0	8/0
冲锋衣（J）	2	5	8/0	8/0	13/1	13/1	13/1	13/1
书籍（B）	1	3	8/0	11/2	13/1	16/2	16/2	16/2
工具包（T）	3	6	8/0	11/2	13/1	16/2	17/3	19/3
手电筒（L）	1	4	8/0	12/4	15/4	17/4	20/4	21/4
食物（F）	2	9	8/0	12/4	17/5	21/5	24/5	26/5
饮用水（W）	1	10	**10/6**	**18/6**	**22/6**	**27/6**	**31/6**	**34/6**
相机（C）	1	6	0	0	0	0	0	0

第八步：

放入第 8 件物品后，在第 8 行依次填入从 1 到 6 质量单位的背包的最优值

物品名称 a[]	质量 weight[]	价值 value[]	1	2	3	4	5	6
医疗包（M）	1	8	8/0	8/0	8/0	8/0	8/0	8/0
冲锋衣（J）	2	5	8/0	8/0	13/1	13/1	13/1	13/1
书籍（B）	1	3	8/0	11/2	13/1	16/2	16/2	16/2
工具包（T）	3	6	8/0	11/2	13/1	16/2	17/3	19/3
手电筒（L）	1	4	8/0	12/4	15/4	17/4	20/4	21/4
食物（F）	2	9	8/0	12/4	17/5	21/5	24/5	26/5
饮用水（W）	1	10	10/6	18/6	22/6	27/6	31/6	34/6
相机（C）	1	6	**10/6**	**18/6**	**24/7**	**28/7**	**33/7**	**37/7**

图 11-5　动态规划求解背包问题过程图（续）

3. 图示动态规划过程

在图 11-5 中，最后一行的最后一列 DP[8][6]=37，path[8][6]=7，所以本次野营，在 6 个质量单位以内，携带的价值最大值为 37；物品组合可以从标记数组 path[8][6]的值逆推而出，path[8][6] =7，说明最后加入的物品是 a[7]，即相机（C）；取出最后放入的物品相机，则倒数第二件物品应该在第（*j*−a[7].weight）= 6−1 = 5 列的背包，行应该是放入相机的上一行，即倒数第二件物品的最优值在第 7 行第 5 列的格子（状态）里，即 DP[7][5]=31，path[7][5]=6，说明倒数第二件放入的物品是 a[6]，即饮用水（W）；同样地，以此类推，依次取出放入的物品，则物品组合为相机、饮用水、食物、手电筒和医疗包。

工单任务

<table>
<tr><td>任务名称</td><td>动态规划算法</td><td>完成时限</td><td>90min</td></tr>
<tr><td>学生姓名</td><td></td><td>小组成员</td><td></td></tr>
<tr><td>发出任务时间</td><td></td><td>接受任务时间</td><td></td></tr>
<tr><td>任务内容及要求</td><td colspan="3">已知：如图 11-4 所示的列表是背包客某次野营准备携带的物品及其质量和价值参数。背包容量是 6 个质量单位，请运用动态规划算法编码找出价值最大的物品组合。
输出要求：
（1）输出 DP 表格。
（2）输出最大价值及物品组合</td></tr>
<tr><td>任务完成日期</td><td></td><td colspan="2">□提前完成 □按时完成 □延期完成
□未能完成</td></tr>
<tr><td colspan="2">延期或未能完成原因说明</td><td colspan="2"></td></tr>
</table>

资讯

计划与决策

请根据任务要求，确定采用的算法，分析算法的时间复杂度，制定作业流程，并对小组成员进行合理分工。

实操记录

编码和调试中出现的问题记录

算法完整代码和运行结果

算法时间复杂度分析

知识巩固

想一想

1．在工单任务中，我们对物品的顺序进行任意调换（行的排列顺序发生变化），会影响 DP 表格的数据吗？会影响 path 表格的数据吗？最后一行的最后一列 DP 和 path 数值都会发生变化吗？

2．对于背包问题，运用动态规划算法求得的最优解，可能使背包没有装满吗？

练一练

一、填空题

1．动态规划算法解决的问题必须可以分解为________的子问题。

2．动态规划网格的每个单元格都是一个________。

3．动态规划算法的适用条件是________、________和________。

二、单选题

1．背包问题运用动态规划算法求解，其最终答案在________单元格里。

A．第一个　　B．倒数第二　　C．最后一个　　D．不固定

2．用动态规划算法求解背包问题，其时间复杂度为________。

A．$O(n)$　　B．$O(n^2)$　　C．$O(n^3)$　　D．$O(\log_2 n)$

3．下列选项不是动态规划限制条件的是________。

A．无后效性　　B．最优化原理

C．子问题的重叠性　　D．确定性

4．用动态规划算法求解背包问题，下列说法________是正确的。

A．最后单元格的数值有可能是最优解

B．最优解一定装满了背包

C．动态规划表格各个单元格的值从上到下、从左到右是大于或等于的关系

D．最优解只能出现在最后一个单元格里

5．下列说法________是正确的。

A．动态规划的解决方案的公式是不变的

B．动态规划的每个单元格都是一个子问题

C．动态规划解决的问题不用考虑是否能分解为离散的子问题

D．无后效性不是动态规划需要考虑的

三、判断题

1．背包问题的最优解最多只需要合并两个子背包。　　（　　）

2．背包问题的最优解也可能出现在最后一个单元格以外的单元格里。　　（　　）

3．一般情况下，动态规划求解背包问题的时间复杂度为 $O(n)$。　　（　　）

4．动态规划表格的单元格就是可分解的子问题。　　（　　）

5．能够将问题分解成离散的子问题的问题一定能使用动态规划求解。　　（　　）

6．每个状态都是过去历史的一个完整总结，这就是无后向性，又称为无后效性。　　（　　）

7．背包问题动态规划求解的最优解一定在最后一个单元格里。　　（　　）

8．背包问题中装入的物品可以分割，即背包可以装入一个物品的部分。　　（　　）

9．一个最优策略的子策略总是最优的。　　（　　）

10．计算动态规划的公式是不变的，可以解决所有的适合动态规划的问题。　　（　　）

做一做

验证动态规划求解有向图的最短路径问题，如图 11-2 所示，并将代码及运行结果请填

入此栏，或截图粘贴于此。

拓展学习

开动脑筋

在求最长公共子串时，我们采用动态规划求解，将两个字符串分别作为 DP 表格的横纵两轴，依次比较对应字符，将比较结果填入表格，如图 11-6 所示。注意最后一个单元格不是答案，那么答案应该是多少？在哪个单元格里？

	C	A	R	R	Y
C	1	0	0	0	0
A	0	3	0	0	0
R	0	0	3	0	0
R	0	0	0	4	0
O	0	0	0	0	0
T	0	0	0	0	0

图 11-6 两个字符串求最长公共子串 DP 表格

勤于练习

1．又到了丰收的季节，小明的家乡绿水青山，盛产多种多样的水果，每种水果都已经打成小包（小包不可拆）。现在问题来了，假设有一个背包的负重最多可达 8kg，而希望在背包中装入负重范围内可得之最大价值的物品组合，水果的品名、单价与质量如图 11-7 所示。请写出状态转移方程。

注意：与工单任务中的背包问题不同的是，每种水果并没有限制只选择一次装入，如 8kg 的背包，也可以放入两个 4kg 的西瓜。

下标	品名	质量（kg）	单价（元）
0	西瓜	4	10
1	李子	2	20
2	桃子	3	110
3	草莓	1	100
4	核桃	4	120

图 11-7　水果的品名、单价与质量

2．任务导入的问题，如图 11-1 所示，它的不同点在于最小的单位不是 1，而是更小的 0.5。应该怎么编制 DP 表格才能得到最优解，请编码实现并将代码和运行结果填入此栏，或者将截图粘贴于此。

总结考评

 单元总结

单元小结

1. 当问题可分解为离散的子问题时，可以使用动态规划来解决问题。
2. 每种动态规划解决方案都涉及 DP 网格。
3. 动态规划网格的单元格（子问题）的值都是最优值。
4. 动态规划没有固定的解决方案，需要根据具体情况来确定。
5. 在给定约束条件下优化某些指标时，动态规划很有用。

单元任务复盘

1. 目标回顾

2. 结果评估（一致、不足、超过）

3. 原因分析（可控的、不可控的）

4. 经验总结

过程考评

<table>
<tr><td rowspan="3">基本信息</td><td>姓名</td><td></td><td>班级</td><td></td><td>组别</td><td></td></tr>
<tr><td>学号</td><td></td><td>日期</td><td></td><td>成绩</td><td></td></tr>
<tr><td>序号</td><td>项目</td><td colspan="2">任务完成情况
完成 / 未完成</td><td>标准分</td><td>评分</td></tr>
<tr><td rowspan="9">教师考评内容（50 分+）</td><td>1</td><td>资讯</td><td></td><td></td><td>5 分</td><td></td></tr>
<tr><td>2</td><td>计划与决策</td><td></td><td></td><td>10 分</td><td></td></tr>
<tr><td>3</td><td>代码编写</td><td></td><td></td><td>10 分</td><td></td></tr>
<tr><td>4</td><td>代码调试</td><td></td><td></td><td>10 分</td><td></td></tr>
<tr><td>5</td><td>想一想</td><td></td><td></td><td>5 分</td><td></td></tr>
<tr><td>6</td><td>练一练</td><td></td><td></td><td>5 分</td><td></td></tr>
<tr><td>7</td><td>做一做</td><td></td><td></td><td>5 分</td><td></td></tr>
<tr><td>8*</td><td>拓展学习</td><td></td><td></td><td>ABCD</td><td></td></tr>
<tr><td colspan="6">考评教师签字：　　　　　　　　日期：</td></tr>
<tr><td rowspan="6">小组考评内容（25 分）</td><td>1</td><td>主动参与</td><td></td><td></td><td>5 分</td><td></td></tr>
<tr><td>2</td><td>积极探究</td><td></td><td></td><td>5 分</td><td></td></tr>
<tr><td>3</td><td>交流协作</td><td></td><td></td><td>5 分</td><td></td></tr>
<tr><td>4</td><td>任务分配</td><td></td><td></td><td>5 分</td><td></td></tr>
<tr><td>5</td><td>计划执行</td><td></td><td></td><td>5 分</td><td></td></tr>
<tr><td colspan="6">小组长签字：　　　　　　　　日期：</td></tr>
<tr><td rowspan="6">自我评价内容（25 分）</td><td>1</td><td>独立思考</td><td></td><td></td><td>5 分</td><td></td></tr>
<tr><td>2</td><td>动手实操</td><td></td><td></td><td>5 分</td><td></td></tr>
<tr><td>3</td><td>团队合作</td><td></td><td></td><td>5 分</td><td></td></tr>
<tr><td>4</td><td>习惯养成</td><td></td><td></td><td>5 分</td><td></td></tr>
<tr><td>5</td><td>能力提升</td><td></td><td></td><td>5 分</td><td></td></tr>
<tr><td colspan="6">本人签字：　　　　　　　　日期：</td></tr>
</table>

撷英拾萃

课文回顾

《悬崖上的一课》(又名《走一步，再走一步》)被收入人教版和沪教版七年级语文教材，课文讲述了美国作家莫顿·亨特（Morton Hunt）（1920—2016）童年的一段经历，正如作者所说：“我之所以成为孤胆英雄，完全是因为我小时候一段经历的启示。一步又一步，终会达到自己的目标。”

人物经历：

1945 年 1 月，在英格兰的沃顿空军基地。上尉飞行员莫顿·亨特接受了一项任务，驾驶没有任何武器装备和防护设施的蚊式双引擎飞机深入到德军本土执行侦察任务。他觉得这是几乎无法完成的任务，想象着飞机座舱被炮弹击中，自己鲜血飞溅，连跳伞的力气都没有。第二天，莫顿·亨特驾机滑行在跑道上，他告诫自己，只是起飞，飞起来就行。当飞机升到 8000m 高空时，他又告诫自己，所要做的就是在地面无线电的指导下，保持这个航向 20min 就可以到达荷兰的素文岛，这个并不难做到，只要努力。就这样，莫顿·亨特不断告诫自己，下面，只是飞越荷兰，这并不难，然后是飞临德国，根本无须想更多的事。而且，还有后方的无线电支持。就这样，一程又一程，一步又一步，这位上尉终于完成了任务。

算法思想：

按照动态规划算法原理，我们可以将自己的目标分解成若干小的部分，如果我们能保证前一步的所有小部分的决策都是最优化的决策，那么我们可以确信，现在的决策就是最优解。换句话说，我们现在不知道将来会怎样，但我们可以确保过去和当下是最优解，这样，走一步，再走一步，走一程，再走一程，学会在远离目标的时候，去创造条件、接近目标，那么将来一定会有好的结果。正所谓：“日拱一卒无有尽，功不唐捐终入海。”只要坚忍不拔地锚定目标，勤奋努力、坚持不懈，每天像个卒子一样前进一点点、进步一点点，终会有所收获。

读书笔记

Unit 12

K 最近邻算法

主体教材

任务目标

知识目标

（1）理解和运用数组、栈、队列和图等。

（2）认识、理解和运用 **K 最近邻算法**和**贪婪算法**。

（3）运用大 O 表示法分析 K 最近邻算法的**时间复杂度**。

能力目标

（1）熟练使用一门高级编程语言的能力，如 C、C++、C#、Java 等。

（2）具有编写和调试 K 最近邻算法算法代码的能力。

（3）在小组活动中，具备一定的组织能力和协调能力。

素质目标

（1）培养自己的兴趣爱好，养成时间管理的好习惯。

（2）培养独立思考、大胆推测和细心求证的思考问题、解决问题的能力。

（3）积极尝试和适应在学习、生活中不同的角色。

任务导入

暑假期间，小张同学在一家糕点坊做社会实践，具体负责网上销售和营销策划。一次，店里安排了一场促销活动，需要预测活动日准备的新鲜面包个数。已知该店空气质量指数、是否是周末或节假日、有没有促销活动、销售面包数量等数据，如图 12-1 所示。请据此设计一个算法帮助小张同学测算出该活动日需要准备的面包个数。

序号	时间	AQI（1-6）	周末或节假日（0、1）	有无活动（0、1）	卖出面包个数
1	A	1	1	0	530
2	B	3	1	1	425
3	C	5	0	0	75
4	D	4	1	1	253
5	E	2	1	0	311
6	F	1	1	1	814
7	G	2	0	0	280
8	H	3	0	0	202
9	I	4	1	0	147
10	J	2	0	1	402
11	活动日	2	1	1	?

图 12-1　某糕点坊销售面包统计表

相关知识

NPC 问题

日常的生活经验告诉我们：找一个问题的解很困难，但验证一个解很容易。在计算机领域，一般可以将问题分为可解问题和不可解问题。不可解问题也可以分为两类：一类如停机问题，的确无解；另一类虽然有解，但时间复杂度很高。可解问题也分为多项式问题（Polynomial Problem，P 问题）和非确定性多项式问题（Non-deterministic Polynomial Problem，NP 问题）。

P 问题：P 问题是一个判定问题类，这些问题可以用一个确定性算法在多项式时间内判定或解出。如果一个判定性问题的复杂度是该问题的一个实例的规模 n 的多项式函数，那么这种可以在多项式时间内解决的判定性问题属于 P 问题。P 问题就是所有复杂度为多项式时间的问题的集合，多项式问题是可解问题。

NP 问题：所有的非确定性多项式时间可解的判定问题构成 NP 问题。非确定性算法将问题分解成猜测和验证两个阶段。算法的猜测阶段是非确定性的，算法的验证阶段是确定性的，它验证猜测阶段给出解的正确性。

NPC（NP Complete）问题：NP 问题中的某些问题的复杂性与整个类的复杂性相关联，这些问题中任何一个如果存在多项式时间的算法，那么所有 NP 问题都是多项式时间可解的，这些问题被称为 NP 完全问题（NPC 问题）。NPC 问题是世界七大数学难题之一。简单的写法是 NP=P？。NPC 问题目前没有多项式算法，只能用穷举法逐个检验，最终得到答案。但是，穷举法的计算时间随问题的复杂程度呈指数增长，很快问题就会变得不可计算了。

围棋或象棋的博弈问题、国际象棋的 n 皇后问题、密码学中的大素数分解问题、旅行商问题、集合覆盖问题等，都属于 NPC 问题。

贪婪算法

贪婪算法（Greedy Algorithm）又称贪心算法，是指在对问题求解时，总是做出在当前看来是最好的选择。也就是说，不从整体最优上加以考虑，算法得到的是在某种意义上的局部最优解。贪婪算法是一种对某些求最优解问题的更简单、更迅速的设计技术。贪婪算法的特点是一步一步地进行，常以当前情况为基础并根据某个优化测度做最优选择，而不考虑各种可能的整体情况，省去了为找最优解要穷尽所有可能而必须耗费的大量时间。对于 NPC 问题运用贪婪算法求其近似解是个不错的选择。

贪婪算法的思想如下。

（1）建立数学模型来描述问题。

（2）把求解的问题分成若干个子问题。

（3）对每个子问题求解，得到子问题的局部最优解。

（4）把子问题的局部最优解合成原来求解问题的一个解。

贪婪算法的使用条件如下。

1. 贪婪选择性质

一个问题的整体最优解可通过一系列局部的最优解的选择达到，并且每次的选择可以依赖以前做出的选择，但不可以依赖后面将要做出的选择。

2. 最优子结构性质

当一个问题的最优解包含其子问题的最优解时，称此问题具有最优子结构性质。问题的最优子结构性质是该问题可用贪婪算法求解的关键所在。

用贪婪算法求解存在以下问题。

（1）不能保证解是最佳的。因为贪婪算法总是从局部出发，未从整体考虑。

（2）贪婪算法一般用来求最大或最小解。

（3）贪婪算法只能确定某些问题的可行性范围。

例题 12-01 设有 m 台完全相同的机器运行 n 个独立的任务，运行任务 i 所需的时间为 t_i 天，要求确定一个调度方案，使得完成所有任务所需的时间最短。假设任务已经按照其运行时间的大小来排序，请按照最长运行时间作业优先的策略，安排这 m 台机器的任务。

定义的变量如下（数组的下标从 0 开始）。

m 是机器数，n 是任务数，max 为完成所有任务的时间。

t[]是任务的运行时间（长度为 n）。

s[][]是 s[i][j]表示机器 i 运行的任务 j 的编号（长度为 mn）。

d[]是记录机器运行的时间（长度为 m）。

count[]是记录机器 *i* 运行的任务数（长度为 m）。

min,*i*,*j*,*k* 为临时变量。

算法 12-01

```
#include<stdio.h>
void schedule(int m,int n,int *t){
    int i,j,k,max=0;
    int d[100],s[100][100],count[100];
    for(i=0;i<m;i++){
     d[i]=0;
      for(j=0;j<n;j++){
           s[i][j]=-1;      // -1 表示不执行任何任务
      }
    }
    for(i=0;i<m;i++){      // 分配前 m 个任务，每个机器先分别接受 1 个任务
      s[i][0]=i;
      d[i]=d[i]+t[i];
      count[i]=1;
    }
    for(i=m;i<n;i++) {     // 之后判断哪个机器任务耗时最少，让其接受任务
      int min=d[0];
      k=0;
      for(j=1;j<m;j++){ // 确定空闲机器，实质是在求当期任务总时间最少的机器
        if(min>d[j]){
          min=d[j];
          k=j;               // 机器 k 空闲
        }
      }
     s[k][count[k]]=i;   // 在机器 k 的执行队列添加第 i 号任务
     count[k]=count[k]+1;     // 机器 k 的任务数+1
     d[k]=d[k]+t[i];       // 机器 k 的任务执行时间+t[i]，也就是 +第 i 号任务的耗时
   }
    for(i=0;i<m;i++){      // 确定完成所有任务需要的时间(耗时最多的机器所用时间)
      if(max<d[i]) {
         max=d[i];
      }
    }
     printf("完成所有任务需要的时间：%d 天\n",max);
     printf("各个机器执行的耗时一览：\n");
     printf("--------------------------------\n") ;
     for(i=0;i<m;i++){
         printf("第%d 台机器:\t",i+1);
         for(j=0;j<n;j++){
             if(s[i][j]==-1)
                 break;
             printf("%d\t",t[s[i][j]]);
         }
         printf("\n");
     }}
 int main(){
     puts("---贪婪算法解生产调度问题---\n\n");
```

```
    int time[7]={16,14,6,5,4,3,2};
    schedule(3,7,time);
}
```

例题 12-02　有一位旅行商，他需要前往 5 个城市，同时要确保旅程尽可能的短，请帮助这位旅行商确定一个先后顺序，能确保旅程最短。5 个城市的位置如图 12-2 所示，长度单位为 km。

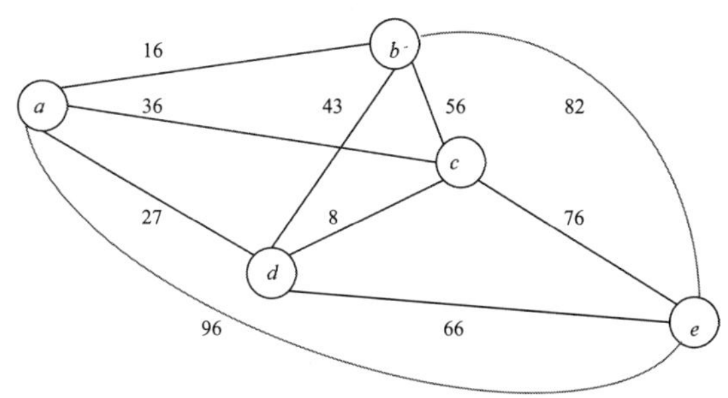

图 12-2　5 个城市的位置

1. 计算每一条可能的路径

要找出前往这 5 个城市的最短路径，为此，必须计算每条可能的路径。在图 12-2 中，5 个城市有多少种可能的路线呢？5！=120 种，增加一个城市就会有 720 种可能，如果是 10 个城市，那么这个数字变成 10！=3628800，需要计算的可能路线超过 350 万种，计算时间随问题的规模增大呈阶乘增长，很快问题就会变得不可计算了。因此，这是一个 NPC 问题。

2. 运用贪婪算法求其解

（1）任选一个城市为出发点，如 *a* 城市。

（2）当每次选择要去的下一个城市时，都选还没有去过的最近的城市。

如图 12-3 所示，贪婪算法求出的一条路径为 $a \to b \to d \to c \to e$，总长度 143km。这个解不一定是最优解。

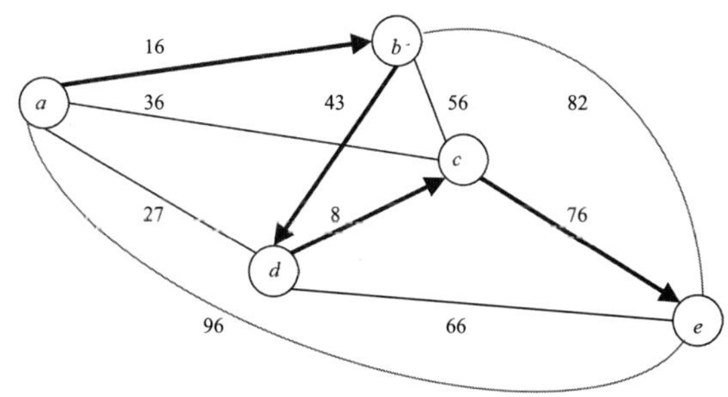

图 12-3　贪婪算法从 *a* 城市出发得到一条路径

K 最近邻算法

K 最近邻（K-Nearest Neighbor）算法也称为 KNN 算法，是由 Cover 和 Hart 在 1968 年提出的，这是一个理论上比较成熟的算法，也是最简单的机器学习算法之一，是数据挖掘分类技术中最简单的方法之一。在 K 最近邻算法中，所选择的邻居都是已经正确分类的对象，在定类决策上只依据最邻近的一个或几个样本的类别来决定待分样本所属的类别。

1. 算法思想

当无法判定当前待分类点是从属于已知分类中的哪一类时，依据统计学的理论看它所处的位置特征，衡量它周围邻居的权重，按照少数服务多数的原则把它归为（或分配）到权重更大的那一类。

2. K 最近邻算法的分类时间复杂度

K 最近邻算法是一种惰性学习（即时学习或懒学习，Lazy-Learning）算法，分类器不需要使用训练集进行训练，训练时间复杂度为 0。K 最近邻算法的分类时间复杂度和训练集中的文档数目成正比，也就是说，如果训练集中文档总数为 n，那么，K 最近邻算法的分类时间复杂度为 $O(n)$。

3. K 最近邻算法的适用

K 最近邻算法虽然在原理上也依赖极限定理（Limit Theorem），但在类别决策上，只与极少量的相邻样本有关。由于 K 最近邻算法主要靠周围有限的邻近样本，而不是靠判别类域的方法来确定所属类别的，因此对类域的交叉或重叠较多的待分样本集来说，K 最近邻算法较其他方法更为适合。

4. K 最近邻算法的描述

（1）计算测试数据与各个训练数据之间的距离。
（2）按照距离的递增关系进行排序。
（3）选取距离最小的 K 个点。
（4）确定前 K 个点所在类别的出现频率。
（5）返回前 K 个点中出现频率最高的类别作为测试数据的预测分类。

5. K 最近邻算法的基本要素

K 最近邻算法使用的模型实际上对应于对特征空间的划分。K 值的选择，距离度量和分类决策规则是该算法的三个基本要素。

（1）K 值的选择。

K 值的选择会对算法的结果产生重大影响。K 值较小意味着只有与输入实例较近的训练实例才会对预测结果起作用，但容易发生过拟合（Overfitting）；如果 K 值较大，优点是可以减少学习的估计误差，但缺点是学习的近似误差增大，这时与输入实例较远的训练实例也会对预测起作用，使预测发生错误。

（2）距离度量。

距离度量一般采用 *Lp* 距离，当 *p*=2 时，即为欧氏距离，在度量之前，应该将每个属性的值规范化，这样有助于防止具有较大初始值域的属性比具有较小初始值域的属性的权重过大。

（3）分类决策规则。

分类决策规则是少数服从多数的表决规则，即由输入实例的 *K* 个最临近的训练实例中的多数类决定输入实例的类别。

6. K 最近邻算法的优/缺点

优点：K 最近邻算法思路简单，易于理解，易于实现，无须估计参数。

缺点：（1）当样本不平衡时，如一个类的样本容量很大，而其他类样本容量很小时，有可能导致当输入一个新样本时，该样本的 *K* 个邻居中大容量类的样本占多数。针对这一问题，可以采用权值的方法来改进。

（2）计算量较大，因为对每一个待分类的文本都要计算它到全体已知样本的距离，才能求得它的 *K* 个最近邻点。常用的改进方法是事先对已知样本点进行剪辑，事先去除对分类作用不大的样本。该算法比较适用于样本容量比较大的类域的自动分类，而那些样本容量较小的类域采用这种算法容易产生误分。

任务工单

任务情境

暑假期间，小张同学在一家糕点坊做社会实践，具体负责网上销售和营销策划。一次，店里安排了一场促销活动，需要预测活动日准备的新鲜面包个数。已知该店空气质量指数、是否是周末或节假日、有没有促销活动、销售面包数量等历史销售数据，如图 12-1 所示。空气质量指数、是否是周末或节假日、有没有促销活动是抽取的 3 个特征量。

- 空气质量指数（Air Quality Index，简称 AQI）级别。
  优（1）；良（2）；轻度污染（3）；中度污染（4）；重度污染（5）；严重污染（6）。
- 是否是周末或节假日。
  1 表示是周末或节假日，反之 0 表示非周末或节假日。
- 有没有促销活动。
  1 表示有活动，0 表示没有活动。

试完成以下任务。

（1）找出最接近的 *K* 个邻居。

（2）求出这 *K* 个邻居的平均值（即预测的活动日准备的面包个数），填入表格最后一个单元格内。其中，K 值取 4，距离公式为 $\rho=\sqrt{(x_2-x_1)^2+(y_2-y_1)^2+(z_2-z_1)^2}$ 。

算法分析

这是一个运用 K 最近邻算法预测一个结果的问题。解题步骤如下。

（1）计算出活动日数据与各个历史数据之间的距离（欧拉公式）。

（2）按照距离的递增关系进行排序。

（3）选取距离最小的 K 个点（K=4）。

（4）求出 K 个最近邻日子里卖出的面包数的算数平均数。

按照 K 最近邻算法的思路，需要进行以下操作。

（1）记录下历史数据（二维数组 arry[ ][ ]存储）。

（2）求出到活动日的距离（一位数组 dist[ ]存储）。

（3）计算得出预测值。

工单任务

<table>
<tr><td>任务名称</td><td>K 最近邻算法</td><td>完成时限</td><td>90min</td></tr>
<tr><td>学生姓名</td><td></td><td>小组成员</td><td></td></tr>
<tr><td>发出任务时间</td><td></td><td>接受任务时间</td><td></td></tr>
<tr><td>任务内容及要求</td><td colspan="3">已知：图 12-1 所示为某糕点坊记录过去时间里卖出面包的历史数据。运用 K 最近邻算法预测活动日糕点坊应该准备多少个面包合适。试编码实现任务。
输入要求：
（1）用键盘输入活动日的 3 个特征量。
（2）用键盘输入 K 的取值。
输出要求：
（1）输出原始数据。
（2）输出 dist 数组的值。
（3）输出预测的结果</td></tr>
<tr><td>任务完成日期</td><td></td><td colspan="2">□提前完成 □按时完成 □延期完成
□未能完成</td></tr>
<tr><td colspan="2">延期或未能完成原因说明</td><td colspan="2"></td></tr>
</table>

资讯

计划与决策

请根据任务要求，确定采用的算法，分析算法的时间复杂度，制定作业流程，并对小组成员进行合理分工。

实操记录

编码和调试中出现的问题记录

算法完整代码和运行结果

算法时间复杂度分析

知识巩固

想一想

在电影推荐系统中，使用距离公式计算两个用户的距离，但是给电影打分时，每一位用户的标准并不相同。例如，假设用户 A 和用户 B 欣赏电影的品位相同，用户 A 给喜欢的电影都打 5 分，但是用户 B 更为严苛一些，只是特别喜好的电影打 5 分。这样使得通过距离计算的最近邻中，B 不在其列，他们并非近邻。那么，如何将这种评分的差异考虑进来呢？

练一练

一、填空题

1．K 最近邻算法中，所选择的邻居都是已经正确分类的对象，在定类决策上只依据__________的一个或几个样本的类别来决定待分样本所属的类别。

2．NPC 问题的最佳解决做法是__________。

3．K 最近邻算法的 3 个基本要素是__________、__________和__________。

二、单选题

1．K 最近邻算法中，特征空间中两个点的距离是________。

A．两个点不相同的反映　　　　B．两个点相似程度的反映

C．两个点直线距离　　　　　　　　　D．只是两个点的远近关系

2．K 最近邻算法是一种惰性学习算法，它的分类时间复杂度 O 为________。

A．$O(n)$　　　B．$O(ne)$　　　C．$O(n+e)$　　　D．$O(e \times n)$

3．下列算法中没有运用贪婪策略的是________。

A．迪杰斯特拉　　B．快速排序　　C．广度优先搜索　D．动态规划

4．关于 K 最近邻算法求特征空间中两个点的距离，下列说法中________是正确的。

A．两个点的距离公式是唯一的

B．两个点的距离是变化的

C．一旦确定距离公式，两个点的距离就是变化的

D．距离公式可以有多种选择

5．下列问题中________不是 NPC 问题。

A．旅行商问题　　　　　　　　　B．集合覆盖问题

C．组建新球队选择队员问题　　　D．选择排序

三、判断题

1．K 最近邻算法是简单的机器学习算法之一。　（　）

2．贪婪算法求得的解是最优解。　（　）

3．特征抽取意味着将物品的一些特性转化为一系列可比较的数字。　（　）

4．合适的特征抽取是 K 最近邻算法的关键。　（　）

5．面临 NPC 问题，最佳的做法是用近似算法。　（　）

6．贪婪算法易于实现，效率高。　（　）

7．贪婪算法是通过寻求局部最优，企图得到全局最优解。　（　）

8．K 最近邻算法在 K 的取值上不重要。　（　）

9．通常 K 最近邻算法的分类决策规则是少数服从多数的表决规则。　（　）

10．K 最近邻算法是数据挖掘分类技术中最简单的方法之一。　（　）

做一做

验证 12-01 贪婪算法解生产调度问题。

拓展学习

开动脑筋

计算特征空间中两个点的距离使用距离公式。但是对于两个用户的品位相同、评分标准不同的情况，使用距离公式时，由于它们可能不是邻居，所以无法解决。是否能够找到更合适的办法解决前面所说的问题呢？比如，余弦相似性的办法？

余弦相似性（Cosine Similarity）是指测量两个向量的夹角的余弦值来度量它们之间的相似性：

$$\cos(\theta)=\frac{\sum_{i=1}^{n}A_i\times B_i}{\sqrt[2]{\sum_{i=1}^{n}\left(A_i\right)^2}\times\sqrt[2]{\sum_{i=1}^{n}(B_i)^2}}$$

勤于练习

班级里有 n 名同学，他们从前到后排成一排，且已经得知了他们的成绩，其中第 i 名同学的成绩是 a。辅导员想根据同学们上个阶段的考试成绩来评定发橙子的数量。为了激励成绩优秀同学，发橙子时需要满足以下几个条件。

（1）相邻同学中成绩好的同学的橙子必须更多。若相邻的同学成绩一样，则他们分到的数量必须平等。

（2）每个同学至少分配一个橙子。

由于预算有限，辅导员希望在符合要求的情况下发出尽可能少的橙子。请问，至少需要准备多少个橙子呢？

总结考评

 **单元总结**

单元小结

1．对于 NPC 问题还没有找到快速解决方案，所以最佳的做法是使用近似算法。

2．贪婪算法寻求局部最优解，企图以这种方式获得全局最优解。

3．NPC 问题的判断很难，因为易于解决问题通常和 NPC 问题差别很小。

4．K 最近邻算法用于分类和回归，需要考虑最近的邻居。

5．特征抽取是将样本物品的某些代表性特征转为一系列的可比较数字，合适的特征是 K 最近邻算法成败的关键。

单元任务复盘

1．目标回顾

2．结果评估（一致、不足、超过）

3．原因分析（可控的、不可控的）

4. 经验总结

过程考评

基本信息	姓名		班级		组别	
	学号		日期		成绩	
	序号	项目	任务完成情况		标准分	评分
			完成	未完成		
教师考评内容（50 分+）	1	资讯			5 分	
	2	计划与决策			10 分	
	3	代码编写			10 分	
	4	代码调试			10 分	
	5	想一想			5 分	
	6	练一练			5 分	
	7	做一做			5 分	
	8*	拓展学习			ABCD	
	考评教师签字：					日期：
小组考评内容（25 分）	1	主动参与			5 分	
	2	积极探究			5 分	
	3	交流协作			5 分	
	4	任务分配			5 分	
	5	计划执行			5 分	
	小组长签字：					日期：
自我评价内容（25 分）	1	独立思考			5 分	
	2	动手实操			5 分	
	3	团队合作			5 分	
	4	习惯养成			5 分	
	5	能力提升			5 分	
	本人签字：					日期：

读书笔记

附录 A

练习参考答案

Unit 01 二分查找

想一想

1．7

2．将顺序表中第一个与最后一个数据元素互换，以此类推，如下图所示。

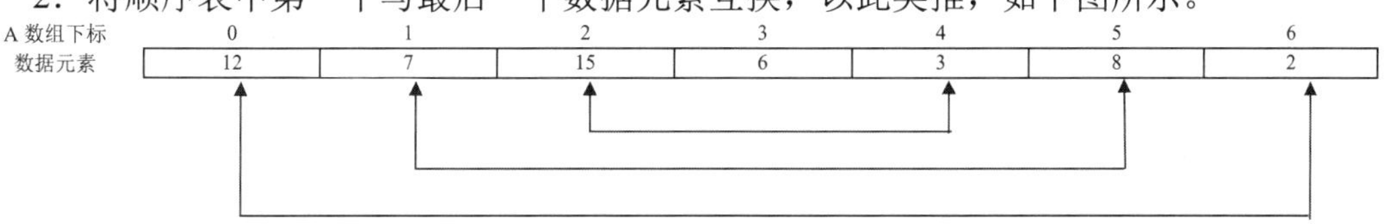

练一练

一、填空题

1．11　12　　2．$O(n)$　　3．0　K+2022 × 4

二、单选题

1．C　　2．B　　3．C　　4．C　　5．C

三、判断题

1．×　　2．√　　3．√　　4．×　　5．√

6．√　　7．×　　8．×　　9．×　　10．√

做一做

见附录 B 中**算法 01-05** 顺序表数据元素的插入和删除。

Unit 02 简单选择排序

想一想

1. 因为不带表头的单链表，除第一个节点的指针是 Head 以外，其他各个节点的存储地址都存放在其前驱节点的指针域中。为编码方便避开需要单独处理第一个节点的特殊情况，采用增加一个同构的表头节点的方法。

2. 循环链表与单链表的结构相同，基本操作也基本一致，不同点在于：在访问表中节点操作时，终止条件不同，单链表只需要判断移动指针是否为空，而循环链表需要判断移动指针是否回到了表头。

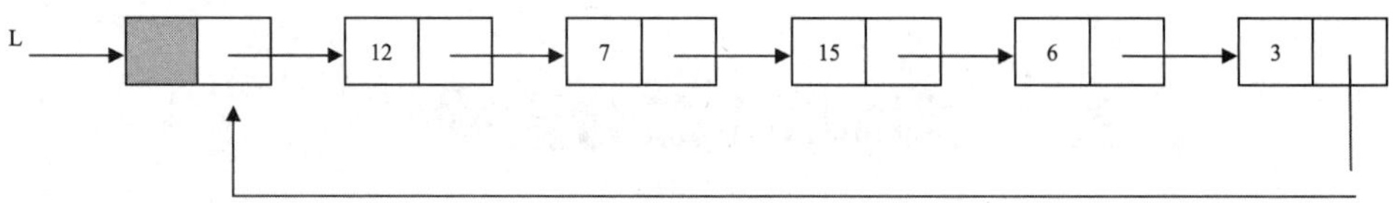

练一练

一、填空题

1．前驱　　2．插入　删除　　3．前驱　$O(n)$

二、单选题

1．C　　2．A　　3．C　　4．C　　5．A

三、判断题

1．√　　2．×　　3．×　　4．×　　5．×

6．×　　7．×　　8．√　　9．√　　10．×

做一做

见附录 B 中**算法 02-03** 链表的逆置。

Unit 03 递归算法

想一想

可能的出栈序列有 14 种，它们是：

(4,3,2,1)；(3,4,2,1)；(3,2,4,1)；(3,2,1,4)；(2,4,3,1)；(2,3,4,1)；(2,3,1,4)；(2,1,4,3)；(2,1,3,4)；(1,4,3,2)；(1,3,4,2)；(1,3,2,4)；(1,2,4,3)；(1,2,3,4)。

不可能的出栈序列有 10 种，它们是：

(4,3,1,2)；(4,2,3,1)；(4,2,1,3)；(4,1,3,2)；(4,1,2,3)；(3,4,1,2)；(3,1,4,2)；(3,1,2,4)；

（2,4,1,3）；（1,4,2,3）。

练一练

一、填空题

1．栈　　2．基线条件　递归条件　　3．（C、A、B）　　4．后进先出

二、单选题

1．C　　2．D　　3．C　　4．A　　5．C

三、判断题

1．√　　2．√　　3．√　　4．×　　5．√

6．√　　7．×　　8．√　　9．√　　10．√

做一做

见附录 B 中**算法 03-05** 兔子生娃。

Unit 04 快速排序

想一想

1．基准节点的选取可以是首节点，也可以是尾节点，还可以是其他节点。

2．只需要在判断是否小于或大于基准节点的关键字时，把小于（<）改成小于或等于（<或=），或者把大于（>）改成大于或等于（>或=）。

练一练

一、填空题

1．n^2　不稳定　　2．$n\log_2 n$　不稳定

5．基准节点的定位单链表通过修改指针而顺序表通过数据交换实现的。

二、单选题

1．C　　2．C　　3．A　　4．B　　5．D

三、判断题

1．×　　2．√　　3．√　　4．×　　5．√

6．×　　7．×　　8．×　　9．√　　10．√

做一做

见附录 B 中**算法 04-03** 顺序表快速排序算法（2）。

Unit 05 散列表查找

想一想

因为闭散列表查找中空闲位置是查找不成功的条件，所以在删除操作时不能简单地将待删除记录所在位置置空，否则，该记录后继散列地址序列的查找路径将被截断。

练一练

一、填空题

1．开放地址法　链地址法　　　2．越大　越小　　　3．1

二、单选题

1．C　　2．C　　3．C　　4．C　　5．D

三、判断题

1．√　　2．×　　3．√　　4．×　　5．√

6．√　　7．√　　8．√　　9．√　　10．×

做一做

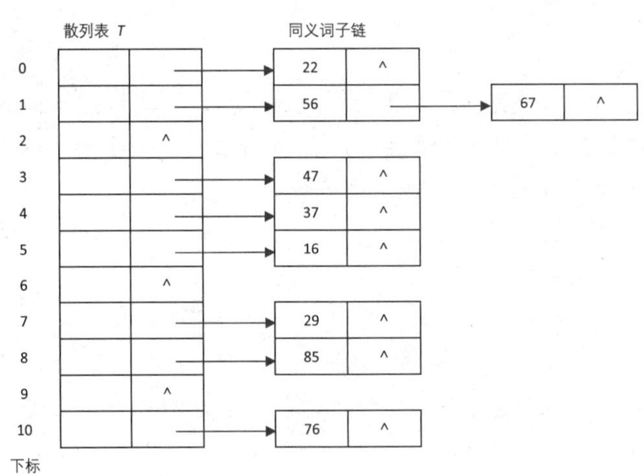

Unit 06 串的模式匹配

想一想

KMP 算法的时间复杂度是 $O(N+M)$，KMP 还需要计算 next 数组的值（$O(M)$）。一般情况下，模式 T 的长度 M 远远小于主串长度 N，因此对整个匹配算法来说，增加的这点时间是值得的。

练一练

一、填空题

1．空格组成的字符串　空格的个数　　2．顺序　链式　　3．有无字符

4．任意连续的字符组成的子

二、单选题

1．C　　2．C　　3．B　　4．B　　5．C

三、判断题

1．√　　2．×　　3．×　　4．√　　5．×

6．×　　7．×　　8．×　　9．√　　10．√

做一做

见附录 B 中**算法 06-03** 字符串逆序存储递归算法。

Unit 07　哈夫曼编码

想一想

1．只有唯一的根节点。

2．二叉树任意节点都没有左孩子。

3．二叉树任意节点都没有右孩子。

练一练

一、填空题

1．2^{k-1}　$2^{k}-1$　　2．21　　3．越近　　4．根

二、单选题

1．C　　2．A　　3．C　　4．A　　5．A

三、判断题

1．√　　2．√　　3．√　　4．√　　5．×

6．√　　7．×　　8．×　　9．√　　10．√

做一做

见附录 B 中**算法 07-02** 二叉树遍历。

Unit 08 二叉排序树查找

想一想

是，二叉平衡树要求的是各个节点的平衡因子|BF|≤1，完全二叉树是节点编号顺序与满二叉树一致的二叉树，满二叉树是平衡树。因为满二叉树的每个节点的平衡因子都是 0，所以完全二叉树在最坏的情况下，只有部分节点的平衡因子是 1，其余节点的 BF=0。

练一练

一、填空题

1．右子树　2．$O(n)$　3．$O(\log_2 n)$　4．20　63

二、单选题

1．C　2．B　3．A　4．C　5．B

三、判断题

1．×　2．√　3．√　4．×　5．√

6．×　7．√　8．√　9．√　10．√

做一做

见附录 B 中**算法 08-02** 二叉排序树查找算法。

Unit 09 图的遍历

想一想

需要运用队列来控制二叉树的层序遍历，出队序列即为层序遍历序列。

练一练

一、填空题

1．$n(n-1)/2$　2．广度优先搜索　深度优先搜索　3．e　$2e$

二、单选题

1．A　2．C　3．C　4．D　5．A

三、判断题

1．√　2．×　3．×　4．×　5．√

6．×　7．√　8．√　9．√　10．√

做一做

见附录 B　1．**算法 09-03** 二叉树层序遍历
　　　　　2．**算法 09-04** 链队列

Unit 10　迪杰斯特拉算法

想一想

是可行的，这个方法被称为“破圈法”。

练一练

一、填空题

1．递增　　2．边稠密　边稀疏　　3．有向图　　4．无环图

二、单选题

1．B　　2．B　　3．C　　4．B　　5．A

三、判断题

1．×　　2．×　　3．√　　4．√　　5．×

6．×　　7．√　　8．√　　9．×　　10．√

Unit 11　动态规划

想一想

1．会，DP 最后一行的最后一列的值不变，path 的值要变。

2．是的。

练一练

一、填空题

1．离散　　2．子问题　　3．最优化原理　无后效性　子问题的重叠性

二、单选题

1．C　　2．B　　3．D　　4．D　　5．B

三、判断题

1．×　　2．×　　3．×　　4．√　　5．×

6．√　　7．√　　8．×　　9．√　　10．×

做一做

见附录 B 中**算法 11-01** 动态规划求最短路径

Unit 12 K 最近邻算法

想一想

通过赋予权值来解决问题。

练一练

一、填空题

1．最近邻　2．近似算法　3．K 值的选择　距离度量　分类决策规则

二、单选题

1．B　2．A　3．B　4．D　5．D

三、判断题

1．√　2．×　3．√　4．√　5．√

6．√　7．√　8．×　9．√　10．√

做一做

见附录 B 中**算法 12-01** 贪婪算法解生产调度问题。

附录 B

各个单元算法源代码

算法 01-01　数组中数据元素的内存地址

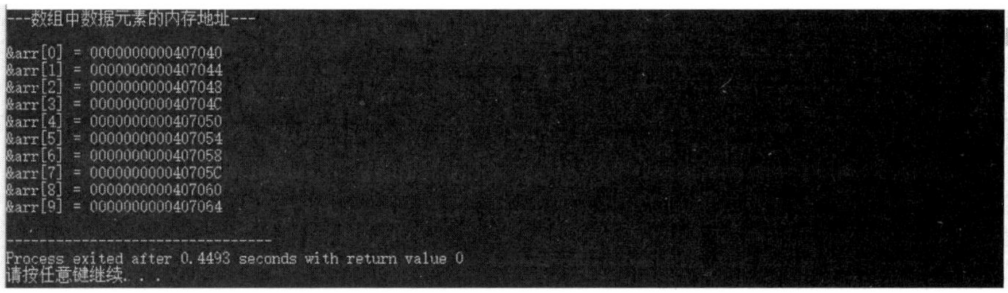

```
---数组中数据元素的内存地址---

&arr[0] = 0000000000407040
&arr[1] = 0000000000407044
&arr[2] = 0000000000407048
&arr[3] = 000000000040704C
&arr[4] = 0000000000407050
&arr[5] = 0000000000407054
&arr[6] = 0000000000407058
&arr[7] = 000000000040705C
&arr[8] = 0000000000407060
&arr[9] = 0000000000407064

--------------------------------
Process exited after 0.4493 seconds with return value 0
请按任意键继续. . .
```

算法 01-02　顺序查找算法

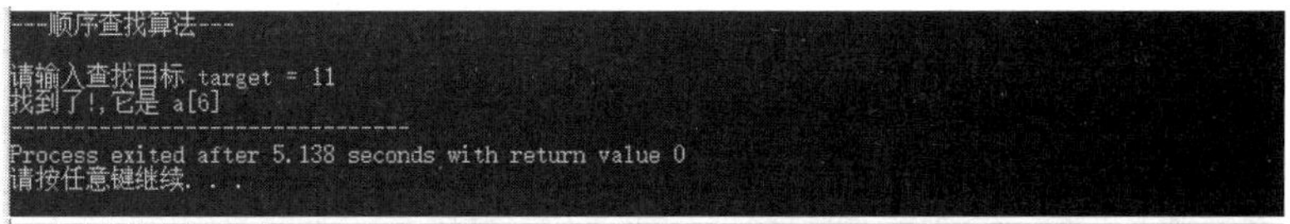

```
---顺序查找算法---

请输入查找目标 target = 11
找到了!,它是 a[6]
--------------------------------
Process exited after 5.138 seconds with return value 0
请按任意键继续. . .
```

```
---顺序查找算法---

请输入查找目标 target = 5
没有找到!
--------------------------------
Process exited after 5.635 seconds with return value 0
请按任意键继续. . .
```

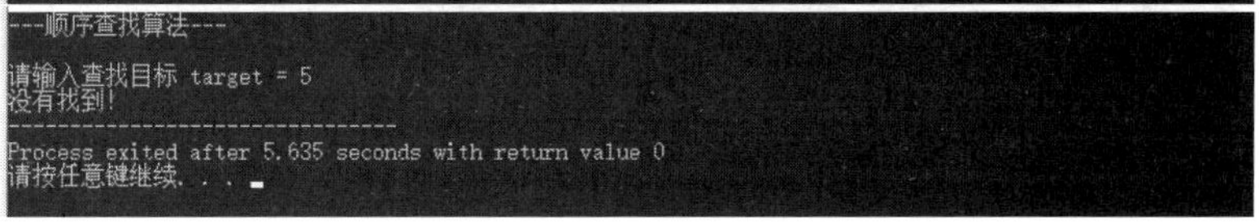

算法 01-03　顺序查找（优化）

```
#include<stdio.h>
int main(){
    int a[]={8,3,10,15,4,7,11,2,12,6,14};
    int Low =0,i=0;
    int len = sizeof(a)/sizeof(a[0]);
    int target = 0;
    printf("---顺序查找算法（优化）---\n\n");
    printf("请输入查找目标 target = ");
    scanf ("%d",&target);
    a[len] = target;                    // 设置 "哨兵 ", 在顺序表的终止端
    for(i=Low; a[i]!=target;i++);       // 顺序查找运算, 不再需要判定 i<len
    if(i<len)
```

```
            printf("找到了!,它是 a[%d]" ,i);
    else
            printf("没有找到! ");
    return 0;
}
```

```
---顺序查找算法（优化）---

请输入查找目标 target = 13
没有找到!
--------------------------------
Process exited after 19.38 seconds with return value 0
请按任意键继续. . .
```

算法 01-04　顺序表逆置

```
#include<stdio.h>
void invert(int s[],int L){
    int i,temp;
    for(i=0;i<L/2;i++){
        temp=s[i];
        s[i]=s[L-i-1];
        s[L-i-1]=temp;
    }
}
int main(){
    int i,len;
    int a[] ={12,7,15,6,3,8,2};
    len=sizeof(a)/sizeof(a[0]);
    printf("---顺序表逆置---\n\n");
    printf("原来的值:\t");
    for(i=0;i<len;i++)
    printf("a[%d]=%d\t",i, a[i]);
    printf("\n");
    invert(a,len);
    printf("逆置后的:\t");
      for(i=0;i<len;i++)
    printf("a[%d]=%d",i, a[i]);
    return 0;
}
```

```
---顺序表逆置---

原来的值:       a[0]=12 a[1]=7  a[2]=15 a[3]=6  a[4]=3  a[5]=8  a[6]=2
逆置后的:       a[0]=2  a[1]=8  a[2]=3  a[3]=6  a[4]=15 a[5]=7  a[6]=12
--------------------------------
Process exited after 0.5477 seconds with return value 0
请按任意键继续. . .
```

算法 01-05　顺序表的插入和删除

```
#include<stdio.h>
#define maxsize 12  // 顺序表大小，可根据实际来定
// 顺序表类型定义
typedef struct{
    int elem[maxsize];        // 存储线性表占用的数组空间
    int len;                  // 顺序表当前长度
}SqList;
```

```
// 插入操作
int In_SList(SqList *L,int i,int A){//在顺序表第 i 为个位置插入关键字 A 的数据元素
    int j;
    if((i<1)||(i>=L->len+2)){
        printf("插入位置不合理!\n");
        return(0);
        }
      else if(L->len==maxsize){
            printf("表已满无法插入!\n");
            return(0);
          }
        else{
            for(j=L->len;j>=i-1;j--)
                L->elem[j+1]=L->elem[j];        // 从后往前依次后移
            L->elem[i-1]=A;                     // 插入 A 在第 i 个位置
            ++L->len;                           // 插入成功后，顺序表长度 +1
            return(1);
        }
}
//删除操作
int Del_SList(SqList *L,int i,int *e){ // 删除第 i 个数据元素并用 e 返回其值
    int k;
    if((i<1)||(i>L->len)){
        printf("删除位置不合法!\n");
        *e=-1;
        return(0);
    }
else{
        *e=L->elem[i-1];
        for(k=i-1;k<L->len;k++)
            L->elem[k]=L->elem[k+1];        //将删除元素以后的元数据素依次前移
        --L->len;                           //成功删除元素后，长度 -1
        return(1);
        }
}
//顺序表关键字序列输出
void printf_SList(SqList *L){
    int i;
    printf("顺序表关键字序列：\t");
    for(i=0;i<L->len;i++)
        printf("%d\t",L->elem[i]);
    printf("\n\n");
}

main(){
    int i,n;
    int x,y,a,e;
    SqList L;
    L.elem[0]=0;
    L.len=0;
    printf("---顺序表插入和删除---\n\n");
```

```
    printf("请输入顺序表的数据元素个数（1---%d）:",maxsize);
    scanf("%d",&n);
    if((n<1)||(n>maxsize)){
        printf("输入数据不合法!\n");
        return(0);
        }
    else{
        printf("请依次输入 %d 个关键字序列(空格间隔):",n);
        for(i=0;i<n;i++){
            scanf("%d",&L.elem[i]);
            L.len++;
            }
        }
    printf_SList(&L);
    printf("请输入插入位置 (1---%d)和插入数据元素的关键字(空格间隔): ",n+1);
    scanf("%d %d",&x,&y);
    In_SList(&L,x,y);
    printf_SList(&L);
    printf("请输入删除数据元素的位置(1---%d): ",L.len);
    scanf("%d",&a);
    Del_SList(&L,a,&e);
    printf("被删除元素是: %d\n",e);
    printf_SList(&L);
}
```

```
---顺序表插入和删除---

请输入顺序表的数据元素个数 (1---12) :5
请依次输入 5 个关键字序列(空格间隔):15 24 36 87 59
顺序表关键字序列:       15      24      36      87      59

请输入插入位置 (1---6)和插入数据元素的关键字(空格间隔): 1 99
顺序表关键字序列:       99      15      24      36      87      59

请输入删除数据元素的位置(1---6): 4
被删除元素是: 36
顺序表关键字序列:       99      15      24      87      59


--------------------------------
Process exited after 140.7 seconds with return value 0
请按任意键继续. . .
```

```
---顺序表插入和删除---

请输入顺序表的数据元素个数 (1---12) :7
请依次输入 7 个关键字序列(空格间隔):25 64 12 39 78 61 23
顺序表关键字序列:       25      64      12      39      78      61      23

请输入插入位置 (1---8)和插入数据元素的关键字(空格间隔): 9 99
插入位置不合理!
顺序表关键字序列:       25      64      12      39      78      61      23

请输入删除数据元素的位置(1---7): 8
删除位置不合法!
被删除元素是: -1
顺序表关键字序列:       25      64      12      39      78      61      23


--------------------------------
Process exited after 56.98 seconds with return value 0
请按任意键继续. . .
```

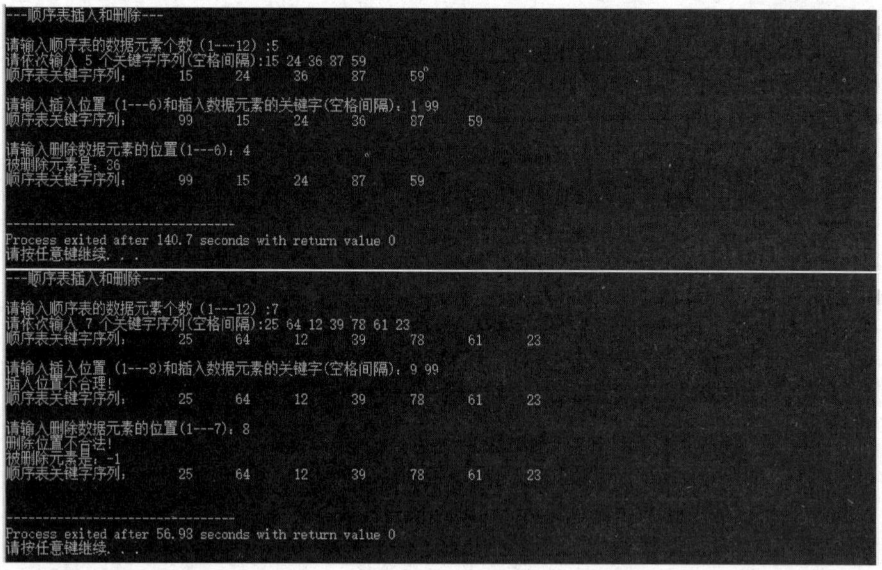

算法 01-06 二分查找算法

```
#include<stdio.h>
    int main(){
    int a[]={2,3,4,6,7,8,10,11,12,14,15};
    int Low =0;
    int High = sizeof(a)/sizeof(a[0])- 1;
    int Mid = 0;
```

```
    int target = 0;
    int k=0;
    printf("---二分查找算法---\n\n");
    printf("请输入查找目标 target = ");
    scanf ("%d",&target);
    while (Low<=High){
        k=k+1;  //统计查找次数
        Mid = (High -Low)/2+Low;
        if (a[Mid]<target)
            Low = Mid +1;
        else if (a[Mid]>target)
                High = Mid - 1 ;
             else break;
    }
    if (Low>High){
        printf("没有找到! ");
        printf("\n 查找次数 %d 次" ,k);
    }
     else{
        printf("找到了!,它是 a[%d]" ,Mid);
        printf("\n 查找次数 %d 次" ,k);
      }
    return 0;
}
```

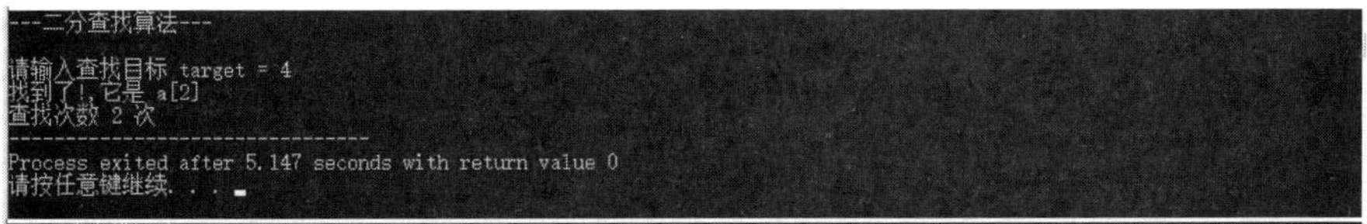

```
---二分查找算法---

请输入查找目标 target = 4
找到了!,它是 a[2]
查找次数 2 次
--------------------------------
Process exited after 5.147 seconds with return value 0
请按任意键继续. . .
```

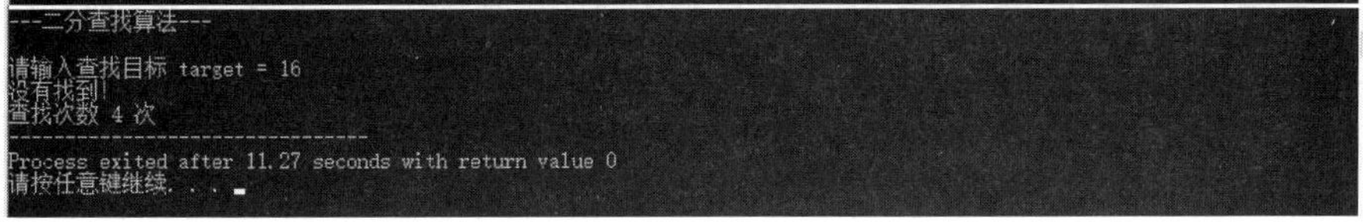

```
---二分查找算法---

请输入查找目标 target = 16
没有找到!
查找次数 4 次
--------------------------------
Process exited after 11.27 seconds with return value 0
请按任意键继续. . .
```

算法 02-01　选择排序算法（单链表）

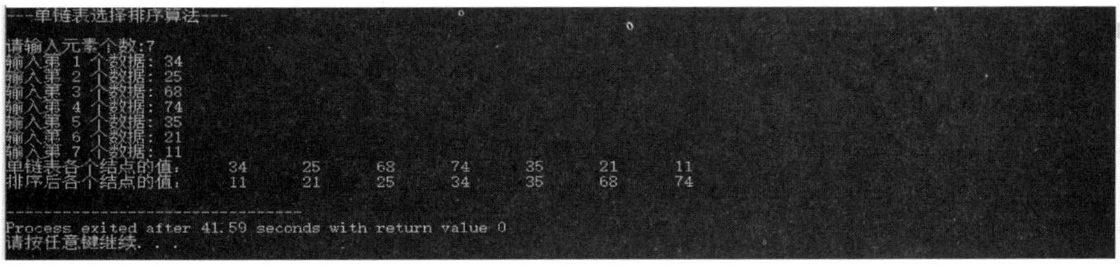

```
---单链表选择排序算法---

请输入元素个数:7
输入第 1 个数据: 34
输入第 2 个数据: 25
输入第 3 个数据: 68
输入第 4 个数据: 74
输入第 5 个数据: 35
输入第 6 个数据: 21
输入第 7 个数据: 11
单链表各个结点的值:     34      25      68      74      35      21      11
排序后各个结点的值:     11      21      25      34      35      68      74

--------------------------------
Process exited after 41.59 seconds with return value 0
请按任意键继续. . .
```

算法 02-02　选择排序算法（顺序表）

```
# include <stdio.h>
void selectsort(int a[],int n){// 顺序表简单选择排序
   int i,j,Min,temp;
    for (i=0; i<n-1; ++i){        // n 个数比较 n-1 轮
     Min = i;
     for (j=i+1; j<n; ++j){     // 每趟比较 n-1-i 次，找本趟最小关键字的下标
```

```
        if (a[Min] > a[j]){
            Min = j;      // 保存小的数的下标
          }
        }
      // 找到最小数之后，如果它的下标不是 i 则说明它不在最左边，则互换位置
      if (Min != i) {
        temp = a[Min];
            a[Min] = a[i];
        a[i] = temp;
      }
    }
}
void printf_list(int a[],int n){    // 输出顺序表
    int i=0;
    for (; i<n-1; ++i){
        printf(" a[%d] = %d\t", i, a[i]);
    }
}
int main(){
    int A[] = {12,7,15,6,3,8,2};
    int m = sizeof(A) / sizeof(A[0]);
    printf("---顺序表选择排序算法---\n\n");
    printf("排序前数组值为： ");
    printf_list(A,m);
    printf("\n");
    selectsort(A,m);
    printf("排序后数组值为： ");
    printf_list(A,m);
  return 0;
}
```

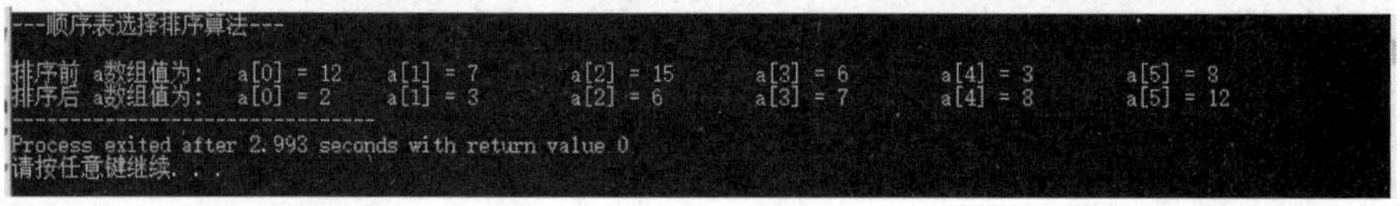

```
---顺序表选择排序算法---

排序前 a数组值为:   a[0] = 12   a[1] = 7    a[2] = 15   a[3] = 6    a[4] = 3    a[5] = 8
排序后 a数组值为:   a[0] = 2    a[1] = 3    a[2] = 6    a[3] = 7    a[4] = 8    a[5] = 12
--------------------------------
Process exited after 2.993 seconds with return value 0
请按任意键继续. . .
```

算法 02-03　链表的逆置

```
#include<stdio.h>
#include<stdlib.h>
// 单链表类型定义
typedef  struct  Node {
    int          data;              // 数据域
    struct Node *   next;           // 指针域
} Node,*LinkList;
// 创建单链表
LinkList creatLinklist(int  n){
    int  i=0;
    LinkList  head,L,temp;
    head=(struct Node*)malloc(sizeof(Node));     // 单链表表头节点
    head->next=NULL;
    temp=head;
    for(;i<n;i++){
```

```
        L=(LinkList)malloc(sizeof(Node));
        L->next=NULL;
        printf("输入第 %d 个数据: " ,i+1);
        scanf("%d",&L->data);
        temp->next=L;
        temp=L;
    }
    return head; // 返回头指针
}
//逆置
void nizhi_Llist(LinkList head){
     LinkList j, i=head->next;
     head->next=NULL;
     while (i!=NULL){
         j=i;
         i=i->next;
         j->next=head->next;
         head->next=j;
         }
}
// 输出单链表
void printf_list(LinkList  head){
    LinkList  p=head->next;
    while(p){
        printf("%d\t",p->data);
        p=p->next;
    }
}
int main(){
    LinkList  L;
    int  n;
    printf("---单链表逆置---\n\n");
    printf("请输入元素个数:");
    scanf("%d",&n);
    L=creatLinklist(n);
    printf("单链表各个节点的值: \t");
    printf_list(L);
    printf("\n");
    nizhi_Llist(L);
    printf("逆置后各个节点的值: \t");
    printf_list(L);
    printf("\n");
    return 0;
}
```

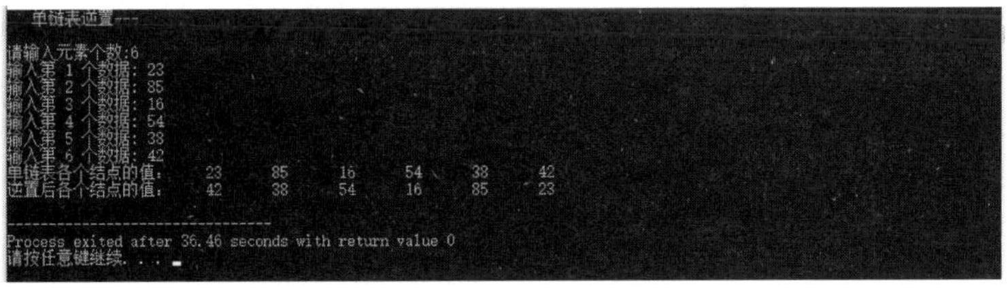

```
---单链表逆置---

请输入元素个数:6
输入第 1 个数据: 23
输入第 2 个数据: 85
输入第 3 个数据: 16
输入第 4 个数据: 54
输入第 5 个数据: 38
输入第 6 个数据: 42
单链表各个结点的值:    23      85      16      54      38      42
逆置后各个结点的值:    42      38      54      16      85      23

--------------------------------
Process exited after 36.46 seconds with return value 0
请按任意键继续. . .
```

算法 03-01　顺序栈的操作

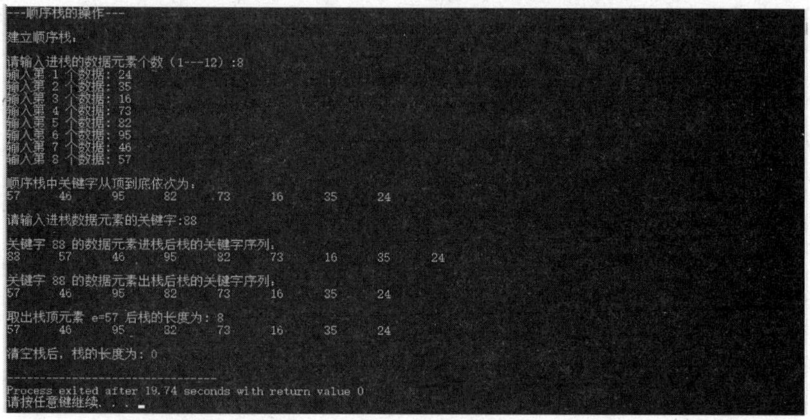

```
---顺序栈的操作---

建立顺序栈：

请输入进栈的数据元素个数（1---12）:8
输入第 1 个数据：24
输入第 2 个数据：35
输入第 3 个数据：16
输入第 4 个数据：73
输入第 5 个数据：82
输入第 6 个数据：95
输入第 7 个数据：46
输入第 8 个数据：57

顺序栈中关键字从顶到底依次为：
57      46      95      82      73      16      35      24

请输入进栈数据元素的关键字:88

关键字 88 的数据元素进栈后栈的关键字序列：
88      57      46      95      82      73      16      35      24

关键字 88 的数据元素出栈后栈的关键字序列：
57      46      95      82      73      16      35      24

取出栈顶元素 e=57 后栈的长度为：8
57      46      95      82      73      16      35      24

清空栈后，栈的长度为：0

--------------------------------
Process exited after 19.74 seconds with return value 0
请按任意键继续. . .
```

算法 03-02　链栈的操作

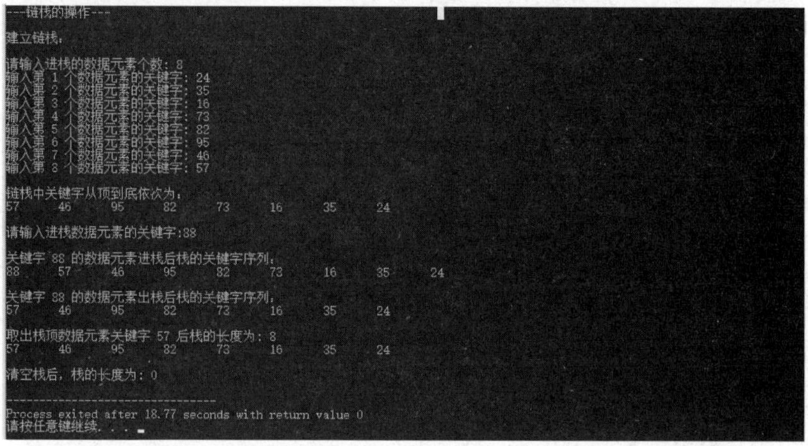

```
---链栈的操作---

建立链栈：

请输入进栈的数据元素个数：8
输入第 1 个数据元素的关键字：24
输入第 2 个数据元素的关键字：35
输入第 3 个数据元素的关键字：16
输入第 4 个数据元素的关键字：73
输入第 5 个数据元素的关键字：82
输入第 6 个数据元素的关键字：95
输入第 7 个数据元素的关键字：46
输入第 8 个数据元素的关键字：57

链栈中关键字从顶到底依次为：
57      46      95      82      73      16      35      24

请输入进栈数据元素的关键字:88

关键字 88 的数据元素进栈后栈的关键字序列：
88      57      46      95      82      73      16      35      24

关键字 88 的数据元素出栈后栈的关键字序列：
57      46      95      82      73      16      35      24

取出栈顶数据元素关键字 57 后栈的长度为：8
57      46      95      82      73      16      35      24

清空栈后，栈的长度为：0

--------------------------------
Process exited after 18.77 seconds with return value 0
请按任意键继续. . .
```

算法 03-03　递归求阶乘

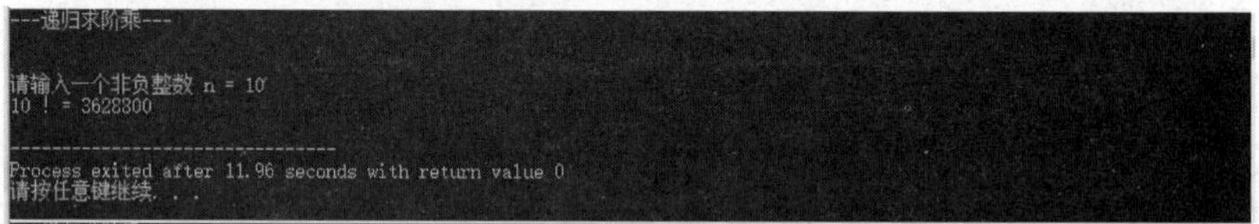

```
---递归求阶乘---


请输入一个非负整数 n = 10
10 ! = 3628800

--------------------------------
Process exited after 11.96 seconds with return value 0
请按任意键继续. . .
```

```
---递归求阶乘---


请输入一个非负整数 n = 0
0 ! = 1

--------------------------------
Process exited after 2.544 seconds with return value 0
请按任意键继续. . .
```

算法 03-04　递归求解汉诺塔问题

```
#include <stdio.h>
int n,step=0;
void  move(int n,char A,char C){
    // 将编号为 n 的盘子从 A 搬到 c
    printf("第%d 次：将 %d 号盘从 %c 柱搬运到 %c 柱\n",step+1,n,A,C);
   ++step;     //搬运盘片次数的计数器
```

```
}
void  hanoi(int n,char A,char B,char C){// 将 n 个圆盘从 A 搬运到 C,B 作为辅助
   if(n==1)  move(n,A,C);
    else {
hanoi(n-1,A,C,B);               // 将 A 柱上的 n-1 个盘子从 A 搬运到 B ，C 辅助
            move(n,A,C);
        hanoi(n-1,B,A,C);    // 将 B 柱上的 n-1 个盘子从 B 搬运到 C，A 辅助
      }
 }
 int main() {
    puts("---汉诺塔问题---\n\n");
    printf("请输入圆盘的个数 n = ");
    scanf("%d",&n);
   hanoi(n,'A','B','C');
   printf("\n 搬运次数：%d",step);
    return 0;
 }
```

```
---汉诺塔问题---

请输入圆盘的个数 n = 3
第1次: 将 1 号盘从 A 柱搬运到 C 柱
第2次: 将 2 号盘从 A 柱搬运到 B 柱
第3次: 将 1 号盘从 C 柱搬运到 B 柱
第4次: 将 3 号盘从 A 柱搬运到 C 柱
第5次: 将 1 号盘从 B 柱搬运到 A 柱
第6次: 将 2 号盘从 B 柱搬运到 C 柱
第7次: 将 1 号盘从 A 柱搬运到 C 柱

搬运次数: 7
--------------------------------
Process exited after 2.688 seconds with return value 0
请按任意键继续. . .
```

算法 03-05　兔子生娃

```
#include "stdio.h"
int fibonacci(int n){
   if (n < 2)
      return n;                          // n=1 则值是 1，n=0 则值是 0。 基线条件
   else
   return  fibonacci(n-1)+fibonacci(n-2);      // 递归条件
}

int main(){
   int i,month;
   puts("---兔子生娃---\n\n");
    printf("输入经过的月数 = ");
    scanf("%d",&month);
    printf("\n%d 月后共有 %d 对兔子\n\n",month,fibonacci(month));
    printf("斐波拉契数列（Fibonacci sequence）：\n\n");
    for(i=1;i<=month;i++){
   printf("%d\t",fibonacci(i));
    }
}
```

```
---兔子生娃---

输入经过的月数 = 12

12 月后共有 144 对兔子

斐波拉契数列 (Fibonacci sequence) :

1       1       2       3       5       8       13      21      34      55      89      144
--------------------------------
Process exited after 5.28 seconds with return value 0
请按任意键继续. . .
```

算法 04-01　单链表快速排序

```
---单链表快速排序算法---

请输入元素个数 n = 7
请输入元素(空格或回车间隔):7 6 15 12 3 8 2
排序前元素序列为:       7       6       15      12      3       8       2
排序后元素序列为:       2       3       6       7       8       12      15
--------------------------------
Process exited after 12.72 seconds with return value 0
请按任意键继续. . .
```

算法 04-02　顺序表快速排序（1）

```c
#include <stdio.h>
int i,j,key,n,q;
// a[i]与a[j]值互换
void swap(int a[], int i, int j){
    int temp = a[i];
    a[i] = a[j];
    a[j] = temp;
}
// 定位基准节点
int partition(int a[], int left, int right){
    if (a == NULL || left < 0 || right <= 0||left>=right)
        return -1;
    i = left+1;
    j = right ;
    key = a[left];
    while(1){
        while(i<j && a[i]<key)
         i=i+1;
        swap(a,i,j);
        j=j-1;
        if(i>=j)
         break;
    }
   if(a[i]<key){
     swap(a,left,i);
     return i;
   }
    else{
         swap(a,left,i-1);
         return i-1;
    }
}
// 快速排序
```

```
void quicksort(int a[], int left, int right){
    if(left<right){
        q = partition(a,left,right);
        quicksort(a,left,q-1);
        quicksort(a,q+1,right);
    }
}

int main(){
    int a[] = {7,6,15,12,3,8,2};
    n = sizeof(a)/sizeof(a[0])- 1;
    puts("---顺序表快速排序算法（1）---\n\n");
    printf("排序前：");
    for(i=0; i<=n; i++) printf("%d\t", a[i]);
    printf("\n");
    quicksort(a, 0, n);
    printf("排序后：");
    for(i=0; i<=n; i++) printf("%d\t", a[i]);
    printf("\n");
    return 0;
}
```

```
---顺序表快速排序算法 (1) ---

排序前: 7       6       15      12      3       8       2
排序后: 2       3       6       7       8       12      15

--------------------------------
Process exited after 0.3329 seconds with return value 0
请按任意键继续. . .
```

算法 04-03　顺序表快速排序（2）

```
#include <stdio.h>
int i,j,key,q,n;
// 定位基准节点
int partition(int a[], int left, int right){
    if (a == NULL || left < 0 || right <= 0||left>=right)
        return -1;
    i = left;
    j = right ;
    key = a[left];
        while (i < j){
        while (i < j && a[j] >= key)
            j--;
        if(i<j)
            a[i]=a[j];
        while (i < j && a[i] <= key)
            i++;
        if(i<j)
            a[j]=a[i];
    }
    a[i] = key;
    return i;
}
```

```
// 快速排序
void quicksort(int a[], int left, int right){
    if(left<right){
        q = partition(a,left,right);
        quicksort(a,left,q-1);
        quicksort(a,q+1,right);
    }
}
    int main(){
int a[] = {7,6,15,12,13,8,2};
n = sizeof(a)/sizeof(a[0])- 1;
puts("---顺序表快速排序算法（2）---\n\n");
printf("排序前: ");
for(i=0; i<=n; i++) printf("%d\t", a[i]);
printf("\n");
quicksort(a, 0, n);
printf("排序后: ");
for(i=0; i<=n; i++) printf("%d\t", a[i]);
printf("\n");
return 0;
}
```

```
---顺序表快速排序算法（2）---

排序前: 7	6	15	12	13	8	2
排序后: 2	6	7	8	12	13	15

--------------------------------
Process exited after 0.3793 seconds with return value 0
请按任意键继续. . .
```

算法 04-04　顺序表快速排序（3）

```
#include <stdio.h>
int i,j,key,n,q;
// a[i]与a[j]值互换
void swap(int a[], int i, int j){
    int temp = a[i];
    a[i] = a[j];
    a[j] = temp;
}
// 定位基准节点
int partition(int a[], int left, int right) {
    i = left;
    j = right + 1;
    key = a[left];
    while(1){
        while(i<right && a[++i]<key);
        while(a[--j]>key);
        if(i>=j) break;
        swap(a,i,j);
    }
    swap(a,left,j);
    return j;
```

```
}

// 快速排序
void quicksort(int a[], int left, int right){
    if(left<right){
        q = partition(a,left,right);
        quicksort(a,left,q-1);
        quicksort(a,q+1,right);
    }
}

int main(){
     int a[] = {7,6,15,12,3,8,2};
     n= sizeof(a)/sizeof(a[0])-1;
     puts("---顺序表快速排序算法（3）---\n\n");
     printf("排序前: ");
     for(i=0; i<=n; i++) printf("%d\t", a[i]);
     printf("\n");
     quicksort(a, 0, n);
     printf("排序后: ");
     for(i=0; i<=n; i++) printf("%d\t", a[i]);
     printf("\n");
     return 0;
}
```

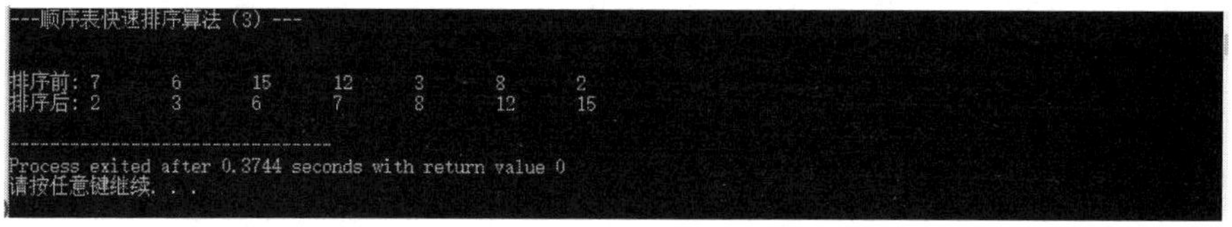

```
---顺序表快速排序算法（3）---

排序前: 7       6       15      12      3       8       2
排序后: 2       3       6       7       8       12      15

--------------------------------
Process exited after 0.3744 seconds with return value 0
请按任意键继续. . .
```

算法 05-01　开散列表查找

```
---开散列表查找---

数组b中各个元素:
b[0] = 12
b[1] = 67
b[2] = 56
b[3] = 16
b[4] = 25
b[5] = 37
b[6] = 22
b[7] = 29
b[8] = 15
b[9] = 47
b[10] = 48
b[11] = 34
散列表中各个元素:
T[0]->48->12      同义词有 2 个
T[1]->37->25      同义词有 2 个
T[2]
T[3]->15          同义词有 1 个
T[4]->16          同义词有 1 个
T[5]->29          同义词有 1 个
T[6]
T[7]->67          同义词有 1 个
T[8]->56          同义词有 1 个
T[9]
T[10]->34->22     同义词有 2 个
T[11]->47         同义词有 1 个
请输入你要查找的元素: 67
要查找的元素在散列表中!
--------------------------------
Process exited after 7.048 seconds with return value 0
请按任意键继续. . .
```

算法 05-02　闭散列表查找

```
#include<stdio.h>
#include<stdlib.h>
```

```
#define NULLKEY -1              // 置空标志 ，表示无数据元素
#define Maxsize 14              // 散列表容量,可根据情况而定
typedef struct{
    int T[Maxsize];
}HashTable;
// 初始化
int InitHashTable(HashTable *H){
    int i;
    for(i=0;i<Maxsize;i++)
        H->T[i]=NULLKEY;
    return 1;
}
// 散列函数
int Hash(int key){
    return key % 13;            // 一般取值是奇数
}
// 插入
void InsertHash(HashTable *H,int key){
    int addr=Hash(key);
    while(H->T[addr]!=NULLKEY)              // 开放地址法的线性探测处理冲突
        addr = (addr+1) % Maxsize;
    H->T[addr]=key;                         // 将 key 插入下一个空位
}
// 查找关键字 key 的节点
int SearchHash(HashTable H,int key,int *addr){
    *addr=Hash(key);
    while(H.T[*addr]!=key){                 //线性探测
        *addr=(*addr+1)%Maxsize;
        //若循环回到原点，说明 key 不存在
        if(H.T[*addr]==NULLKEY || *addr==Hash(key))
            return 0;
    }
    return 1;
}
// 输出散列表
void printHashTable(HashTable H){
    int i=0;
    for(;i<Maxsize;i++)
        printf("T[%d]=%d   ",i,H.T[i]);
    printf("\n");
}

int main(){
    HashTable H1;
    int i,key;
    int addr;
    InitHashTable(&H1);
    int b[12]={12,67,56,16,25,37,22,29,15,47,48,34};
    puts("---闭散列表查找---\n\n");
    printf("数组 b 中各个元素：\n\n");
    for(i=0;i<12;i++)
```

```
            printf("b[%d]=%d   ",i,b[i]);
        printf("\n 散列表中各个元素：\n\n");
        for(i=0;i<12;i++)
            InsertHash(&H1,b[i]);
        printHashTable( H1);
        printf("请输入你要查找的元素：");
        scanf("%d",&key);
        if(SearchHash(H1,key,&addr)){
            printf("\n 有的哦,要查找的元素在散列表中下标是：");
             printf("%d ",addr);
             }
        else
            printf("\n 抱歉,散列表中没有你要查找的元素！");
        return 0;
}
```

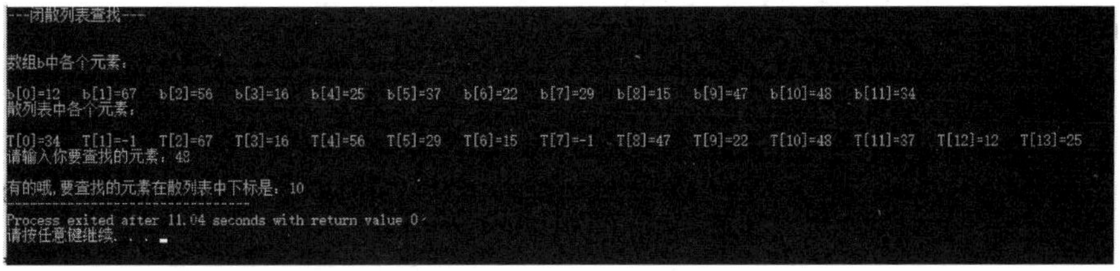

```
---闭散列表查找---

数组b中各个元素：

b[0]=12   b[1]=67   b[2]=56   b[3]=16   b[4]=25   b[5]=37   b[6]=22   b[7]=29   b[8]=15   b[9]=47   b[10]=48   b[11]=34
散列表中各个元素：

T[0]=34   T[1]=-1   T[2]=67   T[3]=16   T[4]=56   T[5]=29   T[6]=15   T[7]=-1   T[8]=47   T[9]=22   T[10]=48   T[11]=37   T[12]=12   T[13]=25
请输入你要查找的元素：48

有的哦,要查找的元素在散列表中下标是：10
--------------------------------
Process exited after 11.04 seconds with return value 0
请按任意键继续. . .
```

算法 06-01　简单模式匹配算法

```
---简单模式匹配算法（BF算法）---

输入S串字符(无需空格隔开)：ababcabcacbac
输入T串字符(无需空格隔开)：abcac
输入主串起始匹配位置pos (0<=pos<13) : 0
-------第 1 趟-------
i= 0,j= 0
i= 1,j= 1
i= 2,j= 2
-------第 2 趟-------
i= 1,j= 0
-------第 3 趟-------
i= 2,j= 0
i= 3,j= 1
i= 4,j= 2
i= 5,j= 3
i= 6,j= 4
-------第 4 趟-------
i= 3,j= 0
-------第 5 趟-------
i= 4,j= 0
-------第 6 趟-------
i= 5,j= 0
i= 6,j= 1
i= 7,j= 2
i= 8,j= 3
i= 9,j= 4

在主串指定第 0 号位置开始匹配，在第 5 号位置匹配成功!

--------------------------------
Process exited after 32.2 seconds with return value 0
请按任意键继续. . .
```

算法 06-02　KMP 算法

```
#include <stdio.h>
#include <cstring>
#define MaxSize 100
void getnext(char t[], int next[]){
    int j=0;
    next[0] = -1;
```

```
    int k=next[0];
    while (j <strlen(t)){
        if(k==-1||t[j] == t[k]){
           j++;
           k++;
           next[j]=k;
        }
        else k=next[k];
    }
    printf("------以下是 next 数组的值-------\n");
    for (int i=0; i<strlen(t); ++i){
        printf(" next[%d] ", i);
        printf(" = %d ", next[i]);
         printf("\n");
  }
     printf("--------------------------------\n");
}

int kmp(char s[], char t[],int p){
    int i=p,j=0,N,M,sum=1;
     int next[MaxSize];
    getnext(t, next);
    N=strlen(s);
     M=strlen(t);
     printf("------------第 %d 趟------------\n",sum)  ;
     while((i<N)&&(j<M)){
         printf("i= %d,j= %d\n",i,j)  ;
         if ((j==-1)||(s[i]==t[j])){
          i++;j++;
          }
        else {
         j=next[j];
         printf("------------第 %d 趟------------\n",++sum)  ;
     }
    }
   if(j==M) return i-j;
   else return -1;
}

int main(){
     char s[MaxSize],t[MaxSize];
     int next[MaxSize];
     int pos;
     puts("---改进的模式匹配之 KMP 算法---\n\n");
    printf("输入 S 串字符(无需空格隔开): ");
     scanf("%s",&s);
     printf("输入 T 串字符(无需空格隔开): ");
     scanf("%s",&t);
     printf("输入主串起始匹配位置 pos (0<=pos<%d): ",strlen(s));
    scanf("%d",&pos);
    int index = kmp(s,t,pos);
```

```
    if(index==-1)
        printf("\n匹配不成功! ");
    else    printf("\n 在主串指定第  %d  号位置开始匹配，在第  %d  号位置匹配成功!
\n",pos,index);
}
```

```
---改进的模式匹配之KMP算法---

输入S串字符(无需空格隔开): ababcabcacbac
输入T串字符(无需空格隔开): abcac
输入主串起始匹配位置pos (0<=pos<13) : 0
------以下是 next数组的值-------
 next[0]  = -1
 next[1]  = 0
 next[2]  = 0
 next[3]  = 0
 next[4]  = 1
--------------------------------
-----------第 1 趟-----------
i= 0,j= 0
i= 1,j= 1
i= 2,j= 2
-----------第 2 趟-----------
i= 2,j= 0
i= 3,j= 1
i= 4,j= 2
i= 5,j= 3
i= 6,j= 4
-----------第 3 趟-----------
i= 6,j= 1
i= 7,j= 2
i= 8,j= 3
i= 9,j= 4

在主串指定第 0 号位置开始匹配, 在第 5 号位置匹配成功!

--------------------------------
Process exited after 22.68 seconds with return value 0
请按任意键继续. . .
```

算法 06-03　字符串逆序存储递归算法

```
#include<stdio.h>
#include<stdlib.h>
#define Maxsize 100
using namespace std;
void InvertStore(char a[]){
    char ch;
    static int i=0;                    // 需要使用静态变量
    scanf("%c",&ch);
    if(ch!=' '){                       // 规定以空格符为字符串输入的结束标志
        InvertStore(a);
        a[i++]=ch;                     // 字符串逆序存储
    }
    a[i]='\0';                         // 字符串结尾标记
}

int main(){
    char a[Maxsize];
    puts("---字符串逆序存储递归算法---\n\n");
    printf("输入字符串‘空格结束’:\t") ;
    InvertStore(a);
    printf("\n逆序存储结果: \t") ;
    puts(a);
    return 0;
}
```

```
---字符串逆序存储递归算法---

输入字符串‘空格结束’:      ahjsdgfa639adsg7dfa

逆序存储结果:   afd7gsda986afgdsjha

--------------------------------
Process exited after 12.11 seconds with return value 0
请按任意键继续. . .
```

算法 07-01　哈夫曼编码

```
#include <stdio.h>
#define MaxBit    100
#define MaxSize   81192
#define MaxLeaf   30
#define MaxNode   MaxLeaf*2-1
// 节点结构体
typedef struct{
    char ch;
     int weight;                           // 权值
    int parent,lchild,rchild;              // 双亲节点和左、右孩子
} HNodeType;
// 编码结构体
typedef struct {
    int bits[MaxBit];                      // 存放编码位串
    int start;                             // 存放编码位串起始位
} HCodeType;
// 构造一棵哈夫曼树
void HuffmanTree (HNodeType HuffNode[MaxNode],  int n){
    int i, j, m1, m2, x1, x2;
    for (i=0; i<2*n-1; i++){               // 初始化存放哈夫曼树的数组 HuffNode[]
        HuffNode[i].ch = ' ';              // 空格符，表示空
         HuffNode[i].weight = 0;
        HuffNode[i].parent =-1;            // -1 代表空
        HuffNode[i].lchild =-1;
        HuffNode[i].rchild =-1;
    }
    for (i=0; i<n; i++) {                  // 用键盘输入 n 个叶节点的权值
        printf ("请输入第 %d 个字符和它的权值 : \t", i+1);
        scanf ("%s", &HuffNode[i].ch);
         scanf ("%d", &HuffNode[i].weight);
    }
    for (i=0; i<n-1; i++){                 // 循环构造 Huffman 树
        // m1、m2 中存放两个无父节点且节点权值最小的两个节点的权值，初值为一个明显大的数
        m1=m2=MaxSize;
        x1=x2=0;                           // x1、x2 中存放它们在哈夫曼树顺序表中的位置
        // 找出森林中权值最小和次小的的两棵树，并合并之为一棵二叉树
        for (j=0; j<n+i; j++)  {
            if (HuffNode[j].weight < m1 && HuffNode[j].parent==-1){
                m2=m1;
                x2=x1;
                m1=HuffNode[j].weight;
                x1=j;
            }
            else if (HuffNode[j].weight < m2 && HuffNode[j].parent==-1){
```

```
                m2=HuffNode[j].weight;
                x2=j;
            }
        }
        // 设置找到的两个子节点 x1、x2 的父节点信息----在哈夫曼树中的位置和权值
        HuffNode[x1].parent  = n+i;
        HuffNode[x2].parent  = n+i;
        HuffNode[n+i].weight = HuffNode[x1].weight + HuffNode[x2].weight;
        HuffNode[n+i].lchild = x1;
        HuffNode[n+i].rchild = x2;
    }
}
//输出哈夫曼树顺序表
void printHuffmantree(HNodeType HuffNode[MaxNode],  int n){
    printf("-----------------------------------------------------\n" );
    printf("哈夫曼树顺序表\n" );
    printf("-----------------------------------------------------\n" );
    printf("数组下标  字符\tweighy\tparent\tlchild\trchild \n" );

    for(int i=0; i<2*n-1; i++) {          //输出哈夫曼树顺序表
        printf ("%4d\t%4c\t%d\t%d\t%d\t%d\t", i, HuffNode[i].ch, HuffNode
[i].weight, HuffNode[i].parent,HuffNode[i].lchild,HuffNode[i].rchild);
        printf("\n");
    }
    printf("-----------------------------------------------------\n" );
}
//编码
void  HaffmanCode(HNodeType HuffNode[MaxNode],int n){
    //定义一个编码结构体数组, 同时定义一个临时变量 cd 来存放求解编码时的信息
    HCodeType  HuffCode[MaxLeaf],cd;
    int c,p,i,j;
    for (i=0; i < n; i++){
        cd.start = n-1;
        c = i;
        p = HuffNode[c].parent;
        while (p != -1) {                            //若双亲节点存在
            if (HuffNode[p].lchild == c)
                cd.bits[cd.start] = 0;
            else
                cd.bits[cd.start] = 1;
            cd.start--;                              //求编码的低一位
            c=p;
            p=HuffNode[c].parent;                    //设置下一循环条件
        }
        for (j=cd.start+1; j<n; j++){          //保存求出的每个叶节点的哈夫曼编码
        HuffCode[i].bits[j] = cd.bits[j];}
        HuffCode[i].start = cd.start;                //保存编码的起始位
    }
    //输出哈夫曼树编码顺序表
    printf("哈夫曼编码顺序表\n" );
    printf("-----------------------------------------------------\n" );
    printf("数组下标  字符\tbits 数组值\n" );
```

```
    for (i=0; i<n; i++){
        printf ("%4d\t%4c\t", i, HuffNode[i].ch);
        for (j=HuffCode[i].start+1; j < n; j++){
            printf ("bit[%d]= %d\t", j,HuffCode[i].bits[j]);
        }
        printf("\n");
    }
    printf("------------------------------------------------------\n" );
    for (i=0; i<n; i++){                    //输出已保存好的所有叶节点的哈夫曼编码
        printf ("字符 %c 的哈夫曼编码是:\t", HuffNode[i].ch);
        for (j=HuffCode[i].start+1; j < n; j++){
            printf ("%d", HuffCode[i].bits[j]);
        }
        printf ("\n");
    }
}
int main(void){
    HNodeType HuffNode[MaxNode];             //定义一个节点结构体数组
    int n;
    puts("---哈夫曼编码---\n\n");
    printf ("请输入节点数 n=");
    scanf ("%d", &n);
    HuffmanTree (HuffNode, n);
    printHuffmantree(HuffNode,n);
    HaffmanCode(HuffNode,n);
    return 0;
}
```

```
---哈夫曼编码---

请输入结点数 n=8
请输入第 1个字符和它的权值 :    A 9
请输入第 2个字符和它的权值 :    B 25
请输入第 3个字符和它的权值 :    C 6
请输入第 4个字符和它的权值 :    D 16
请输入第 5个字符和它的权值 :    E 7
请输入第 6个字符和它的权值 :    F 5
请输入第 7个字符和它的权值 :    G 24
请输入第 8个字符和它的权值 :    H 8
---------------------------------------------
哈夫曼树顺序表
---------------------------------------------
数组下标  字符  weighy  parent  lchild  rchild
   0       A    9       10      -1      -1
   1       B    25      13      -1      -1
   2       C    6       8       -1      -1
   3       D    16      11      -1      -1
   4       E    7       9       -1      -1
   5       F    5       8       -1      -1
   6       G    24      12      -1      -1
   7       H    8       9       -1      -1
   8            11      10      5       2
   9            15      11      4       7
  10            20      12      0       8
  11            31      13      9       3
  12            44      14      10      6
  13            56      14      1       11
  14            100     -1      12      13
---------------------------------------------
哈夫曼编码顺序表
---------------------------------------------
数组下标  字符  bits数组值
   0       A    bit[5]= 0     bit[6]= 0     bit[7]= 0
   1       B    bit[6]= 1     bit[7]= 0
   2       C    bit[4]= 0     bit[5]= 0     bit[6]= 1     bit[7]= 1
   3       D    bit[5]= 1     bit[6]= 1     bit[7]= 1
   4       E    bit[4]= 1     bit[5]= 1     bit[6]= 0     bit[7]= 0
   5       F    bit[4]= 0     bit[5]= 0     bit[6]= 1     bit[7]= 0
   6       G    bit[6]= 0     bit[7]= 1
   7       H    bit[4]= 1     bit[5]= 1     bit[6]= 0     bit[7]= 1
---------------------------------------------
字符 A 的哈夫曼编码是:  000
字符 B 的哈夫曼编码是:  10
字符 C 的哈夫曼编码是:  0011
字符 D 的哈夫曼编码是:  111
字符 E 的哈夫曼编码是:  1100
字符 F 的哈夫曼编码是:  0010
字符 G 的哈夫曼编码是:  01
字符 H 的哈夫曼编码是:  1101

--------------------------------
Process exited after 100.7 seconds with return value 0
请按任意键继续. . .
```

算法 07-02　二叉树遍历

```
#include<stdio.h>
#include<stdlib.h>
typedef struct BSTNode{
 int data;
 BSTNode *lchild,*rchild;
}BSTNode,*BitTree;
BitTree CreateLink(){
    int data;
    int temp;
    BitTree T;
    scanf("%d",&data);
    temp=getchar();
    if(data == -1){              // 输入-1 代表此节点的子树为空
        return NULL;
    }else{
        T = (BitTree)malloc(sizeof(BSTNode));
        T->data = data;
        printf("请输入%d 的左子树（-1 表示空）: ",data);
        T->lchild = CreateLink();
        printf("请输入%d 的右子树（-1 表示空）: ",data);
        T->rchild = CreateLink();
        return T;                              // 返回根节点
    }
}
// 先序遍历
void PreOrderBitTree(BitTree T){
    if(T==NULL)                     // 递归中遇到 NULL，返回上一层节点
        return;
    printf("%d ",T->data);
    PreOrderBitTree(T->lchild);
    PreOrderBitTree(T->rchild);
}
// 中序遍历
void InOrderBitTree(BitTree T){
    if(T==NULL)
        return;
    InOrderBitTree(T->lchild);
    printf("%d ",T->data);
    InOrderBitTree(T->rchild);

}
// 后序遍历
void PostOrderBitTree(BitTree T){
    if(T==NULL)
        return;
    PostOrderBitTree(T->lchild);
    PostOrderBitTree(T->rchild);
    printf("%d ",T->data);
}
```

```
int main(){
    BitTree BT;
    puts("---二叉树遍历---\n\n");
    printf("请输入第一个节点的数据: ");
    BT = CreateLink();
    printf("先序遍历结果: \n");
    PreOrderBitTree(BT);
    printf("\n 中序遍历结果: \n");
    InOrderBitTree(BT);
    printf("\n 后序遍历结果: \n");
    PostOrderBitTree(BT);
    return 0;
}
```

```
---二叉树遍历---

请输入第一个结点的数据: 56
请输入56的左子树 (-1表示空) : 43
请输入43的左子树 (-1表示空) : 12
请输入12的左子树 (-1表示空) : -1
请输入12的右子树 (-1表示空) : -1
请输入43的右子树 (-1表示空) : 49
请输入49的左子树 (-1表示空) : -1
请输入49的右子树 (-1表示空) : -1
请输入56的右子树 (-1表示空) : 72
请输入72的左子树 (-1表示空) : 64
请输入64的左子树 (-1表示空) : -1
请输入64的右子树 (-1表示空) : -1
请输入72的右子树 (-1表示空) : 84
请输入84的左子树 (-1表示空) : -1
请输入84的右子树 (-1表示空) : -1
先序遍历结果:
56 43 12 49 72 64 84
中序遍历结果:
12 43 49 56 64 72 84
后序遍历结果:
12 49 43 64 84 72 56
--------------------------------
Process exited after 59.63 seconds with return value 0
请按任意键继续. . .
```

算法 08-01　二叉平衡树的建立

```
---二叉平衡树建立算法---

前序遍历: 45  36  18  29  83  62  91
中序遍历 :18  29  36  45  62  83  91

--------------------------------
Process exited after 0.313 seconds with return value 0
请按任意键继续. . .
```

算法 08-02　二叉排序树查找算法

```
#include <stdio.h>
#include <stdlib.h>
#define MaxSize 100
typedef struct BSTNode{ // 二叉树排序树二叉链表存储结构，类型定义
    int data;
    BSTNode *lchild,*rchild;
}BSTNode, *BitTree;
 typedef struct queue{
   BSTNode numQ[MaxSize];
   int front;
   int rear;
}Queue;
```

```
    Queue Q;
    void initilize() {
        Q.front = 0;
        Q.rear = 0;
    }
    void Push(BSTNode root){
        Q.numQ[++Q.rear] = root;
    }
    struct BSTNode Pop(){
        return Q.numQ[++Q.front];
    }
    int empty(){
        return Q.rear == Q.front;
    }
    void LevelorderTraversal (BitTree bst){     //层序遍历二叉排序树
        BSTNode t;
        Push(*bst);
        while (!empty()) {
            t = Pop();
            printf("%d\t", t.data);              // 输出队首节点
            if (t.lchild)                        // 把弹出节点的左孩子压入队列
                Push(*t.lchild);
            if (t.rchild)                        // 把弹出节点的右孩子压入队列
                Push(*t.rchild);
        }
    }
    void InoderTraverse(BitTree bst){           // 中序递归遍历二叉排序树
         if (bst != NULL){
             InoderTraverse(bst->lchild);
             printf("%d\t", bst->data);
             InoderTraverse(bst->rchild);
         }
    }
    bool  Insert_BST(BitTree *T,int key){        // 插入
        if(*T==NULL){                   //(1) T是空树，直接插入值为 key 的节点为根
            *T=(BitTree)malloc(sizeof(BSTNode));
            (*T)->data=key;             //二级指针必须加括号
            (*T)->lchild=(*T)->rchild=NULL;
            return true;
        }
        //(2) 树中已经有值为 key 的节点，则不进行插入
        else if((*T)->data == key)return false;
         else if((*T)->data> key)
                    //(3) key 小于节点 T 的数据域，则插入到 T 的左子树上
                    return Insert_BST(&(*T)->lchild,key);
              else
                    // (4)  key 大于节点 T 的数据域，递归向右插入。
                    return Insert_BST(&(*T)->rchild,key);
    }
    // 查找现有二叉树中是否已有数据域为 key 的节点， 找到 pos 指向该节点并返回true，没有
找到 pos 为NULL
```

```
bool SearchNode(BitTree bst, int key, BitTree* pos){    // 非递归算法
    BitTree pt = bst;
    (*pos) = NULL;
    while (pt){
        if (pt->data == key){
            (*pos) = pt;
            return true;
            break;
        }
        else if (pt->data > key)
                pt = pt->lchild;
              else
                pt = pt->rchild;
    }
    return false;
}
void  Delete_Node(BitTree *p){          // 删除节点
    BitTree q,s;
    if(!(*p)->lchild) {                 // (1)左子树为空
        q=*p;
        *p=(*p)->rchild;
        free(q);
    }
    else if(!(*p)->rchild) {            // (2)左子树不空，右子树空
          q=*p;
            *p=(*p)->lchild;
            free(q);
     }
     else{                              // (3) 左子树不空，右子树也不空
            s=(*p)->lchild;
            while(s->rchild)
                  s=s->rchild;
            // 待删除节点的左子树最右侧节点，作为拼接节点——将 p 的右子树，连接到 s 的右子树上
            s->rchild=(*p)->rchild;
            q=(*p);
            *p=(*p)->lchild;      // 修改 p 节点，使之指向原来 p 的左孩子
            free(q);              // 再删除当前节点，释放空间
     }
}
// 删除二叉排序树中值为 key 的节点，成功为 TRUE，失败为 FALSE
bool BST_Delete(BitTree *T,int key){
    if(*T==NULL)return false;
    else{
        if(key==(*T)->data){
            Delete_Node(&(*T));
            return true;
        }
        else if(key<(*T)->data)
                return BST_Delete(&(*T)->lchild,key);
             else    return BST_Delete(&(*T)->rchild,key);
    }
```

```
}

int main(){
    BitTree root = NULL,pos;
    int n,i,key;
    int a[MaxSize];
    puts("---二叉排序树查找算法---\n\n");
    printf("请输入节点个数 n=");  // 建立二叉排序树
    scanf("%d", &n);
    printf("请依次输入 %d 个节点的值（空格间隔）:",n);
    for (i = 0; i < n; i++){
       scanf("%d", &a[i]);
        Insert_BST(&root, a[i]);
    }
    printf("建立好的二叉排序树的遍历结果: ");    // 遍历二叉排序树
    printf("\n 层序: \t");
    LevelorderTraversal (root);
    printf("\n 中序: \t");
    InoderTraverse(root);
    printf("\n\n 请输入要查找节点的值: "); // 查找关键字为 key 的节点
    scanf("%d", &key);
    if (SearchNode(root, key, &pos))
        printf("\n 节点（%d）在二叉树中,节点地址是: %p\n", pos->data,pos);
    else
        printf("\n 节点（%d）不在二叉树中\n",key);
    printf("\n\n 输入要插入节点的值: ");    // 插入关键字为 key 的节点
    scanf("%d", &key);
    if(Insert_BST(&root,key)){
       printf("插入成功，插入后二叉排序树的遍历结果: ");
       printf("\n 层序: \t");
        LevelorderTraversal (root);
        printf("\n 中序: \t");
        InoderTraverse(root);
       printf("\n");
    }
   else
       printf("插入失败，该二叉排序树中已经存在节点（%d）\n",key);
    printf("\n\n 请输入要删除节点的值: "); // 删除关键字为 key 的节点
    scanf("%d", &key);
    if(BST_Delete(&root,key)){
        printf("删除成功，删除节点（%d）后二叉排序树遍历结果: ",key);
        printf("\n 层序: \t");
        LevelorderTraversal (root);
        printf("\n 中序: \t");
        InoderTraverse(root);
        printf("\n");
    }
    else
        printf("删除失败，该二叉排序树中不存在关键字=%d 的节点\n",key) ;
    return 0;
}
```

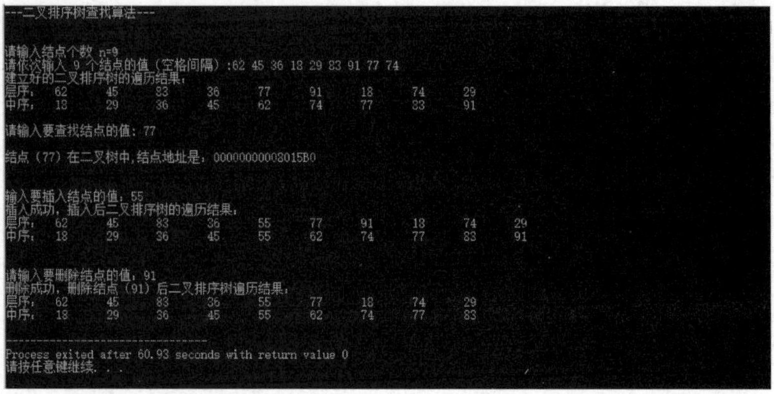

```
---二叉排序树查找算法---

请输入结点个数 n=9
请依次输入 9 个结点的值（空格间隔）:62 45 36 18 29 83 91 77 74
建立好的二叉排序树的遍历结果：
层序：  62      45      83      36      77      91      18      74      29
中序：  18      29      36      45      62      74      77      83      91

请输入要查找结点的值：77

结点（77）在二叉树中，结点地址是：00000000008015B0


输入要插入结点的值：55
插入成功，插入后二叉排序树的遍历结果：
层序：  62      45      83      36      55      77      91      18      74      29
中序：  18      29      36      45      55      62      74      77      83      91


请输入要删除结点的值：91
删除成功，删除结点（91）后二叉排序树遍历结果：
层序：  62      45      83      36      55      77      18      74      29
中序：  18      29      36      45      55      62      74      77      83

--------------------------------
Process exited after 60.93 seconds with return value 0
请按任意键继续. . .
```

算法 09-01　深度优先搜索算法

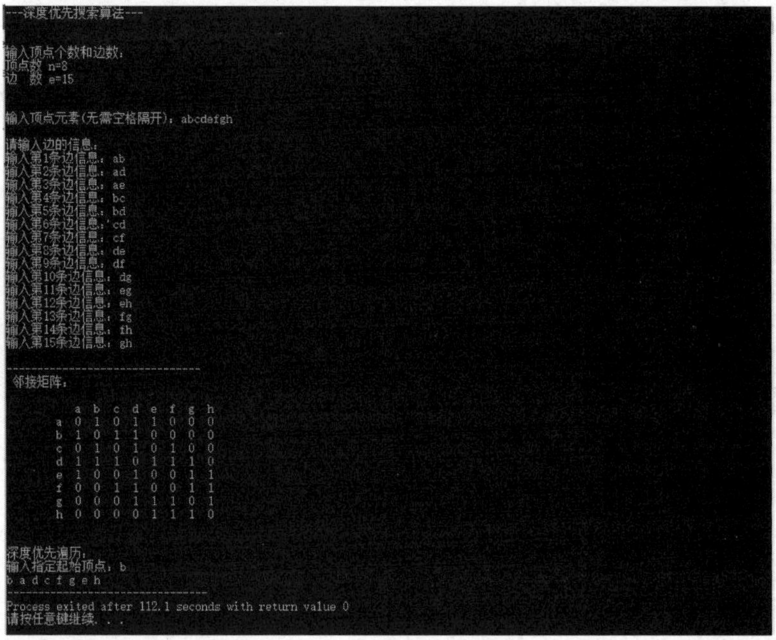

```
---深度优先搜索算法---

输入顶点个数和边数：
顶点数 n=8
边  数 e=15


输入顶点元素(无需空格隔开)：abcdefgh

请输入边的信息：
输入第1条边信息：ab
输入第2条边信息：ad
输入第3条边信息：ae
输入第4条边信息：bc
输入第5条边信息：bd
输入第6条边信息：cd
输入第7条边信息：cf
输入第8条边信息：de
输入第9条边信息：df
输入第10条边信息：dg
输入第11条边信息：eg
输入第12条边信息：eh
输入第13条边信息：fg
输入第14条边信息：fh
输入第15条边信息：gh

--------------------------------
 邻接矩阵：

        a b c d e f g h
      a 0 1 0 1 1 0 0 0
      b 1 0 1 1 0 0 0 0
      c 0 1 0 1 0 1 0 0
      d 1 1 1 0 1 1 1 0
      e 1 0 0 1 0 0 1 1
      f 0 0 1 1 0 0 1 1
      g 0 0 0 1 1 1 0 1
      h 0 0 0 0 1 1 1 0


深度优先遍历：
输入指定起始顶点：b
b a d c f g e h
--------------------------------
Process exited after 112.1 seconds with return value 0
请按任意键继续. . .
```

算法 09-02　广度优先搜索算法

```
#include <stdio.h>
#include <stdlib.h>
#define VertexMax 100          // 最大顶点数
#define Queuesize 100          // 队列长度

typedef char VertexType;       // 每个顶点数据类型为字符型
typedef int dataType;          // 队列元素类型
int closed[VertexMax]; // 定义“标记”数组为全局变量 —— 标记已经访问过的顶点元素

typedef struct{                                      // 邻接表存储图的结构体
    VertexType Vertex[VertexMax];                    //存放顶点元素的一维数组
    int AdjMatrix[VertexMax][VertexMax];             //邻接矩阵二维数组
    int vexnum,edgenum;                              //图的顶点数和边数
}MGraph;
```

```
typedef struct{          // 队列结构体
    dataType *base;      // 存放队列元素的一维数组
    int front;           // 队列头指针
    int rear;            // 队列尾指针
}CyQueue;
// 查找顶点元素 v 在一维数组 Vertex[] 中的下标，并返回其下标
int LocateVex(MGraph *G,VertexType v){
    int i;
    for(i=0;i<G->vexnum;i++){
        if(v==G->Vertex[i]){
            return i;
        }
    }
    printf("没有这个顶点！\n");
    return -1;
}
void CreateUDG(MGraph *G){  //建立无向图 ---邻接矩阵
    int i,j;
    printf("输入顶点个数和边数：\n");
    printf("顶点数 n=");
    scanf("%d",&G->vexnum);
    printf("边  数 e=");
    scanf("%d",&G->edgenum);
    printf("\n");
    printf("输入顶点元素(无须空格隔开)：");
    scanf("%s",G->Vertex);
    printf("\n");
    for(i=0;i<G->vexnum;i++)
     for(j=0;j<G->vexnum;j++){
        G->AdjMatrix[i][j]=0;
        }
     int n,m;
     VertexType v1,v2;
     printf("请输入边的信息：\n");
     for(i=0;i<G->edgenum;i++){
        printf("输入第%d 条边信息：",i+1);
        scanf(" %c%c",&v1,&v2);
        n=LocateVex(G,v1);
        m=LocateVex(G,v2);
        if(n==-1||m==-1){
            printf("没有这个顶点！\n");
            return;
          }
      G->AdjMatrix[n][m]=1;
      G->AdjMatrix[m][n]=1;
     }
}
void Output(MGraph G){  // 输出邻接矩阵
    int i,j;
    printf("\n-------------------------------");
    printf("\n 邻接矩阵：\n\n");
        printf("\t ");
```

```
        for(i=0;i<G.vexnum;i++)
        printf("  %c",G.Vertex[i]);
        printf("\n");
        for(i=0;i<G.vexnum;i++){
          printf("\t%c",G.Vertex[i]);
          for(j=0;j<G.vexnum;j++){
            printf("  %d",G.AdjMatrix[i][j]);
          }
          printf("\n");
        }
}
void create(CyQueue *q){    // 建立循环队列
    q->base=(dataType *)malloc(Queuesize*sizeof(dataType));
    if(!q->base){
        printf("队列空间分配失败!\n");
        return;
    }
    q->front=q->rear=0;
    return;
}
void EnQueue(CyQueue *q,dataType value)    {    // 入队
    if((q->rear+1)%Queuesize==q->front){
        printf("循环队列溢出!\n");
        return;
    }
    q->base[q->rear]=value;
    q->rear=(q->rear+1)%Queuesize;
    return;
}
void DeQueue(CyQueue *q,dataType *value){       // 出队
    if(q->front==q->rear){
        printf("循环队列为空!\n");
        return;
    }
    *value=q->base[q->front];
    q->front=(q->front+1)%Queuesize;
    return;
}
int QueueEmpty(CyQueue *q){// 判定队列是否为空，若为空则返回 1，若不为空则返回 0
    if (q->front==q->rear){
       return 1;
    }
    return 0;
}
void BFS(MGraph *G,int i){       //广度优先搜索，指定顶点 i
    int j;
    for(j=0;j<G->vexnum;j++){
        closed[i]=0;             //标记数组初始化为全 0
    }
    CyQueue open;
    create(&open);
    // 1.设置起始点 i
    printf("%c",G->Vertex[i]);        // a.输出当前节点
    closed[i]=1;                      // b.将已访问的节点标志成 1
```

```
    EnQueue(&open,i);                    // c.将第一个节点入队
    // 2.由起始点开始，对后续节点进行操作
    while(!QueueEmpty(&open)){
        DeQueue(&open,&i);
        for(j=0;j<G->vexnum;j++){
            if(G->AdjMatrix[i][j]==1&&closed[j]==0){
                printf(", %c",G->Vertex[j]);     // 输出符合条件的顶点
              closed[j]=1;               // 设置成已访问状态 1 ——标记已经访问
              EnQueue(&open,j);          // 调用入队函数
            }
        }
    }
}

int main() {
    VertexType v;
    puts("---邻接矩阵存储广度优先搜索图---\n\n");
    MGraph G;
    CreateUDG(&G);
    Output(G);
    printf("\n\n 广度优先遍历: ");
    printf("\n 输入指定起始顶点: ");
    scanf(" %c",&v);
    BFS(&G,LocateVex(&G, v));
    return 0;
}
```

```
---邻接矩阵存储广度优先搜索图---


输入顶点个数和边数:
顶点数 n=8
边  数 e=15

输入顶点元素(无需空格隔开): abcdefgh

请输入边的信息:
输入第1条边信息: ab
输入第2条边信息: ad
输入第3条边信息: ae
输入第4条边信息: bc
输入第5条边信息: bd
输入第6条边信息: cd
输入第7条边信息: cf
输入第8条边信息: de
输入第9条边信息: df
输入第10条边信息: dg
输入第11条边信息: eg
输入第12条边信息: eh
输入第13条边信息: fg
输入第14条边信息: fh
输入第15条边信息: gh

------------------------------
 邻接矩阵:

         a  b  c  d  e  f  g  h
      a  0  1  0  1  1  0  0  0
      b  1  0  1  1  0  0  0  0
      c  0  1  0  1  0  1  0  0
      d  1  1  1  0  1  1  1  0
      e  1  0  0  1  0  0  1  1
      f  0  0  1  1  0  0  1  1
      g  0  0  0  1  1  1  0  1
      h  0  0  0  0  1  1  1  0


广度优先遍历:
输入指定起始顶点: a
a, b, d, e, c, f, g, h
--------------------------------
Process exited after 75.56 seconds with return value 0
请按任意键继续. . .
```

算法 09-03　二叉树层序遍历算法

```
#include <stdio.h>
#include <stdlib.h>
#define MaxSize 100
typedef struct BSTNode {
    int data;
    BSTNode* lchild,* rchild;
}BSTNode,*BitTree;;
typedef struct queue{
    BSTNode * numQ[MaxSize];
    int front;
    int rear;
}Queue;

Queue Q;

void initilize() {                          //初始化队列
    Q.front = 0;
    Q.rear = 0;
}
void Push(struct BSTNode* root) {   //入队
    Q.numQ[++Q.rear] = root;
}
struct BSTNode* Pop() {                     //出队
    return Q.numQ[++Q.front];
}
int empty() {                               //判断对列是否为空
    return Q.rear == Q.front;
}
BitTree CreateLink(){
     int data;
     int temp;
     BitTree T;
     scanf("%d",&data);
     temp=getchar();
     if(data == -1){
         return NULL;
     }else{
         T = (BitTree)malloc(sizeof(BSTNode));
         T->data = data;
         printf("请输入%d 的左子树（-1 表示空）: ",data);
         T->lchild = CreateLink();
         printf("请输入%d 的右子树（-1 表示空）: ",data);
         T->rchild = CreateLink();
         return T;
     }
}
//二叉树的层序遍历
void LevelOrderBitTree (BitTree T) {
    BitTree temp;
```

```
    Push(T);
    while (!empty()) {
        temp = Pop();
        printf("%d ", temp->data);
        if (temp->lchild)
            Push(temp->lchild);
        if (temp->rchild)
            Push(temp->rchild);
    }
}
int main() {
    BitTree BT;
    puts("---二叉树层序遍历---\n\n");
    printf("请输入第一个节点的数据: ");
    BT = CreateLink();
    initilize();
    printf("按层序遍历结果: \n");
    LevelOrderBitTree(BT);
    return 0;
}
```

```
---二叉树层序遍历---


请输入第一个结点的数据: 56
请输入56的左子树 (-1表示空) : 43
请输入43的左子树 (-1表示空) : 12
请输入12的左子树 (-1表示空) : -1
请输入12的右子树 (-1表示空) : -1
请输入43的右子树 (-1表示空) : 49
请输入49的左子树 (-1表示空) : -1
请输入49的右子树 (-1表示空) : -1
请输入56的右子树 (-1表示空) : 72
请输入72的左子树 (-1表示空) : 64
请输入64的左子树 (-1表示空) : -1
请输入64的右子树 (-1表示空) : -1
请输入72的右子树 (-1表示空) : 84
请输入84的左子树 (-1表示空) : -1
请输入84的右子树 (-1表示空) : -1
按层次遍历结果:
56 43 72 12 49 64 84
--------------------------------
Process exited after 64.23 seconds with return value 0
请按任意键继续. . .
```

算法 09-04　链队列

```
#include<stdio.h>
#include<stdlib.h>
typedef struct Qnode{              // 数据节点的结构
    int data;
    struct Qnode *next;
}*Lnode;
typedef struct LinkQueuem{         // 链队列的结构
    Lnode front;
    Lnode rear;
}*LQueue;
void InitLqueue(LQueue &L){        // 初始化队列
    Lnode p=(Qnode *)malloc(sizeof(Qnode));
    L=(LinkQueuem *)malloc(sizeof(LinkQueuem));
    p->next=NULL;
    L->front=L->rear=p;
```

```
}
int empty(LQueue L){                    // 判队空
    if(L->front==L->rear){
        return true;
    }else return false;
}
int EnLqueue(LQueue &L,int x){ // 入队
    Lnode p=(Qnode *)malloc(sizeof(Qnode));
    p->data=x;
    p->next=NULL;
    L->rear->next=p;                    // 修改尾指针
    L->rear=p;
}
int DeLQueue(LQueue &L,int &x){// 出队
    Lnode p;
    if(empty(L)==1){
        printf("队空! ");
        return false;
    }else{
        p=L->front->next;
        L->front->next=p->next; //一定要对头指针进行操作
        x=p->data;
        free(p);
        printf("\n%d 出队",x);
        //判断队中是不是只有一个元素，如果是则进行队空处理
        if(L->front->next==NULL){
            L->front=L->rear;
            return true;
        }
    }

}
int traverseLQueue(LQueue &L){          // 遍历队列
    if(empty(L)==1){
        printf("空队! ");
        return false;
    }else{
        Lnode p;
        p=L->front->next;
        while(p!=NULL){
            printf("%d ",p->data);
            p=p->next;
        }
    }
}
int gettop(LQueue L){                           // 求队头
    int p;
    if(empty(L)==1){
        printf("空");
        return false;
    }else{
```

```
        p=L->front->next->data;
        printf("%d",p);
        return p;
    }
}
int main(){
    int a[] = {12,7,15,6,3};
    int n = sizeof(a)/sizeof(a[0]);
    LQueue s;
    int w,i,m;
    puts("---链队列---\n\n");
    InitLqueue(s);
    printf("数组 a 数据元素入队\n");
    printf("----------------\n");
   for(int i=0; i<n; i++)              // a 数组元素入队
    EnLqueue(s,a[i]);
    printf("此时队列为: \n");
    traverseLQueue(s);
    printf("\n----------------\n");
    printf("请输入出队元素个数 (0-%d)  m=",n);
    scanf ("%d",&m);
    printf("队列出队%d 个元素\n",m);
    printf("----------------");
    for(int i=0; i<m; i++)
    DeLQueue(s,w);
    printf("\n 此时队列为: ");
    traverseLQueue(s);
    printf("\n 队头为: ");
    gettop(s);
}
```

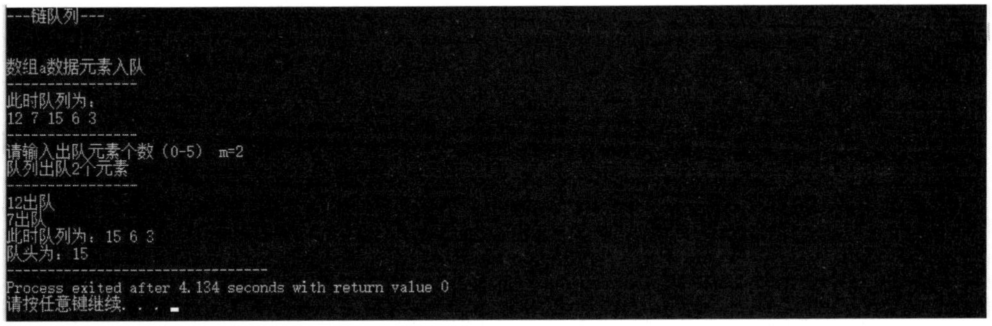

```
---链队列---

数组a数据元素入队
----------------
此时队列为:
12 7 15 6 3
----------------
请输入出队元素个数 (0-5)  m=2
队列出队2个元素
----------------
12出队
7出队
此时队列为: 15 6 3
队头为: 15
--------------------------------
Process exited after 4.134 seconds with return value 0
请按任意键继续. . .
```

算法 10-1　迪杰斯特拉算法求解单源最短路径

```
#include <stdio.h>
#include <stdlib.h>
#define VertexMax 100
#define Maxsize 100
const int inf=197653;
typedef char VertexType;
typedef int dataType;
```

```
typedef struct{
    VertexType Vertex[VertexMax];
    int AdjMatrix[VertexMax][VertexMax];
    int vexnum,arcnum;
}MGraph;
int LocateVex(MGraph *G,VertexType v){
    int i;
    for(i=0;i<G->vexnum;i++){
        if(v==G->Vertex[i]){
            return i;
        }
     }
     printf("有这个顶点!\n");
     return -1;
}
void CreateUDG(MGraph *G) {
    int i,j;
    printf("输入顶点个数和边数: \n");
    printf("顶点数 n=");
    scanf("%d",&G->vexnum);
    printf("边  数 e=");
    scanf("%d",&G->arcnum);
    printf("\n\n");
    printf("输入顶点元素(无须空格隔开): ");
    scanf("%s",G->Vertex);
    printf("\n");
    for(i=0;i<G->vexnum;i++)
     for(j=0;j<G->vexnum;j++)
        if(i==j)
             G->AdjMatrix[i][j]=0;
          else
             G->AdjMatrix[i][j]=inf;
     int n,m;
     VertexType v1,v2;
     int w;
     printf("请输入边的信息: \n");
     for(i=0;i<G->arcnum;i++){
        printf("输入第%d 条边信息: ",i+1);
        scanf(" %c%c",&v1,&v2);
        printf("输入第%d 条边的权值: ",i+1);
        scanf(" %d",&w);
        n=LocateVex(G,v1);
        m=LocateVex(G,v2);
        if(n==-1||m==-1){
            printf("没有这个顶点!\n");
            return;
          }
       G->AdjMatrix[n][m]=w;
     }
}
```

```
void output(MGraph G){
    int i,j;
    printf("\n--------------------------------");
    printf("\n 邻接矩阵: \n\n");
        printf("\t ");
        for(i=0;i<G.vexnum;i++)
        printf("   %c",G.Vertex[i]);
        printf("\n");
    for(i=0;i<G.vexnum;i++){
          printf("\t%c ",G.Vertex[i]);
          for(j=0;j<G.vexnum;j++){
            if (G.AdjMatrix[i][j]==inf)
             printf("  ∞");
             else printf("  %d",G.AdjMatrix[i][j]);
        }
           printf("\n");
        }
}

void Dijkstra(MGraph G){
    int cost[VertexMax];
    int vis[VertexMax];
    int min,u,v,k;
    int path[VertexMax];               // 记录父节点，即路径数组;
     for(int i=0; i<G.vexnum; i++) // 初始化路径数组，表示所有顶点的父节点是 A
       path[i]=0;
    // 初始化 cost 数组，表示顶点 A 到其余各个顶点的最短路程
    for(int i=0; i<G.vexnum; i++)
       cost[i]=G.AdjMatrix[0][i];
    for(int i=0; i<G.vexnum; i++)    // 初始化 vis
       vis[i]=0;
    vis[0]=1;                          //标记起点 A 已经被访问过
    for(int i=0; i<G.vexnum; i++) {
       int min=inf;
       for(int j=0; j<G.vexnum; j++){
          if(vis[j]==0&&cost[j]<min){
             min=cost[j];
             u=j;
          }
       }
       vis[u]=1;
       for(int v=0; v<G.vexnum; v++)
          if(G.AdjMatrix[u][v]<inf)
             if(cost[u]+G.AdjMatrix[u][v]<cost[v]){
                  cost[v]=cost[u]+G.AdjMatrix[u][v];
                path[v] =u;
                  }
    }
k=0;    // 输出部分
for(int i=0;i<G.vexnum;i++){
      printf("顶点 %c 到顶点 %c 的花销是: %d ",G.Vertex[0],G.Vertex[i],
```

```
cost[i]);
            printf("路径是: %c " ,G.Vertex[i]);
            if (path[i]==0)
                printf(" <-- %c ",G.Vertex[path[i]]);
            else {
                k=i;
                while(k>0){
                printf(" <-- %c ",G.Vertex[path[k]]);
                    k=path[k];
                }
            }
            printf("\n");
        }
    }

    int main() {
        MGraph G;
        puts("---迪杰斯特拉求解单源最短路径---\n\n");
        CreateUDG(&G);
        output(G);
        Dijkstra(G);
        return 0;
    }
```

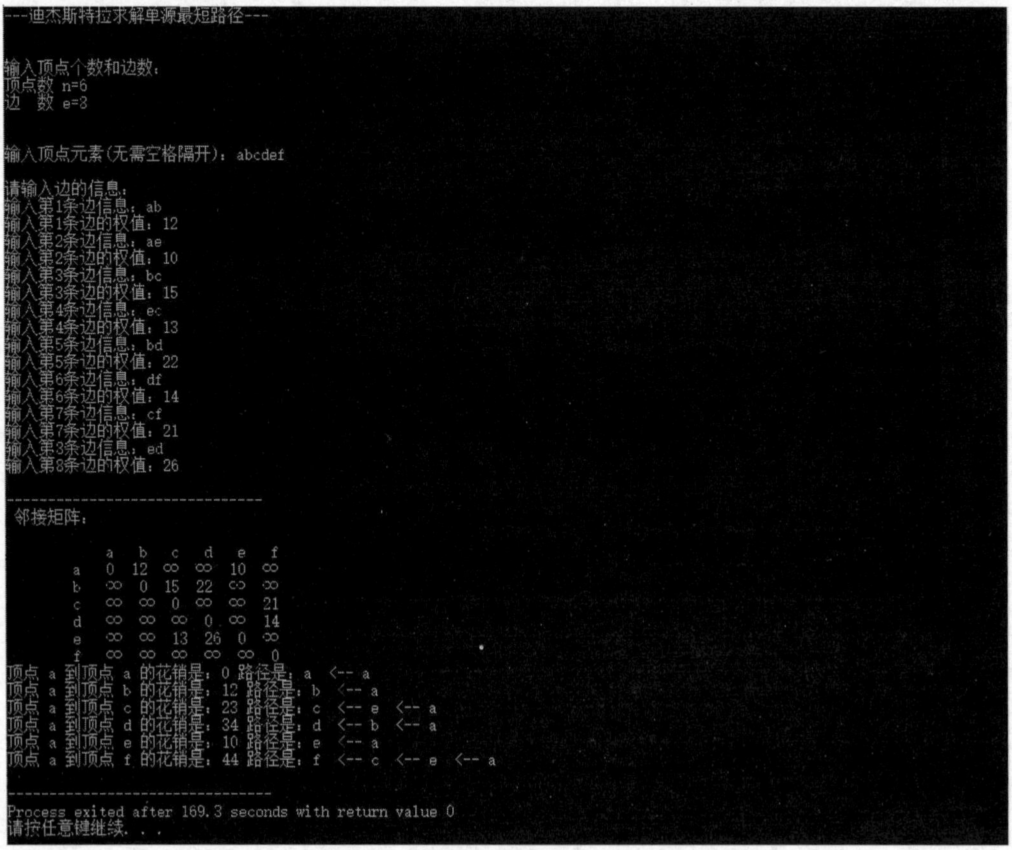

```
---迪杰斯特拉求解单源最短路径---

输入顶点个数和边数:
顶点数 n=6
边  数 e=8

输入顶点元素(无需空格隔开): abcdef

请输入边的信息:
输入第1条边信息: ab
输入第1条边的权值: 12
输入第2条边信息: ae
输入第2条边的权值: 10
输入第3条边信息: bc
输入第3条边的权值: 15
输入第4条边信息: ec
输入第4条边的权值: 13
输入第5条边信息: bd
输入第5条边的权值: 22
输入第6条边信息: df
输入第6条边的权值: 14
输入第7条边信息: cf
输入第7条边的权值: 21
输入第3条边信息: ed
输入第8条边的权值: 26

-------------------------------
 邻接矩阵:

          a   b   c   d   e   f
      a   0   12  ∞   ∞   10  ∞
      b   ∞   0   15  22  ∞   ∞
      c   ∞   ∞   0   ∞   ∞   21
      d   ∞   ∞   ∞   0   ∞   14
      e   ∞   ∞   13  26  0   ∞
      f   ∞   ∞   ∞   ∞   ∞   0
顶点 a 到顶点 a 的花销是: 0 路径是: a  <-- a
顶点 a 到顶点 b 的花销是: 12 路径是: b  <-- a
顶点 a 到顶点 c 的花销是: 23 路径是: c  <-- e  <-- a
顶点 a 到顶点 d 的花销是: 34 路径是: d  <-- b  <-- a
顶点 a 到顶点 e 的花销是: 10 路径是: e  <-- a
顶点 a 到顶点 f 的花销是: 44 路径是: f  <-- c  <-- e  <-- a

--------------------------------
Process exited after 169.3 seconds with return value 0
请按任意键继续. . .
```

算法 11-01　动态规划求最短路径

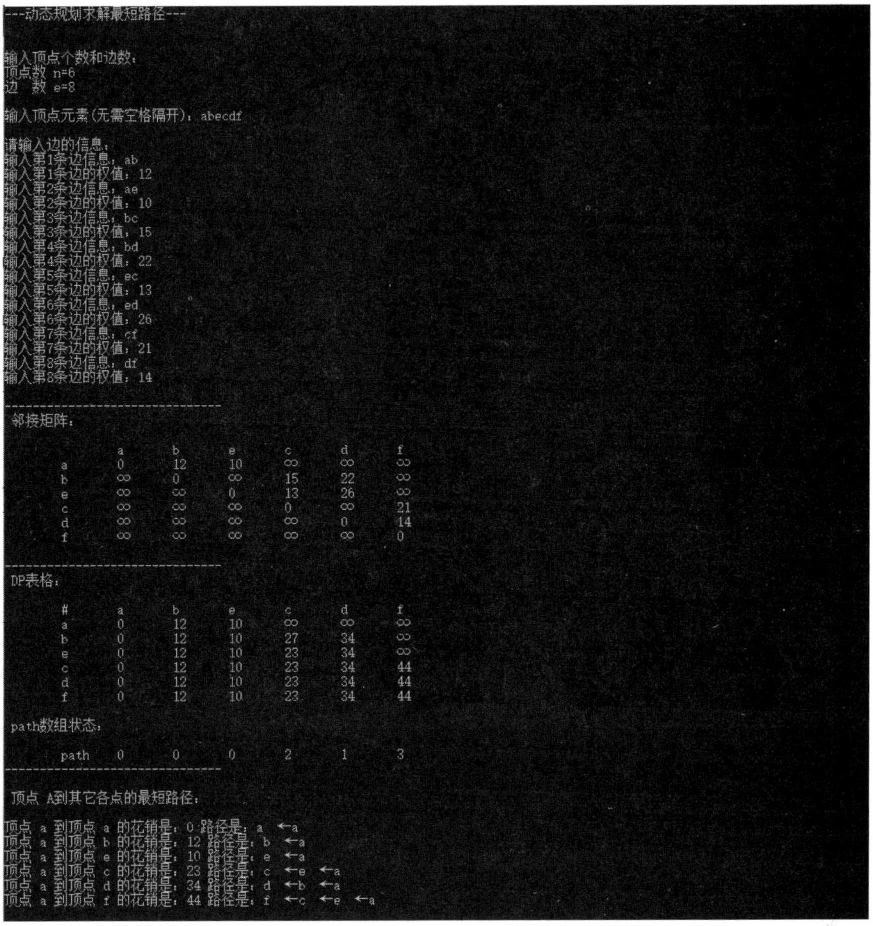

```
---动态规划求解最短路径---

输入顶点个数和边数：
顶点数 n=6
边  数 e=8

输入顶点元素(无需空格隔开)：abecdf

请输入边的信息：
输入第1条边信息：ab
输入第1条边的权值：12
输入第2条边信息：ae
输入第2条边的权值：10
输入第3条边信息：bc
输入第3条边的权值：15
输入第4条边信息：bd
输入第4条边的权值：22
输入第5条边信息：ec
输入第5条边的权值：13
输入第6条边信息：ed
输入第6条边的权值：26
输入第7条边信息：cf
输入第7条边的权值：21
输入第8条边信息：df
输入第8条边的权值：14

-----------------------------------
 邻接矩阵：

        a    b    e    c    d    f
   a    0    12   10   ∞    ∞    ∞
   b    ∞    0    ∞    15   22   ∞
   e    ∞    ∞    0    13   26   ∞
   c    ∞    ∞    ∞    0    ∞    21
   d    ∞    ∞    ∞    ∞    0    14
   f    ∞    ∞    ∞    ∞    ∞    0

-----------------------------------
 DP表格：

   #    a    b    e    c    d    f
   a    0    12   10   ∞    ∞    ∞
   b    0    12   10   27   34   ∞
   e    0    12   10   23   34   ∞
   c    0    12   10   23   34   44
   d    0    12   10   23   34   44
   f    0    12   10   23   34   44

 path数组状态：

   path 0    0    0    2    1    3
-----------------------------------

 顶点 A到其它各点的最短路径：

顶点 a 到顶点 a 的花销是：0 路径是：a  ←a
顶点 a 到顶点 b 的花销是：12 路径是：b  ←a
顶点 a 到顶点 e 的花销是：10 路径是：e  ←a
顶点 a 到顶点 c 的花销是：23 路径是：c  ←e  ←a
顶点 a 到顶点 d 的花销是：34 路径是：d  ←b  ←a
顶点 a 到顶点 f 的花销是：44 路径是：f  ←c  ←e  ←a
```

算法 11-02　动态规划求解背包问题

```
#include <stdio.h>
#include <stdlib.h>
#define MaxSize 20          // 最大物品数量，可视情况而定
#define MinSize 0.5         // 最小质量单位
typedef struct {            // 物品的结构体
   char name[MaxSize];  // 品名
   int  weight;             // 质量
   int  value;              // 价值
}WP;
int DPKP(WP a[],int n,int wi){        //i-物品种类数 wi-背包容量即限制条件
    int DP[MaxSize][MaxSize];         // DP 表格
    // 路径二维数组，记录最后一次加入的物品 ，隐含该路径加入的物品组合
    int path[MaxSize][MaxSize];
    int i,j,k;
   for( i=0;i<=n;i++){        // 初始化
        for( j=0;j<=wi;j++){
```

```
            DP[i][j]=0;
          path[i][j]=0;
          }
       }
       for(i = 1; i <= n; i++) {
        for(j = 1; j <= wi; j++) {
          if((j>=a[i-1].weight)and((dp[i-1][j-a[i-1].weight]+a[i-1].value)>
DP[i-1][j])){
            DP[i][j] = DP[i-1][j-a[i-1].weight] + a[i-1].value;
            path[i][j] = i-1;
          }
            else{
                DP[i][j] = DP[i-1][j] ;
                path[i][j] =path[i-1][j] ;
            }
          }
       }
       printf(" %s\t%s\t%s\t","品名","质量","价值");      // 第一行表头 打印
       for(int i=1;i<=wi;i++){
         printf("%d\t",i);
       }
       printf("\n-------------------------------------------------------------------------\n") ;
       for( i=1;i<=n;i++){
       printf(" %s\t%d\t%d\t",a[i-1].name,a[i-1].weight,a[i-1].value);
   // 打印物品名
         for( j=1;j<=wi;j++){
           printf("%d/%d\t",DP[i][j],path[i][j]); // 逐行打印动态规划表格 DP
         }
         printf("\n");
       }
       printf("-----------------------------------------------------------------------\n") ;
       printf("物品组合\t 价值\t 质量\n\n");
       i=n;
       for(j = wi; j>= MinSize; j=j-a[i].weight) {
           k=path[i][j];
           printf("%s\t\t%d\t%d\n", a[k].name, a[k].value,a[k].weight);
           i=k;
       }
       printf("\n-------------------------------------------------------------------------\n") ;
       printf("\nΣ\t\t%d\t%d\n", DP[n][wi],wi);
       printf("\n-------------------------------------------------------------------------\n") ;
   }
   int main(){
       int n,limit;
```

```
    n=8;
    limit=6;
    WP a[] = {{"医疗包", 1, 8},
        {"冲锋衣", 2, 5},
        {"书籍", 1, 3},
        {"工具包", 3, 6},
        {"手电筒", 1, 4},
        {"食物", 2, 9},
        {"饮用水", 1, 10},
        {"相机", 1, 6},
        };
    puts("---动态规划求解背包问题---\n\n");
    DPKP(a,n,limit);
    return 0;
}
```

```
---动态规划求解背包问题---

 品名   重量   价值   1      2      3      4      5      6
------------------------------------------------------------------
 医疗包 1      8      8/0    8/0    8/0    8/0    8/0    8/0
 冲锋衣 2      5      8/0    8/0    13/1   13/1   13/1   13/1
 书籍   1      3      8/0    11/2   13/1   16/2   16/2   16/2
 工具包 3      6      8/0    11/2   13/1   16/2   17/3   19/3
 手电筒 1      4      8/0    12/4   15/4   17/4   20/4   21/4
 食物   2      9      8/0    12/4   17/5   21/5   24/5   26/5
 饮用水 1      10     10/6   18/6   22/6   27/6   31/6   34/6
 相机   1      6      10/6   18/6   24/7   28/7   33/7   37/7
------------------------------------------------------------------
物品组合        价值   重量

相机            6      1
饮用水          10     1
食物            9      2
手电筒          4      1
医疗包          8      1

------------------------------------------------------------------

Σ               37     6

------------------------------------------------------------------

--------------------------------
Process exited after 3.371 seconds with return value 0
请按任意键继续. . .
```

算法 12-02　K 最近邻算法预测活动日面包数

```
#include<stdio.h>
#include<math.h>
#include<stdlib.h>

#define MaxSize 10
const int inf=197653;
int array[MaxSize][MaxSize];          //存放统计的历史数据
float dist[MaxSize];                  //存放到目标样本的距离
int main(){
    FILE *fp;
    int i,j,k,MinIndex;
    int w,h,p,sum;
    puts("---K 最近邻算法---\n\n");
    //读取数据文件
    if((fp=fopen("data1.txt","r"))==NULL)    fprintf(stderr,"can not open
data1.txt!\n");
```

```
        for(i=0;i<10;i++){
            for(j=0;j<4;j++){
                fscanf(fp,"%d",&array[i][j]);
                printf("%d\t",array[i][j] );
            }
            printf("\n");
        }
        if(fclose(fp)) fprintf(stderr,"can not close data1.txt");
        //初始化 dist 数组
        for(i=0;i<10;i++)
            dist[i]=inf;
        //键入预测当天条件和近邻的个数 K
        printf("请输入活动日的相关数据（AQI 指数 1-6，是否是节假日 0-1，有无活动 0-1，近邻个数 k）：\n");
        scanf("%d%d%d%d",&w,&h,&p,&k);
        //计算距离
        for(i=0;i<10;i++){
            dist[i]=sqrt(abs(array[i][0]-w)*abs(array[i][0]-w)+abs(array[i][1]-h)*abs(array[i][1]-h)+abs(array[i][2]-p)*abs(array[i][2]-p));
            printf("%d\t%d\t%d\t%f",array[i][0],array[i][1],array[i][2],dist[i]);
            printf("\n");
        }
        //统计最近邻的所卖的面包数
        sum=0;
        for (i=0; i<k; ++i){
            MinIndex=i;
            for (j=1; j<10; ++j)
            if(dist[MinIndex]>dist[j])
                MinIndex = j;
            sum=sum+array[MinIndex][3];
            dist[MinIndex]=inf;
        }
        printf("\n");
        printf("预计需要制作面包数是：%d",sum/k);
        return 0;
    }
```

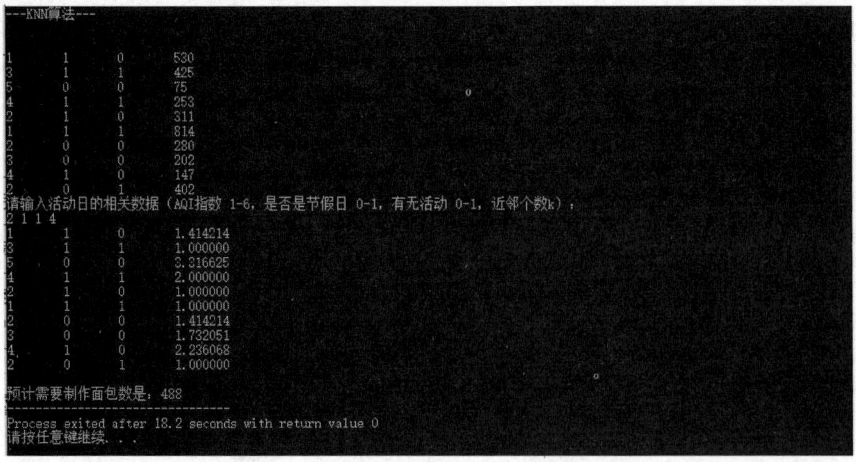

```
---KNN算法---

1       1       0       530
3       1       1       425
5       0       0       75
4       1       1       253
2       1       0       311
1       1       1       814
2       0       0       280
3       0       0       202
4       1       0       147
2       0       1       402
请输入活动日的相关数据（AQI指数 1-6，是否是节假日 0-1，有无活动 0-1，近邻个数k）：
2 1 1 4
1       1       0       1.414214
3       1       1       1.000000
5       0       0       3.316625
4       1       1       2.000000
2       1       0       1.000000
1       1       1       1.000000
2       0       0       1.414214
3       0       0       1.732051
4       1       0       2.236068
2       0       1       1.000000

预计需要制作面包数是：488
--------------------------------
Process exited after 18.2 seconds with return value 0
请按任意键继续. . .
```

参考文献

[1] 严蔚敏，吴伟民．数据结构（C 语言版）[M]．北京：清华大学出版社，1997．

[2] 彭波．数据结构[M]．北京：北京邮电大学出版社，2011．

[3] 王梦菊，齐景嘉．数据结构习题与实训教程（C 语言描述）[M]．2 版．北京：清华大学出版社，2011．

[4] Aditya Bhargava．算法图解[M]．袁国忠，译．北京：人民邮电出版社，2018．